本书由国家自然科学基金青年项目“荷载—冻融—碳化耦合作用下BFRP 筋增强高延性混凝土桥面连接板的耐久性设计方法”（项目编号：52208280）资助出版

生态高延性水泥基复合材料桥面无缝连接板

结构设计及关键技术

柴丽娟 著

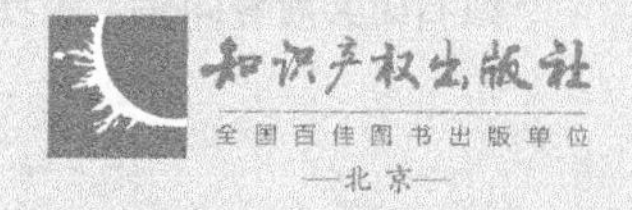

图书在版编目（CIP）数据

生态高延性水泥基复合材料桥面无缝连接板结构设计及关键技术/柴丽娟著. —北京：知识产权出版社，2024.7

ISBN 978-7-5130-9247-0

Ⅰ. ①生… Ⅱ. ①柴… Ⅲ. ①水泥基复合材料—研究 Ⅳ. ①TB333.2

中国国家版本馆 CIP 数据核字（2024）第 031109 号

内容提要

本书首先通过性能优化设计制备生态高延性水泥基复合材料（Eco-HDCC）；其次采用梁式拉拔法和直接拉拔法测试 BFRP 筋与 Eco-HDCC 的黏结性能，提出黏结应力-滑移关系模型，计算 BFRP 筋在 Eco-HDCC 中的黏结锚固长度；然后分析 BFRP 筋增强 Eco-HDCC 构件的断裂性能，优选 BFRP 筋直径和保护层厚度；再次提出梁的正截面受弯承载力计算方法和最大裂缝宽度计算公式，建立 BFRP 筋增强 Eco-HDCC 桥面无缝连接板的抗弯设计方法；最后提出 BFRP 筋增强 Eco-HDCC 桥面无缝连接板的设计方法。

责任编辑：张　珑　　　　**责任印制**：孙婷婷

生态高延性水泥基复合材料桥面无缝连接板结构设计及关键技术

SHENGTAI GAOYANXING SHUINIJI FUHE CAILIAO QIAOMIAN WUFENG LIANJIEBAN JIEGOU SHEJI JI GUANJIAN JISHU

柴丽娟　著

出版发行：知识产权出版社有限责任公司	网　址：http://www.ipph.cn; http://www.laichushu.com
电　话：010－82004826	
社　址：北京市海淀区气象路 50 号院	邮　编：100081
责编电话：010-82000860 转 8574	责编邮箱：laichushu@cnipr.com
发行电话：010-82000860 转 8101	发行传真：010-82000893
印　刷：北京中献拓方科技发展有限公司	经　销：各大网上书店、新华书店及相关专业书店
开　本：720mm × 1000mm　1/16	印　张：13.5
版　次：2024 年 7 月第 1 版	印　次：2024 年 7 月第 1 次印刷
字　数：255 千字	定　价：69.80 元

ISBN 978-7-5130-9247-0

序

钢制伸缩缝装置作为桥梁设计的关键部分，主要目的是吸收由于温度、收缩和徐变等引起的变形。钢制伸缩缝与相邻混凝土弹性模量差导致二者变形不协调引发混凝土开裂。伸缩缝长期暴露在外界环境中，容易内积尘土杂物，影响其变形能力。伸缩缝存在，容易使雨水或者除冰盐中氯离子下渗，引发下部钢筋混凝土结构腐蚀风险。伸缩缝装置存在还会影响行车舒适度，引起桥头跳车，降低行车速度，影响经济发展。

为解决以上不足，国内外学者进行了大量探索研究，高延性水泥基复合材料应运而生。作者多年来一直从事生态高延性水泥基复合材料（Eco-HDCC）制备及结构设计等研究。这本书详细介绍了作者近 7 年来在生态高延性水泥基复合材料桥面无缝连接板方面的具体研究及取得的成果包括 Eco-HDCC 材料的制备、力学性能、微观机理，以及 BFRP 筋增强 Eco-HDCC 构件的黏结性能、断裂性能、抗弯性能，作者提出了 BFRP 筋增强 Eco-HDCC 桥面无缝连接板结构设计方法。这本书的主要研究成果在福建省永安市中小型桥梁进行了应用，为 Eco-HDCC 性能优化设计提供了技术支持。同时这也是对 Eco-HDCC 材料应用的推广。

这本书的内容新颖，结论翔实，研究水平处于国内外研究的前沿。希望这本书的出版对于高延性水泥基复合材料的相关理论与应用技术研究起到积极且富有成效的推动作用。

郭丽萍

东南大学

2024 年 1 月 1 日

前　言

生态高延性水泥基复合材料（Eco-HDCC）具有优异的拉伸性能，有很大的工程应用前景。玄武岩纤维增强聚合物（BFRP）筋是一种耐蚀筋材，可作为增强筋材，在众多筋材种类中，BFRP 筋的受拉弹性模量与 Eco-HDCC 的受拉弹性模量最为接近，BFRP 筋与 Eco-HDCC 协同变形，可提高结构的承载力。BFRP 筋增强 Eco-HDCC 可用于制备桥面无缝连接板替换伸缩缝，但 BFRP 筋增强 Eco-HDCC 桥面无缝连接板的结构设计方法仍缺乏系统性研究。

本书以获得 Eco-HDCC 桥面无缝连接板结构设计方法为目标，从 Eco-HDCC 性能、BFRP 筋增强 Eco-HDCC 构件性能以及桥面无缝连接板结构性能三个层次进行研究。首先，通过材料性能优化设计制备 Eco-HDCC；其次，通过梁式拉拔和直接拉拔法分析 BFRP 筋与 Eco-HDCC 的黏结应力-滑移关系，计算 BFRP 筋的黏结锚固长度；然后，通过 BFRP 筋增强 Eco-HDCC 构件的断裂性能分析，优选 BFRP 筋直径和保护层厚度；再次，提出受弯构件正截面受弯承载力计算方法和正常使用极限状态最大裂缝宽度的计算方法，提出受弯构件的抗弯设计方法；最后，依福建省永安市马林桥工程，通过理论分析和数值模拟，提出 BFRP 筋增强 Eco-HDCC 桥面无缝连接板的设计方法。本书项目研究成果有助于推广 Eco-HDCC 材料的应用，有助于采用桥面无缝连接板解决伸缩缝破坏问题，具有重要理论意义和工程价值。

本书涉及的研究工作是作者在东南大学材料科学与工程学院攻读博士学位期间完成的，在此向我的导师郭丽萍教授表示衷心的感谢。读博期间南京水利科学研究院陈波教授提供很多设备支持以及论文修改意见，向陈波教授表示真挚的感谢。作者还要向现工作单位——太原理工大学土木工程学院的领导和同事表示感谢。东南大学郭丽萍教授作为本书的主要审稿人对全书进行了详尽的审阅，并提出了宝贵意见。作者在开展研究过程中查阅了大量文献资料，也就一些问题请教过专家和同行，从中获得了许多有益的启发和帮助，在此对所有与本书出版相关的有贡献者们表示衷心的感谢！

本书的出版得到国家自然科学基金青年项目“荷载-冻融-碳化耦合作用下BFRP筋增强高延性混凝土桥面连接板的耐久性设计方法”（项目编号：52208280）的资助，在此表示感谢！

目 录

第 1 章

绪论

1.1 研究背景

随着国家“一带一路”和“十三五”规划“十四五”规划等政策的推动，我国的桥梁、公路等大型基础建筑业加速发展，车辆数量逐渐增加。道路桥梁建设逐渐引起研究者的关注。伸缩缝装置作为桥梁设计的关键部分，一般设置在相邻两跨简支梁之间或者梁端与桥台之间，主要目的是吸收由于温度、收缩和徐变等引起的变形。一般在伸缩缝安装后，在伸缩缝与两侧桥面铺装层中间浇筑混凝土，称为铺装层与伸缩缝的过渡区。此过渡区混凝土是后浇筑的，与铺装层混凝土的黏结力较差，在车辆疲劳荷载作用下过渡区混凝土容易开裂。而过渡区混凝土的开裂直接影响伸缩缝装置的使用，使其在服役期间表现出各种病态，例如锚固螺栓剪断或者脱孔飞出，整块橡胶板脱落，锚固钢筋外露等。伸缩缝长期暴露在外界环境中，容易内积尘土杂物，影响其伸缩变形，而且密封橡胶带容易被拉裂老化、脱落[1-2]。伸缩缝装置破坏后一方面会影响行车舒适度，引起桥头跳车，降低行车速度，影响经济发展；另一方面伸缩缝损坏严重时会导致雨水或者除冰盐中氯离子下渗，导致下部结构梁体钢筋腐蚀，加剧梁体结构的损坏，导致整座桥梁的使用寿命降低。图 1.1 是某地区伸缩缝装置损坏图。

为了解决伸缩缝装置损坏带来的问题，各国学者都在努力寻找最好的伸缩缝，而且他们一致认为“最好的伸缩缝便是无伸缩缝”，因此一种取消伸缩缝、桥面连续浇筑而成的结构应运而生。目前无缝桥梁结构主要有整体式桥台、半整体式桥台和桥面无缝连接板等。

图 1.1 伸缩缝装置损坏图[3]

整体式桥台是指柔性桥台与主梁固结，路面铺装层与主梁的温度变化主要通过台下柔性桩的纵向位移吸收。半整体式桥台是指刚性桥台与主梁零弯矩连接，主梁的转动位移对桥台的影响较小[3]。整体式/半整体式桥台结构如图 1.2 所示。

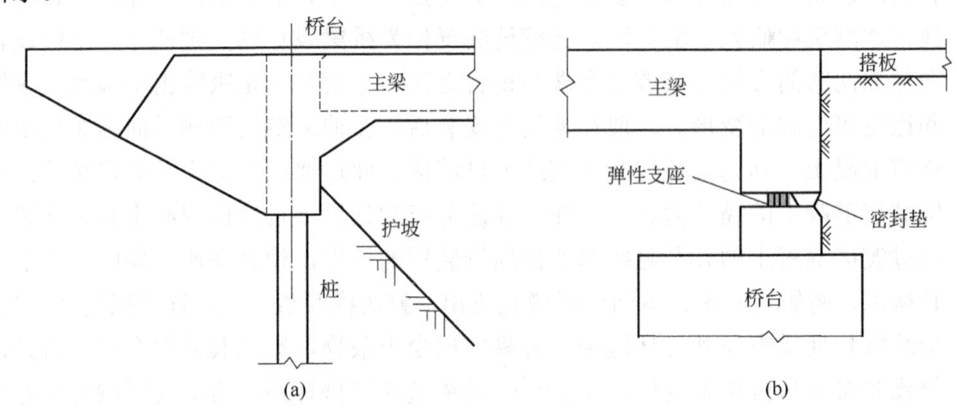

图 1.2 整体式/半整体式桥台结构：（a）典型的整体式桥台[3]；（b）典型的半整体式桥台[3]

美国在 19 世纪 60 年代大规模使用整体式/半整体式桥梁结构，桥梁长度为 50m～150m，在免去伸缩缝的同时，桥梁出现一些病害，如桥台沉降、搭板破坏等，影响桥梁的正常运营[4-6]；英国、爱尔兰均对整体式桥梁作出限制，设计中要求桥长小于 60m，斜交角小于 30 度[7-10]；芬兰要求新建整体式桥梁的长度不得超过 70m[11]；瑞典规范规定整体式混凝土桥梁的极限设计长度是 60m～

90m，而且桥梁纵坡值不得超过 4%[10]；德国相关桥梁设计部分要求整体式桥梁的极限长度是 50m[11]；印度桥梁设计规范规定整体式桥梁的极限长度是 152.4m[12-13]。由此可见，整体式/半整体式桥台设计主要集中在中小型桥梁（总跨长为 8m～100m）。

1998 年，湖南交通科学研究所在益常高速公路上修建了一座 56m 的无缝天桥[14]；2004 年，福州大学设计了一座长 137.1m 的预应力混凝土整体式桥梁[15]。整体式桥梁与半整体桥梁结构中均考虑台后土体与结构的相互作用，一旦梁体伸缩超过限制，台后土体下陷，形成空洞，影响桥梁的正常使用[16]。湖南大学无缝桥梁课题组提出新型半整体式无缝桥梁，主梁通过滑动支座支撑在桥台上，主梁的伸缩变形不会通过桥台传到下部结构，也不会引起土压力[17-20]，主梁的变形通过搭板传递到连续配筋接线路面，利用接线路面允许带裂缝工作，主梁的变形依靠裂缝吸收，通常为了使微裂缝分布更加均匀，在接线路面锯缝，其结构如图 1.3 所示。

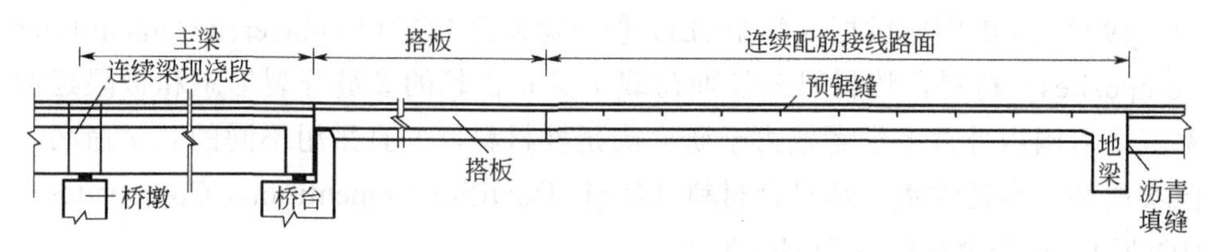

图 1.3　新型半整体式无缝桥梁[3]

因此，整体式/半整体式结构在桥梁上的应用是有限的，各国规范均限制了极限长度等，大多适用于中小型桥梁，而且有些桥梁由于主梁伸缩引起的变形引发一系列病害。鉴于此情况，改进设计规范，将主梁通过滑动支座支撑在桥台上，将主梁变形分散到接线路面，这就要求接线路面有良好的变形能力，或者通过锯缝消耗主梁变形。因为一旦接线路面开裂宽度超过限制，将会造成桥梁结构承载力的丧失，进而降低桥梁使用寿命。由此可见，目前针对整体式/半整体式桥梁设计的弊端，设计者又重新预制裂缝来消耗主梁引起的变形，而裂缝的存在，会降低行车舒适度，影响交通运输。

近年来，一种适用于中小型桥梁的真正不设伸缩缝的桥面连续结构逐渐引起关注——主要是用弹性混凝土和高延性水泥基复合材料替换传统的伸缩缝结构，此结构称为桥面无缝连接板。

改性沥青弹性混凝土虽然具有良好的变形能力，但改性沥青的高温抗车辙性能较差，而且此材料不能同时满足低温下的变形能力要求和在高温下的稳定性要求，在车辆荷载作用下，沥青弹性混凝土更容易破坏，因此改性沥青混凝土无法在桥面无缝连接板上应用[21]。

张涛等[21]制备出新型聚氨酯弹性混凝土，从拉伸弹性恢复率等指标评价其性能，结果表明其综合性能较优异，预计在伸缩缝上使用年限可达 11 年以上。但此类弹性混凝土的弹性模量仅为水泥混凝土弹性模量的 1/10。由于弹性模量的差异性导致二者变形不协调，在车辆荷载下，聚氨酯弹性混凝土更容易破坏。而且此材料的制备工艺较为严苛，需要专人指导施工，受施工气候条件的影响较大，因此聚氨酯弹性混凝土在桥面无缝连接板的应用有限。

陈小乐等[22]提出一种无伸缩缝桥面连续结构体系，该体系以高强抗裂性弹性混凝土复合材料和六边形薄钢板环箍特种树脂应力吸收层结构为载体。体系中钢板需提前特殊加工，特种树脂配合比需专人调控，高强抗裂性弹性混凝土和应力吸收层在拉应力下的变形不协调，导致二者容易脱粘，在车辆荷载作用下，此无缝连接板体系更易破坏，影响桥梁工程的正常服役。

1992 年，美国密歇根大学李（Li）等[23]制备出 ECC（Engineered Cementitious Composites）材料，该材料在拉伸荷载下具有优越的多缝开裂形态和极限延伸率。之后国内外很多学者致力于研究高延性材料，并且采用不同的名字命名，但实质都是高延性水泥基复合材料（High Ductility Cementitious Composites，HDCC），本书全部统称为 HDCC。

HDCC 是以水泥、矿物掺合料、骨料、纤维和外加剂等为原材料制备而成的，单轴拉伸作用下 HDCC 的极限延伸率不低于 0.5%而且平均裂缝宽度不大于 200μm [24-25]。2005 年，李等[26]对美国密歇根州的一座桥面板进行改造，使用 HDCC 桥面连接板替换原伸缩缝，称其为 HDCC 桥面无缝连接板。监测结果表明在服役期间无缝连接板使用效果良好。HDCC 桥面无缝连接板的试点工程不仅为桥梁工程设计者提供了一种无缝化桥梁的设计思路，而且为 HDCC 的推广提供了工程背景。郭丽萍等[27]将 HDCC 用于桥面连接板的修补，通车一个月后，桥面连接板上未观察到肉眼可见的裂缝。由此可见，HDCC 在桥面无缝连接板上有很大的应用前景。

在桥面无缝连接板设计中，设置筋材与 HDCC 共同工作，不仅可提高结构承载力，还可以抗裂和抗收缩等。筋材主要有钢筋和 FRP 筋两类，由于钢筋的弹性模量大于 FRP 筋，钢筋与 HDCC 的弹性模量差异性大于 FRP 筋与 HDCC 的弹性模量差异性，为了更好实现 FRP 筋与 HDCC 变形协调性，选用与 HDCC 弹性模量最为接近的 FRP 筋。目前，FRP 筋主要有碳纤维增强聚合物（CFRP）筋、玻璃纤维增强聚合物（GFRP）筋、玄武岩纤维增强聚合物（BFRP）筋和芳纶纤维增强聚合物（AFRP）筋，其中，GFRP 筋和 BFRP 筋弹性模量较低，根据生产质量不同，二者的弹性模量在 40GPa～60GPa，而且价格相对较为便宜，在国内市场上应用最广。由于水泥基复合材料内部的高碱度，而 GFRP 筋耐碱性较差，BFRP 筋在水泥基复合材料中的应用有很大的前景。在 HDCC 桥面无缝连接板设计上，可以优选 BFRP 筋。HDCC 桥面无缝连接板如图 1.4 所示。

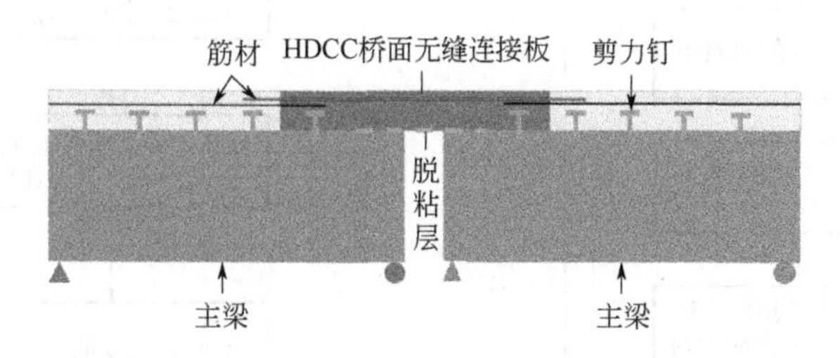

图 1.4　HDCC 桥面无缝连接板结构示意图

1.2　HDCC 桥面无缝连接板的设计方法

目前，已有一些学者采用试验和数值模拟方法对 HDCC 桥面无缝连接板进行设计[26, 28-34]。莱贝蒂（Lepech）等[26]采用数值模拟方法提出了关于钢筋增强 HDCC 桥面无缝桥面连接板的设计流程；先假定连接板长度和脱粘层长度，然后计算钢筋配筋率，最后验算铺装层和连接板的变形是否满足 HDCC 材料自身变形能力，其流程如图 1.5 所示。通过试验研究 HDCC 连接板-钢梁复合结构的抗弯性能发现，HDCC 连接板在弯曲荷载下表现出多缝开裂形态，裂缝间距在 50μm 左右，并认为 HDCC 连接板在设计时可适当降低钢筋配筋率，节约钢筋。

崔磊涛等[28]根据文献[26]和[29]中 HDCC 桥面无缝连接板的设计思路设计了钢筋增强 HDCC 桥面连接板-钢梁复合结构和钢筋混凝土桥面连接板-钢梁复合结构进行抗弯试验，结果表明钢筋增强 HDCC 连接板的承载力较高而且变形较大。秦秋红等[30]根据文献[26]和[29]阐述了 HDCC 柔性桥面连接板的设计流程。

丰元飞[31]和林雄[32]对文献[26]和[29]中提到的 HDCC 桥面无缝连接板的设计方法进行了改进，建议先根据桥梁铺装层的变形计算连接板和脱粘层的长度，然后计算钢筋配筋率，设计方法如图 1.6 所示。林雄[32]通过钢筋增强 HDCC 桥面无缝连接板缩尺模型验证了 HDCC 桥面无缝连接板设计的合理性。

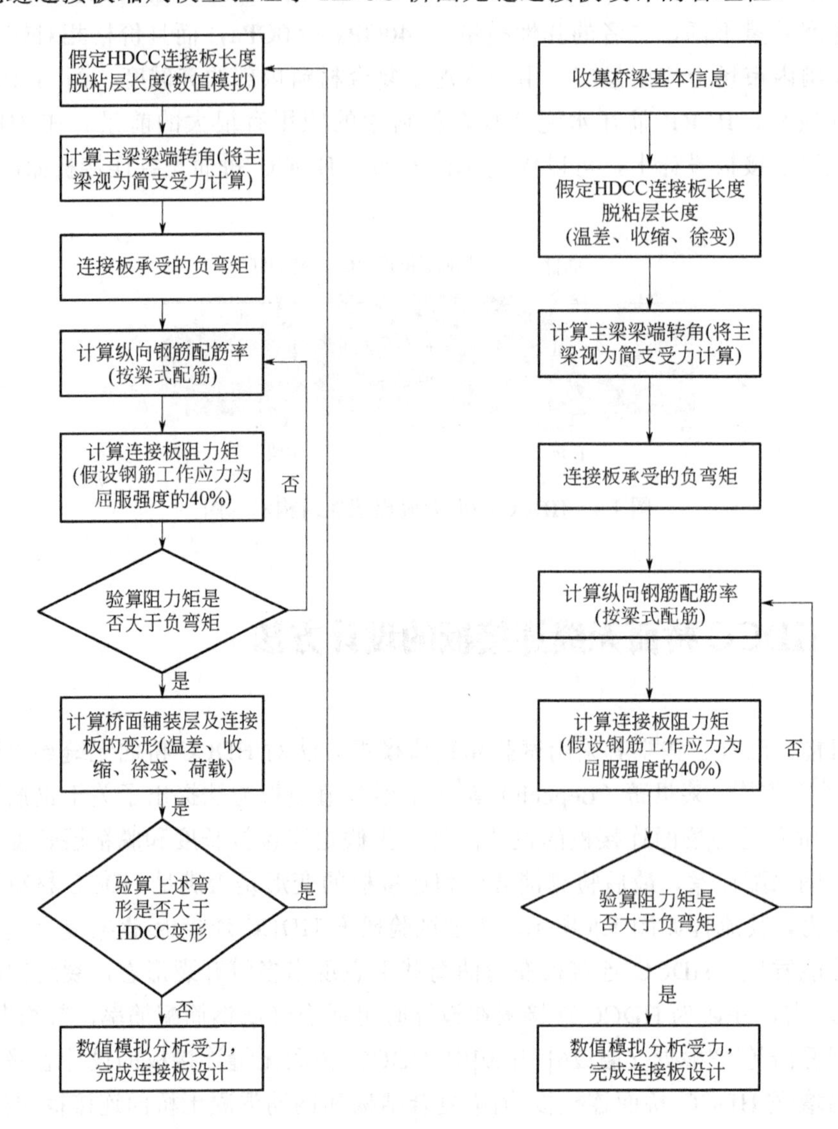

图 1.5 HDCC 桥面无缝连接板设计方法 1　　图 1.6 HDCC 桥面无缝连接板设计方法 2

张黎飞[33]设计了不配筋 HDCC 桥面无缝连接板、CFRP 格栅增强 HDCC 桥面无缝连接板和 CFRP 筋增强 HDCC 桥面无缝连接板进行抗弯试验，结果表明 CFRP 筋增强 HDCC 连接板的峰值荷载和峰值挠度均大于其他两类连接板，而且 CFRP 筋增强 HDCC 连接板呈现优越的多缝开裂特点，其平均裂缝宽度是其他两类连接板的一半。根据文献[26]和[29]中桥面连接板的设计流程验证了

CFRP 筋增强 HDCC 连接板设计的可行性。

吴镇铎[34]设计了 BFRP 筋、GFRP 筋和钢筋增强 HDCC 桥面连接板进行抗弯试验，结果表明相同或者相近配筋率的 FRP 筋增强 HDCC 连接板工作性能明显优于钢筋增强 HDCC 连接板。通过 Abaqus 模拟分析脱粘层长度和配筋率对 GFRP 筋增强 HDCC 连接板和主体结构受力影响，结果表明脱粘层长度的增加使连接板变形能力提高，并建议本书脱粘层长度取两侧桥梁总跨长的 0.8%～2.0%；较高的配筋率可以降低连接板的应力分配比例，同时较小的配筋间距有助于传递跨中变形，使连接板拉伸变形区域增加，跨中最大拉应变降低，建立的模型中建议配筋率为 0.72%～1.20%。

目前关于 HDCC 桥面无缝连接板设计方法的研究主要选用如图 1.5 和图 1.6 所示的流程，采用钢筋配筋。关于 FRP 筋增强 HDCC 桥面无缝连接板的设计方法未见报道。

1.3 FRP 筋增强 HDCC 构件的抗弯性能

由于 HDCC 桥面无缝连接板处于负弯矩区，抗弯性能是桥面无缝连接板设计的关键性能，考虑 FRP 筋的弹性模量比钢筋的弹性模量低，FRP 筋与 HDCC 弹性模量接近，而且考虑 FRP 筋的耐蚀性，采用 FRP 筋作为桥面无缝连接板的增强筋。

张黎飞[33]对比分析了素 HDCC 桥面连接板、CFRP 格栅增强 HDCC 桥面连接板和 CFRP 筋增强 HDCC 桥面连接板的抗弯性能，CFRP 筋增强 HDCC 桥面连接板的峰值荷载和挠度值最大，而且平均裂缝宽度最小。吴镇铎[34]研究了 BFRP 筋增强 HDCC 桥面连接板的抗弯性能，研究表明提高配筋率可以减小连接板内拉应力，而且较小的配筋间距可以降低连接板内最大拉应变。蔡（Cai）等[35]采用数值模拟研究 BFRP 筋增强 HDCC 超筋梁的抗弯性能，BFRP 筋配筋率超过平衡配筋率后，随着配筋率的增加，梁的抗弯强度增加而跨中峰值挠度逐渐降低。以往的研究仅是分析 FRP 筋增强 HDCC 构件的荷载、挠度和裂缝宽度，并没有给出一套完整的抗弯设计方法。

目前国内外关于筋材增强水泥基复合材料的抗弯设计方法主要分为两类，一类是钢筋混凝土抗弯设计，另一类是 FRP 筋混凝土抗弯设计。由于 FRP 筋弹性模量小于钢筋弹性模量，FRP 筋混凝土构件的刚度低于钢筋混凝土的刚度，为保证设计安全性，两种构件采用不同的设计方法。钢筋混凝土的抗弯设计原理是先进行承载力极限状态的计算（配筋设计），再进行正常使用极限状态下最大裂缝宽度和挠度的验算；FRP 筋混凝土的设计原理是先进行正常使用极限状态下最大裂缝宽度和挠度的计算（配筋设计），再进行承载力极限状态的验算。

FRP 筋增强 HDCC 的抗弯设计方法可参考 FRP 筋混凝土国内外相关规范和文献。《纤维增强塑料筋混凝土桥梁技术规程》（CJJ/T 280—2018）[36]规定了 FRP 筋（GFRP 筋、CFRP 筋和 AFRP 筋）混凝土受弯构件的最大裂缝宽度计算公式式（1.1）～式（1.5）、抗弯刚度计算公式式（1.6）～式（1.9）和受弯极限承载力计算公式式（1.10）～式（1.16）。

$$w_{\max}=2.4\Psi\frac{\sigma_{\mathrm{fk}}}{E_{\mathrm{f}}}\left(1.9C+0.08\frac{d_{\mathrm{eq}}}{\rho_{\mathrm{te}}}\right) \tag{1.1}$$

$$\psi=1.3-0.74\frac{f_{\mathrm{tk}}}{\rho_{\mathrm{te}}\sigma_{\mathrm{fk}}} \tag{1.2}$$

$$d_{\mathrm{eq}}=\frac{\Sigma n_i d_i^2}{\Sigma n_i v_i d_i} \tag{1.3}$$

$$\rho_{\mathrm{te}}=\frac{A_f}{A_{\mathrm{te}}} \tag{1.4}$$

$$\sigma_{\mathrm{fk}}=\frac{M_k}{0.9A_{\mathrm{f}}h_{0f}} \tag{1.5}$$

式中，

$w_{\max}$ ——受弯构件的最大裂缝宽度；

ψ ——裂缝间纵向受拉 FRP 筋应变不均匀系数，取值范围为 0.2～1.0；

σ_{fk} ——荷载效应标准组合下 FRP 筋的应力；

f_{tk} ——混凝土抗拉强度标准值；

E_f ——FRP 筋的弹性模量；

C ——保护层厚度（mm），取值范围 20mm～65mm；

ρ_{te} ——按有效受拉混凝土截面面积计算的纵向受拉 FRP 筋的配筋率；

A_f ——受拉区 FRP 筋的截面面积；

A_{te} ——有效受拉混凝土截面面积，对受弯构件取 $A_{\mathrm{te}}=0.5bh$；

d_{eq} ——受拉区纵向 FRP 筋的等效直径（mm）；

d_i ——受拉区第 i 种纵向 FRP 筋的公称直径（mm）；

n_i ——受拉区第 i 种纵向 FRP 筋的根数；

v_i——受拉区纵向 FRP 筋的相对黏结特性系数。当 v_i 大于 1.5 时，取 1.5；无试验数据时，取 1.0；

M_k——按荷载效应标准组合计算的弯矩值；

$h_{0,f}$——FRP 筋合力点距混凝土受压区边缘的距离（mm）。

《纤维增强塑料筋混凝土桥梁技术规程》（CJJ/T 280—2018）[36]中 FRP 筋混凝土受弯构件按照荷载效应的标准组合计算短期抗弯刚度 B_s 如下：

$$B_s = \frac{E_f A_f h_{0f}^2}{1.11\psi + 0.2 + \frac{6\alpha_{\mathrm{fE}}\rho_f}{1+3.5\gamma_f'}} \tag{1.6}$$

$$\alpha_{\mathrm{fE}} = \frac{E_f}{E_c} \tag{1.7}$$

$$\rho_f = \frac{A_f}{bh_{0f}} \tag{1.8}$$

$$\gamma_f' = \frac{\left(b_f' - b\right)h_f'}{bh_{0f}} \tag{1.9}$$

式中，

α_{fE}——FRP 筋弹性模量与混凝土弹性模量的比值；

E_c——混凝土的弹性模量；

ρ_f——纵向 FRP 筋的配筋率；

γ_f'——受压翼缘截面面积与腹板有效截面面积的比值。

《纤维增强塑料筋混凝土桥梁技术规程》（CJJ/T 280—2018）[36]中 FRP 筋混凝土受弯构件正截面承载力计算公式如下：

当 $\rho_{\min} \leqslant \rho_f < \rho_{\mathrm{fb}}$ 时，

$$\gamma_0 M \leqslant A_f f_{\mathrm{fe}}\left(1 - \frac{0.07}{1+400\left(f_{\mathrm{fd}}/E_f\right)} - 0.5\frac{\rho_f f_{\mathrm{fe}}}{f_{\mathrm{cd}}}\right)h_{0f} \tag{1.10}$$

$$f_{\mathrm{fe}} = f_{\mathrm{fd}} \tag{1.11}$$

当 $\rho_{\mathrm{fb}} \leqslant \rho_f \leqslant 1.5\rho_{\mathrm{fb}}$ 时，

$$\gamma_0 M \leqslant A_f f_{\mathrm{fe}}\left(1 - \frac{\rho_f f_{\mathrm{fe}}}{2\alpha_1 f_{\mathrm{cd}}}\right)h_{0f} \tag{1.12}$$

$$f_{\mathrm{fe}} = \left[1 - 0.23\left(\rho_f/\rho_{\mathrm{fb}} - 1\right)^{0.2}\right]f_{\mathrm{fd}} \tag{1.13}$$

当$\rho_f>1.5\rho_{fb}$时，

$$\gamma_0 M \leqslant A_f f_{fe}\left(1-\frac{\rho_f f_{fe}}{2\alpha_1 f_{cd}}\right)h_{0f} \tag{1.12}$$

$$f_{fe}=\left(\rho_f / \rho_{fb}\right)^{-0.55} f_{fd} \tag{1.14}$$

平衡配筋率计算公式，

$$\rho_{fb}=\frac{\alpha_1 f_{cd}}{f_{fd}}\frac{\beta_1\varepsilon_{cu}}{\varepsilon_{cu}+f_{fd}/E_f} \tag{1.15}$$

最小配筋率计算公式，

$$\rho_{min}=\frac{1.1f_t}{f_{fd}} \tag{1.16}$$

式中，

γ_0——桥梁结构的重要性系数；

M——弯矩设计值；

f_{fe}——FRP 筋有效设计应力；

f_{fd}——FRP 筋抗拉强度设计值；

f_{cd}——混凝土轴心抗压强度设计值；

α_1——等效应力参数；

β_1——受压区高度等效参数；

ε_{cu}——正截面混凝土极限压应变。

参考加拿大 ISIS 规范[37]，规定了 FRP 筋（GFRP 筋、CFRP 筋和 AFRP 筋）混凝土受弯构件的最大裂缝宽度计算公式式（1.17）、抗弯刚度计算公式式（1.18）～式（1.24）和受弯极限承载力计算公式式（1.25）～式（1.28）。

加拿大 ISIS 规范[37]中 FRP 筋混凝土的最大裂缝宽度计算公式如下：

$$w_{max}=2.2\frac{f_f}{E_f}\beta k_b\sqrt[3]{d_c A_e} \tag{1.17}$$

式中，

f_f——纵向受拉 FRP 筋的应力；

β——应变梯度，$\beta=\frac{h_2}{h_1}$（h_2——混凝土受拉边缘至中和轴的距离，h_1——FRP 筋重心至中和轴的距离）；

k_b——FRP 筋的黏结系数，无试验数据时，取为 1.2；

d_c——混凝土受拉区边缘到 FRP 筋形心的距离；

A_e ——单根 FRP 筋周围混凝土有效受拉面积，受拉面积与 FRP 筋有相同形心。

加拿大 ISIS 规范[37]中 FRP 筋混凝土有效刚度根据有效惯性矩公式来计算，

$$B = E_c I_e \tag{1.18}$$

$$I_e = \left(\frac{M_{\mathrm{cr}}}{M_a}\right)^3 \beta_b I_g + \left[1 - \left(\frac{M_{\mathrm{cr}}}{M_a}\right)^3\right] I_{\mathrm{cr}} \leqslant I_g \tag{1.19}$$

$$M_{\mathrm{cr}} = \frac{f_r I_t}{y_t} = \frac{\sigma_{t,f} I_g}{y_t} \tag{1.20}$$

$$\beta_b = \alpha_b \left(\frac{E_f}{E_s} + 1\right) \tag{1.21}$$

$$I_g = \frac{bh^3}{12} \tag{1.22}$$

$$I_{cr} = \frac{bk^3}{3} + \alpha_{\mathrm{fE}} A_f \left(h_{0f} - k\right)^2 \tag{1.23}$$

$$k = h_{0f}\left(-\alpha_{\mathrm{fE}}\rho_f + \sqrt{\left(\alpha_{\mathrm{fE}}\rho_f\right)^2 + 2\alpha_{\mathrm{fE}}\rho_f}\right) \tag{1.24}$$

式中，

I_e ——有效惯性矩；

I_g ——毛截面惯性矩；

I_{cr} ——开裂截面换算惯性矩；

M_{cr} ——开裂弯矩；

M_a ——计算挠度时的弯矩值；

f_r ——混凝土的断裂模量；

I_t ——未开裂截面转换为混凝土的截面惯性矩；

y_t ——未开裂换算截面的中和轴到受拉区边缘的距离；

β_b ——刚度减小系数；

α_b ——黏结系数，无试验数据时，采用 0.5；

E_s ——钢筋的弹性模量（200×10^3MPa）。

k ——开裂时截面中和轴的高度。

加拿大 ISIS 规范[37]中规定，FRP 筋混凝土受弯构件正截面弯矩承载力根据构件破坏形态分为三种：受压区混凝土压碎时受拉区 FRP 筋拉断，即平衡破坏，这类破坏特点是受压区混凝土压应变达到极限压应变，同时受拉区 FRP 筋达到极限拉应变；受压区混凝土压碎，即超筋破坏，此类破坏特点是受压区混凝土压应变达到极限压应变，受拉区 FRP 筋未达到极限拉应变；受拉区 FRP 筋拉断，即少筋破坏，此类破坏特点是受拉区 FRP 筋达到极限拉应变，而受压区混凝土未达到压应变。

FRP 筋混凝土构件的界限配筋率计算如式（1.25）所示，

$$\rho_b = \alpha_1 \beta_1 \frac{f_c}{f_{\mathrm{frpu}}} \left(\frac{\varepsilon_{\mathrm{cu}}}{\varepsilon_{\mathrm{cu}} + \varepsilon_{\mathrm{frpu}}} \right) \tag{1.25}$$

平衡配筋梁的正截面弯矩承载力计算（$\rho=\rho_b$），

$$M_f = \varepsilon_{\mathrm{frpu}} E_f A_f \left(h_0 - \frac{\beta_1 x_{\mathrm{cb}}}{2} \right) \tag{1.26}$$

超筋梁的正截面弯矩承载力计算（$\rho>\rho_b$），

$$M_c = \alpha_1 f_c \beta_1 x_c b_w \left(h_0 - \frac{\beta_1 x_c}{2} \right) \tag{1.27}$$

少筋梁的正截面弯矩承载力计算（$\rho<\rho_b$），

$$M_f = \varepsilon_{\mathrm{frpu}} E_f A_f \left(h_0 - \frac{\beta_1 x_c}{2} \right) \tag{1.28}$$

式中，

$\varepsilon_{\mathrm{frpu}}$ ——FRP 筋的极限拉应变；

h_0 ——截面有效高度；

x_{cb} ——截面受压区界限高度；

x_c ——截面受压区高度；

b_w ——截面宽度。

参考 ACI-440.1R-06[38]和 CSAS806—2012[39]规范，FRP 筋（GFRP 筋、CFRP 筋和 AFRP 筋）混凝土的最大裂缝宽度计算如式（1.29）所示，

$$w_{\max} = 2 \frac{f_f}{E_f} \beta k_b \sqrt{d_c^2 + \left(\frac{l}{2} \right)^2} \tag{1.29}$$

式中，

k_b ——FRP 筋的黏结系数，ACI-440.1R-15[40]规定无试验数据时，取值为 1.4，CSAS806—2012[39]规定无试验数据时，取值为 0.8；

l——FRP 筋的间距。

参考 ACI-440.1R-15[40]和 CSAS806—2012[39]规范，FRP 筋混凝土受弯构件的有效惯性矩如式（1.30）～式（1.31）所示，

$$I_e = \frac{I_{cr}}{1-\gamma\left(\frac{M_{cr}}{M_a}\right)^2\left(1-\frac{I_{cr}}{I_g}\right)} \leqslant I_g \tag{1.30}$$

$$\gamma = 1.72 - 0.72\frac{M_{cr}}{M_a} \tag{1.31}$$

式中，

γ——与荷载和边界条件有关的系数。

ACI-440.1R-06[38]和 ACI-440.1R-15[40]中规定的 FRP 筋混凝土构件的正截面受弯承载力的计算方法如式（1.25）～式（1.28）所示。

有关 FRP 筋混凝土梁的研究中，已有学者[41-50]为避免梁中 FRP 筋的脆性破坏，设计 FRP 筋混凝土超筋梁，对梁受弯承载力、裂缝和挠度进行了研究，根据破坏形态验证超筋梁设计的合理性，并参考国内外相关 FRP 筋混凝土受弯构件规范对裂缝宽度和峰值挠度进行理论计算。结果表明，超筋梁的破坏形态是受压区混凝土的压碎，而非 FRP 筋拉断的脆性破坏，增加配筋率可降低跨中挠度并减小裂缝宽度，而且随着配筋率的增加，裂缝数量增加，裂缝平均间距降低。

虽然 FRP 筋混凝土抗弯性能的研究可以作为 FRP 筋增强 HDCC 构件研究的参考，但由于 HDCC 优越的拉伸应力-应变关系，在结构设计中应该予以考虑，FRP 筋增强 HDCC 构件的抗弯设计方法有待研究。

1.4　FRP 筋与 HDCC 的黏结性能

在桥面无缝连接板结构中 FRP 筋与 HDCC 之间充分的黏结性能可保证力的传递，FRP 筋在桥面无缝连接板中的黏结锚固长度设计可以保证 FRP 筋与 HDCC 共同工作，防止连接板因 FRP 筋滑移而发生破坏。FRP 筋与 HDCC 的黏结锚固性能研究可为桥面无缝连接板结构设计提供理论依据。

本书关于 FRP 筋与 HDCC 的黏结锚固性能试验研究均参考 FRP 筋与混凝土的黏结性能的设计方法：一种是直接拉拔法[51-53]；另一种是梁式拉拔法[53-54]。

已有学者采用直接拉拔法研究了 FRP 筋与 HDCC 的黏结锚固性能。米渊[55]采用直接拉拔法研究了 GFRP/CFRP 与 HDCC 的黏结性能，结果表明带肋 FRP 筋的峰值黏结应力高于光圆 FRP 筋；随着直径或者黏结锚固长度的增加，构件的峰值荷载增加而峰值黏结应力降低；参考已有文献中的黏结-滑移量模型，得到了模型参数。王（Wang）等[56]设计了 BFRP 筋与 HDCC 的黏结锚固直接拉拔构件，考虑了 BFRP 直径、保护层厚度和黏结锚固长度三个因素，结果表明随着直径的增加，构件的峰值黏结应力降低；锚固长度的增加导致构件的峰值黏结应力降低；随着保护层厚度的增加，构件的峰值黏结应力随之增加，而且当保护层厚度超过 20mm 后，峰值黏结应力基本不受保护层厚度的影响。

由此可见，目前关于 FRP 筋与 HDCC 黏结锚固性能研究非常少，缺乏关于梁式拉拔法测试 FRP 筋与 HDCC 黏结性能的研究，没有提出 FRP 筋在 HDCC 中的黏结锚固长度设计建议值，缺乏定量表达 FRP 筋与 HDCC 黏结应力-滑移本构关系的模型。

筋材与混凝土的黏结锚固性能研究可以为FRP筋与HDCC黏结性能提供参考。筋材与混凝土的黏结性能与锚固长度、筋材直径、保护层厚度、混凝土的抗拉强度等因素有关，为了定量表示这些因素对峰值黏结应力和峰值滑移的影响，文献中[57-64]提出了筋材与混凝土的峰值黏结应力（τ_u）和峰值滑移（s_u）计算表达式式（1.32）～式（1.33），

$$\tau_u = \left(a \times \frac{D}{L} + b \times \frac{C}{D} + c \times \frac{D}{L} \times \frac{C}{D} + d \right) \times f_t \tag{1.32}$$

$$s_u = \left(m \times \frac{D}{L} + n \times \frac{C}{D} + p \times \frac{D}{L} \times \frac{C}{D} + q \right) \times D \tag{1.33}$$

式中，

f_t ——混凝土的抗拉强度；

D ——筋材的直径；

L——筋材的锚固长度；

C——筋材的保护层厚度；

a，b，c，d，m，n，p，q——公式中的拟合参数。

在 FRP 筋混凝土构件中，当施加的拉力使 FRP 筋达到设计拉力时、而 FRP 筋不被拔出时，所需要的最小埋长称为基本锚固长度（L_{eb}）[53,65]，计算如式（1.34）所示。

$$L_{eb} = \frac{A_f f_{fd}}{\pi D \tau} \tag{1.34}$$

式中，

τ——黏结应力。

文献[66]中建议 FRP 筋在混凝土中的设计锚固长度需要在基本锚固长度的基础上考虑 FRP 筋的滑移量修正系数（k_s）、FRP 筋的保护层厚度（k_c）和 FRP 筋的配筋位置（k_p），设计锚固长度（L_{e1}）如式（1.35）所示，

$$L_{e1}=L_{eb}k_sk_ck_p \tag{1.35}$$

《纤维增强复合材料建设工程应用技术规范》（GB 50608—2010）规范[67]中规定了 FRP 筋在混凝土中的黏结锚固长度设计值（L_{e2}），如式（1.36）所示，该式考虑了 FRP 筋的抗拉强度设计值（f_{fd}）、混凝土的抗拉强度（f_t）和 FRP 筋的直径（D）。

$$L_{e2}=\frac{f_{fd}D}{8f_t} \tag{1.36}$$

《纤维增强塑料筋混凝土桥梁技术规程》（CJJ/T 280—2018）[36]规定 GFRP 筋、AFRP 筋与 CFRP 筋在混凝土中的锚固长度计算公式式（1.37）～式（1.39）。

GFRP 筋在混凝土中的锚固长度（$L_{e3,G}$），

$$L_{e3,G}=0.57\frac{f_{fd}D}{(\alpha' f_t)^2} \tag{1.37}$$

式中，

α'——参数，规范中并没有明确给出参数值。

AFRP 筋在混凝土中的锚固长度（$L_{e3,A}$），

$$L_{e3,A}=\frac{f_{fd}D}{3.36(16/D+0.8)f_t} \tag{1.38}$$

CFRP 筋在混凝土中的锚固长度（$L_{e3,C}$），

$$L_{e3,C}=0.083\frac{f_{fd}D^{1.52}}{3.58f_t} \tag{1.39}$$

ISIS-M03-07[37]规定了 FRP 筋在混凝土中的黏结锚固长度设计值，计算公式如式（1.40）～式（1.41）所示。

对于 FRP 筋混凝土拉拔过程中的劈裂破坏，黏结锚固长度设计值（$L_{e4,S}$），

$$L_{e4,S}=0.028\frac{A_f f_{fd}}{\sqrt{f_{cd}}} \tag{1.40}$$

对于 FRP 筋混凝土拉拔过程中的拉拔破坏，黏结锚固长度设计值（$L_{e4,P}$），

$$L_{e4,P} = 0.054Df_{\mathrm{fd}} \tag{1.41}$$

CSA S806—2012[39]规定了 FRP 筋在混凝土中的黏结锚固长度设计值（L_{e5}），计算如式（1.42）所示，

$$L_{e5} = 1.15\frac{k_1k_2k_3k_4k_5}{d_c}\frac{A_f f_{\mathrm{fd}}}{\sqrt{f_{\mathrm{cd}}}} \tag{1.42}$$

式中，

k_1 ——FRP 筋位置，新拌混凝土厚度小于 300mm 时，取值为 1.0；

k_2 ——混凝土密度影响因子，对于低密度混凝土，取值为 1.3，对于半低密度混凝土，取值为 1.2，对于普通密度混凝土，取值为 1.0；

k_3 ——FRP 筋尺寸影响因子，单根 FRP 筋截面面积小于等于 300mm^2，取值 0.8；

k_4 ——对于 CFRP 筋和 GFRP 筋，取值为 1.0，对于 AFRP 筋，取值为 1.25；

k_5 ——FRP 筋表面形状影响因子，对于带肋筋，取值 1.05。

ACI 440.1R-15[40]中规定了 FRP 筋在混凝土中的黏结锚固长度（L_{e6}），计算如式（1.43）所示，

$$f_{\mathrm{fe}} = \frac{0.083\sqrt{f_c}}{\alpha_p}\left(13.6\frac{L_{e6}}{D} + \frac{C}{D}\frac{L_{e6}}{D} + 340\right) \leqslant f_{\mathrm{fd}} \tag{1.43}$$

式中，

f_{fe} ——FRP 筋的有效应力；

α_p ——FRP 筋位置有关的系数。

目前，已有文献[60]、[65]和文献[68]～[70]提出了可以定量表示筋材与混凝土的黏结应力-滑移曲线的本构关系模型，这些模型可以为 FRP 筋与 HDCC 的黏结应力-滑移关系模型提供理论指导。

GB 50010—2010[65]规范中提出了钢筋在混凝土中黏结锚固的四阶段模型：线性段、劈裂段、下降段和残余段，其黏结应力-滑移本构关系曲线如图 1.7 所示，计算参考式（1.44）～式（1.47）。

线性段：$\tau = k_s s \qquad 0 \leqslant s \leqslant s_{\mathrm{cr}}$ （1.44）

劈裂段：$\tau = \tau_{\mathrm{cr}} + k_{\mathrm{cr}}(s - s_{\mathrm{cr}}) \qquad s_{\mathrm{cr}} \leqslant s \leqslant s_{\mathrm{u}}$ （1.45）

下降段：$\tau = \tau_{\mathrm{u}} + k_{\mathrm{j}}(s - s_{\mathrm{u}}) \qquad s_u \leqslant s \leqslant s_r$ （1.46）

残余段：$\tau = \tau_{\mathrm{r}} \qquad s \geqslant s_{\mathrm{r}}$ （1.47）

式中，

τ_{cr} ——劈裂黏结应力；

τ_r ——残余黏结应力；

τ_u ——峰值黏结应力；

k_s ——线性段的斜率，$\dfrac{\tau_{cr}}{s_{cr}}$；

k_{cr} ——劈裂段的斜率，$\dfrac{\tau_u-\tau_{cr}}{s_u-s_{cr}}$；

k_j ——下降段的斜率，$\dfrac{\tau_r-\tau_u}{s_r-s_u}$。

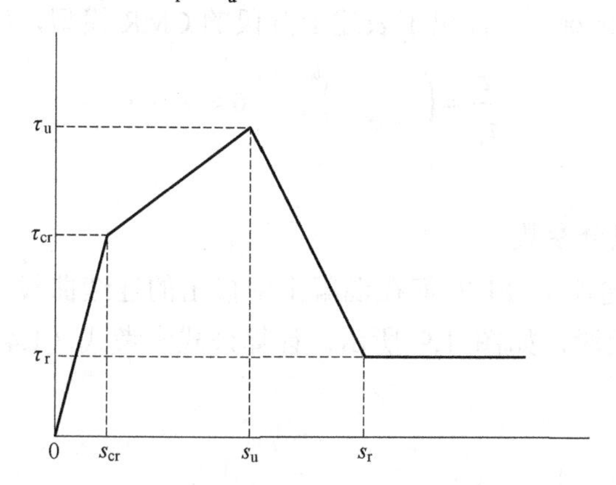

图 1.7　GB 50010—2010[65]中建议的钢筋与混凝土的黏结应力-滑移本构关系模型

CEB-FIP 2010[60]规范中提出了钢筋在混凝土中拔出的三阶段模型：上升段、水平段、下降段和残余段，钢筋与混凝土的黏结应力-滑移本构关系如图 1.8 所示，计算公式参考式（1.47）～式（1.50）。

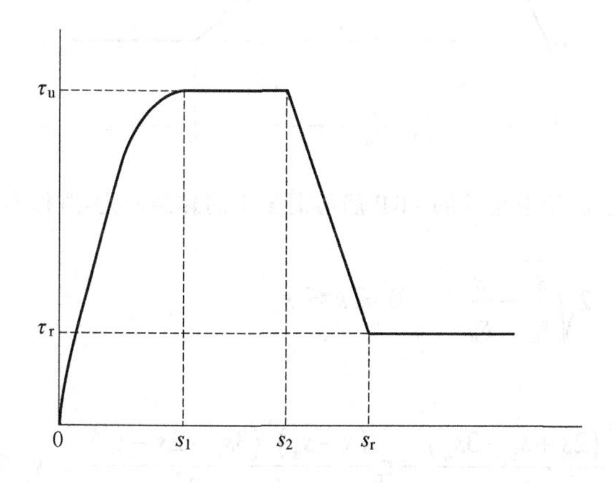

图 1.8　CEB-FIP 2010[60]中建议的钢筋与混凝土的黏结应力-滑移本构关系模型

式中，

上升段：$\tau=\tau_{\mathrm{u}}\left(\dfrac{s}{s_1}\right)^{\alpha}\qquad 0\leqslant s\leqslant s_1$ （1.48）

水平段：$\tau=\tau_{\mathrm{u}}\qquad s_1\leqslant s\leqslant s_2$ （1.49）

下降段：$\tau=\tau_{\mathrm{u}}\left(\tau_{\mathrm{u}}-\tau_{\mathrm{r}}\right)\dfrac{s-s_2}{s_{\mathrm{r}}-s_2}\qquad s_2\leqslant s\leqslant s_{\mathrm{r}}$ （1.50）

残余段：$\tau=\tau_{\mathrm{r}}\qquad s\geqslant s_{\mathrm{r}}$ （1.47）

克珊塞（Cosenza）[68]提出了表述上升段的 CMR 模型，如式（1.51）所示，

$$\frac{\tau}{\tau_{\mathrm{u}}}=\left(1-\mathrm{e}^{-\frac{s}{a_1}}\right)^{b_1}\qquad 0\leqslant s\leqslant s_{\mathrm{u}} \tag{1.51}$$

式中，

a_1、b_1——拟合参数。

高丹盈等[69]建议了 FRP 筋在混凝土中拔出的连续曲线三阶段模型，上升段、下降段和残余段，如图 1.9 所示，计算公式参考式（1.47）、式（1.52）～式（1.53），

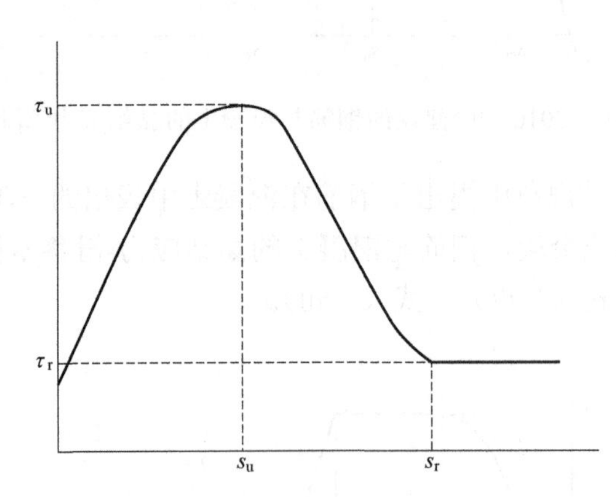

图 1.9 高丹盈[69]中建议的 FRP 筋与混凝土的黏结应力-滑移本构关系模型

上升段：$\dfrac{\tau}{\tau_{\mathrm{u}}}=2\sqrt{\dfrac{s}{s_{\mathrm{u}}}}-\dfrac{s}{s_{\mathrm{u}}}\qquad 0\leqslant s\leqslant s_{\mathrm{u}}$ （1.52）

下降段：

$$\tau=\tau_{\mathrm{u}}\frac{\left(s_{\mathrm{r}}-s\right)^2\left(2s+s_{\mathrm{r}}-3s_{\mathrm{u}}\right)}{\left(s_{\mathrm{r}}-s_{\mathrm{u}}\right)^3}+\tau_{\mathrm{r}}\frac{\left(s-s_{\mathrm{u}}\right)^2\left(3s_{\mathrm{r}}-2s-s_{\mathrm{u}}\right)}{\left(s_{\mathrm{r}}-s_{\mathrm{u}}\right)^3}\qquad s_{\mathrm{u}}\leqslant s\leqslant s_{\mathrm{r}} \tag{1.53}$$

残余段：$\tau=\tau_{\mathrm{r}}\qquad s\geqslant s_{\mathrm{r}}$ （1.47）

郝庆多[70]提出 GFRP/钢绞线复合筋在混凝土中拔出的四阶段模型：微滑移段、滑移段、下降段和残余段，如图 1.10 所示，计算公式参考式（1.54）～式（1.57），

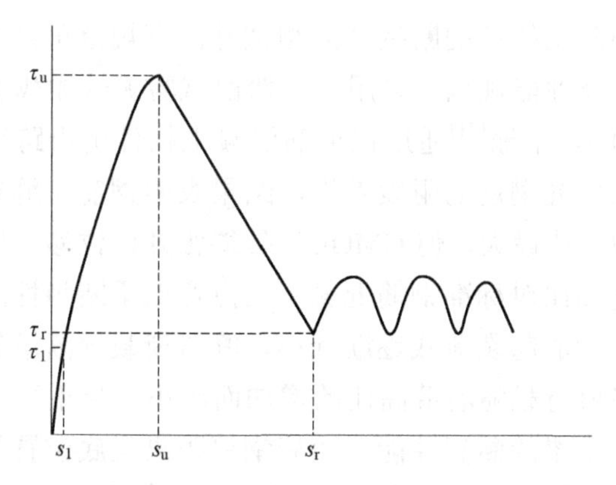

图 1.10 郝庆多[70]中建议的 GFRP/钢绞线复合筋与混凝土的黏结应力-滑移本构关系模型

微滑移段：$\tau=\tau_1\left(\dfrac{s}{s_1}\right)\qquad 0\leqslant s\leqslant s_1$ （1.54）

滑移段：$\tau=\left(\tau_u-\tau_1\right)\left(\dfrac{s-s_1}{s_u-s_1}\right)^{a_2}+\tau_1\qquad s_1<s\leqslant s_u$ （1.55）

下降段：$\tau=\tau_u\left(1-b_2\left(\dfrac{s}{s_u}-1\right)\right)\qquad s_u<s\leqslant s_r$ （1.56）

残余段：

$$\tau=\tau_r-c_1\left[e^{-\xi\omega(s-s_r)}\cos\omega\left(s-s_r\right)-1\right]+c_2\left(e^{-\xi\omega(s-s_r)}-1\right)\qquad s>s_r \tag{1.57}$$

式中，a_2、b_2、c_1、c_2、ξ、ω——拟合参数。

1.5 FRP 筋增强 HDCC 构件的断裂性能

HDCC 具有优越的拉伸延性，在承受拉伸荷载时 HDCC 表现为多缝开裂的特点，HDCC 开裂至一定程度后，FRP 筋将承担拉应力并可限制 HDCC 中裂缝的扩展，FRP 筋增强 HDCC 构件中裂缝的扩展规律可以为 HDCC 桥面无缝连接板设计提供参数依据。断裂力学方法可以研究 FRP 筋增强 HDCC 构件中裂缝的

扩展规律，为 FRP 筋位置的确定提供方法依据。但目前关于 FRP 筋增强 HDCC 的断裂性能研究未见报道，而且 HDCC 桥面无缝连接板设计中也未考虑材料的断裂性能。

目前，筋材混凝土构件的断裂性能测试并没有规范可以参考，大多都是采用混凝土相关的断裂性能规范，采用三点弯曲试验测试加载过程中构件的 I 型裂缝（张开型裂缝）。朱榆[71]通过在钢筋混凝土构件中沿跨缝、缝端和缝前三种不同位置钢筋来研究钢筋的阻裂效果，结果表明钢筋跨缝布置的阻裂效果最好，构件所承受的荷载最大，但 CMOD（裂缝张开口位移）最小。胡少伟等[72]研究了不同初始缝高比对标准钢筋混凝土三点弯曲梁断裂性能的影响，随着初始缝高比的增加，梁的起裂荷载逐渐减小，峰值荷载逐渐增加，但当缝高比大于 0.4 时，梁的峰值荷载随着缝高比的增加而减小。米正祥等[73]研究了钢筋不同位置对钢筋混凝土梁的断裂性能，随着钢筋距离梁底位置的增加，梁的峰值荷载减小而 CMOD 增加，说明钢筋位置对梁承载力的约束作用有影响。虽然钢筋在混凝土中的布置位置已有研究，却没有建议筋材的保护层厚度和直径，这使筋材混凝土结构的设计缺乏指导。HDCC 不同于混凝土，已有筋材混凝土的断裂性能研究方法适用于 FRP 筋增强 HDCC 构件，但结论是否适用有待研究。

1.6 HDCC材料的碳化前沿及不同因素作用下HDCC的力学性能

HDCC 桥面无缝连接板暴露在外界环境中，根据地域性气候特点，桥面无缝连接板遭受冻融和碳化单一因素或者多因素交互作用，HDCC 的碳化前沿可以为桥面无缝连接板中筋材类型及保护层厚度的选取提供参数依据，HDCC 的力学性能可以为桥面无缝连接板的设计提供参数依据。

1.6.1 HDCC 材料的制备进展

关于 HDCC 材料配合比，国内外已有很多文献报道。李等[74]制备出极限延伸率为 3.00%～5.00%的 PVA-HDCC，HDCC 的制备主要是采用油剂处理后日产 Kuraray 的 PVA 纤维、精细石英砂、粉煤灰和水泥等，但并未关注材料的抗压强度，而且采用日产纤维和石英砂成本较高，无法在工程上大规模推广应用。于（Yu）等[75]采用日产 PVA 纤维，大掺量粉煤灰和适量硅灰制备出可承重的

HDCC，抗压强度为 50.0MPa 左右，极限延伸率为 3.50%。伊斯梅尔（Ismail）等[76]采用油处理过的 PVA 纤维，用橡胶替换石英砂，以降低成本并保证性能满足承重要求为目标，制备出抗压强度在 40.0MPa、弯曲变形能力较优越的 HDCC。金（Jin）等[77]用高炉矿渣和粉煤灰部分取代水泥，用炉底渣部分取代石英砂制备低成本的 HDCC，高炉矿渣、粉煤灰和炉底渣对 HDCC 的抗压强度影响不大，高炉矿渣和粉煤灰可提高极限延伸率，炉底渣降低其极限延伸率，因此三者需在一个合理范围内，可保证降低 HDCC 成本同时对 HDCC 极限延伸率影响不大。徐世烺等[78-79]制备出极限延伸率稳定超过 3.00%的超高韧性水泥基复合材料，抗压强度在 40.0MPa 左右，主要采用日产 Kuraray 的 PVA 纤维、精细石英砂和粉煤灰等。张君等[80]制备出高韧性低收缩 HDCC，并对比日产 Kuraray 的 PVA 纤维与国产安徽皖维 PVA 纤维对力学性能的影响，结果表明日产纤维制备的 HDCC 拉伸性能比国产纤维 HDCC 优越。钱吮智等[81]用国产 PVA 纤维和橡胶粉制备低成本 HDCC，结果表明通过合理调控 HDCC 配合比，其极限延伸率可以达到 2.00%～3.00%，抗压强度为 20.0MPa～30.0MPa，无法用于承重结构，而且原料采用石英砂，并未真正实现低成本化。已有研究制备 HDCC 主要存在两方面问题：一方面，采用日产 PVA 纤维，成本较高；另一方面，制备的 HDCC 抗压强度低，不足以用于承重结构。

郭丽萍等[82-85]用国产 PVA 纤维和普通河砂分别替换传统 HDCC 中的日产纤维和石英砂，并合理调控配合比组分以制备低成本的生态 HDCC（Ecological HDCC，Eco-HDCC），其拉应变为 0.50%～5.00%，抗压强度为 18.0MPa～70.0MPa，Eco-HDCC 的制备成本仅为传统 HDCC 成本的 1/3。本书 Eco-HDCC 配合比是在课题组前期所研究的 Eco-HDCC 配合比基础上进行优选的。

1.6.2 HDCC 的基本力学性能

HDCC 基本力学性能是桥面无缝连接板设计的基本参数，合理选取基本力学性能参数是结构设计的前提。粉煤灰在 HDCC 配合比设计中至关重要，粉煤灰掺量在一定范围内，HDCC 的极限延伸率随着粉煤灰掺量的增加而增大。根据传统 HDCC 材料的设计理论，随着粉煤灰掺量的增加，纤维与基体间的化学黏结力逐渐降低，纤维拔出，可提高纤维的桥联作用，故而增加 HDCC 的极限延伸率[86]。因此，很多学者采用大掺量粉煤灰来制备高延性 HDCC[75，87-89]。

水泥水化生成 $Ca(OH)_2$，粉煤灰与 $Ca(OH)_2$ 发生火山灰反应，HDCC 配合比中水泥与粉煤灰的掺量比会影响二者的水化进程。如果粉煤灰掺量过高，HDCC 中粉煤灰与水泥质量比较高，水泥水化生成的 $Ca(OH)_2$ 含量较少，粉煤灰的水化受到限制，未参与水化的粉煤灰仅作为填充料。水泥和粉煤灰水化产物对 HDCC 的力学性能有影响[75, 87-90]。

目前，已有学者[88-89, 91]对 HDCC 不同龄期后的抗压和拉伸性能进行了研究，并一致认为，随着龄期的增加，HDCC 的抗压和极限抗拉强度增加，但极限延伸率呈降低趋势，但并没有建议在结构设计中如何选取 HDCC 的抗压和拉伸应力-应变关系。张（Zhang）等[92]和周（Zhou）等[93]研究了 HDCC 养护 28 天后的抗压和拉伸应力-应变关系。关于 HDCC 在不同龄期后的抗压和拉伸应力-应变关系以及结构设计中如何选用 HDCC 应力-应变关系曲线，目前尚未报道。

1.6.3 单一因素及多因素交互作用下 HDCC 的碳化前沿

由于桥梁长期暴露在外界环境中，不仅承受交通车辆荷载，还要遭受冻融、碳化等耐久性因素，因此用于桥面无缝连接板的 HDCC 冻融性能、碳化性能等耐久性需引起关注。碳化主要是水泥基材料中的氢氧化钙和大气中的二氧化碳反应，导致水泥基材料中的碱度降低，当 pH 小于 11.5 时，钢筋表面的钝化膜不稳定，会引起钢筋锈蚀；而且 HDCC 中的粉煤灰可消耗氢氧化钙，导致碱度进一步降低，HDCC 碳化深度的研究可以为筋材类型的确定提供依据。

已有学者[94-98]采用酚酞试剂法测试了 HDCC 的碳化深度，他们一致认为，随着碳化龄期的增加，HDCC 的碳化深度增加。已有文献中关于 HDCC 碳化深度的测试方法都是参考《普通混凝土长期性能和耐久性能试验方法标准》（GB/T 50082）[99]，采用酚酞试剂法。酚酞在碱性溶液中显示红色，根据碱性不同，试块表面的红色有深有浅。碳化区域分为完全碳化区（酚酞不显色）、半碳化区（酚酞显示浅红色）和非碳化区（酚酞显示红色）。碳化深度是指酚酞指示剂不变色的深度。半碳化区的碱性较低，仍然会导致钢筋脱钝，引发钢筋锈蚀，但碳化深度并不包含此半碳化区，所以酚酞指示剂法并不能评价真正的碳化深度。另外，HDCC 中掺加了一些纤维，试块劈开后的表面有很多拔出的纤维，纤维上黏有氢氧化钙或者碳酸钙等产物，而且纤维乱向分布，酚酞滴在纤维上，会影响碳化区酚酞指示剂的颜色变化，干扰碳化深度的测试。真正的碳化深度是指水泥基材料内部 $Ca(OH)_2$ 或者 $CaCO_3$ 含量不随深度变化的位置，即碳化前沿。因此，采用酚酞指示剂法测试 HDCC 的碳化前沿是不合理的，需要采用一种合理的方法去评价 HDCC 的碳化前沿。

另外，已有 HDCC 的碳化深度是考虑单一碳化因素下的深度，并未考虑多因素交互作用，如碳化-冻融或者冻融-碳化交互作用等。很多学者[100-105]认为多因素交互作用下混凝土的孔结构和强度损伤程度大于单一因素下混凝土的损伤，水泥基复合材料损伤较大时，二氧化碳在试块内的传播加快，也会影响碳化前沿结果，因此，多因素交互作用下 HDCC 的碳化前沿有待研究。

1.6.4 单一因素及多因素交互作用下 HDCC 的力学性能

HDCC 经历碳化、冻融或冻融-碳化交互作用后的力学性能研究可以为应力-应变关系的选取提供依据，为桥面无缝连接板设计提供参数。

周晓明等[94]对 HDCC 在经历不同碳化龄期后的力学性能进行了研究，结果表明 HDCC 的抗压强度和弯曲强度随碳化龄期的增加而增加，但增加趋势逐渐变缓，HDCC 的峰值挠度呈降低趋势。蔡新华[95]等对 HDCC 碳化后的薄板弯曲性能进行研究，随着碳化龄期的增加，HDCC 的初裂弯曲强度增加，而峰值弯曲强度和峰值挠度变化不明显。周伟等[96]研究了 HDCC 碳化后的弯曲性能，经历碳化后 HDCC 弯曲强度降低，但峰值挠度增加，主要是因为 HDCC 碳化收缩在薄板表面产生拉应力，在弯曲荷载下板一侧受拉，弯曲强度降低而峰值挠度增加。吴（Wu）等[97]认为随着碳化龄期的增加，HDCC 的抗压强度和初裂抗拉强度均呈增加趋势，极限延伸率降低，但极限抗拉强度无明显变化规律。由此可见，目前关于关于 HDCC 经历碳化后的拉伸性能研究较少，目前主要研究内容是弯曲性能，具体碳化龄期对 HDCC 拉伸性能的影响有待研究。

萨哈拉（Sahmaran）等[106-107]认为掺加 PVA 纤维的非引气 HDCC 具有优越的抗冻性能，PVA 纤维可以引气，为冻融循环过程中 HDCC 提供压力释放通道。南姆（Nam）等[108]、云（Yun）等[109]和姜（Jang）等[110]对非引气 HDCC 冻融后的力学性能进行研究，冻融循环对 HDCC 的抗压强度影响不大，而极限延伸率在经历 300 次冻融循环后略有下降，但冻融循环对 HDCC 极限抗拉强度的影响存在争议。徐（Xu）等[111]研究了冻融循环对 HDCC 弯曲性能的影响，冻融 300 次后 HDCC 的弯曲强度和弯曲韧性都降低。葛（Ge）等[112]认为随着冻融循环次数的增加，HDCC 的抗压强度和弯曲强度逐渐降低。

康（Kang）等[113]对比了 HDCC 和普通混凝土的剪切性能试验，HDCC 的剪切荷载大于普通混凝土，HDCC 剪切破坏时在剪切面出现主裂缝，但混凝土在剪切荷载下发生严重压碎和剥落破坏。吉迪思（Gideon）等[114]对 HDCC 的剪切性能进行了研究，HDCC 在纯剪切面呈现出多缝开裂特点，HDCC 的剪切强度大于抗拉强度。徐等[115]对比研究了钢筋 HDCC 梁和钢筋混凝土梁的抗剪性能，钢筋 HDCC 梁的抗剪承载力优于钢筋混凝土梁，而且钢筋 HDCC 梁在剪切荷载下表现出多缝开裂特点。

综上所述，针对单一碳化或者冻融因素对 HDCC 力学性能的研究较多，而针对多因素交互作用下 HDCC 的拉伸性能和剪切性能未见报道，而且已有学者[100-105]认为多因素交互作用下混凝土的损伤程度大于单一因素下混凝土的损伤程度，先经历冻融、后经历碳化作用后（冻融-碳化交互作用），混凝土的损伤程度大于先经历碳化、后经历冻融作用后（碳化-冻融交互作用）混凝土的损伤程度。从桥面无缝连接板的设计安全性考虑，选用一种最为严酷的交互模式，即冻融-碳化交互作用，探究 HDCC 在该交互作用下的拉伸和剪切性能变化规律具有重要的结构设计指导意义。

1.7 已有研究存在问题

综上所述，虽然已有学者从 HDCC 无缝桥面连接板结构层次、FRP 筋增强 HDCC 构件层次，以及 HDCC 材料层次进行了一些研究，但仍存在一些问题。

1. HDCC 桥面无缝连接板结构设计方法

（1）已有设计方法中采用钢筋配筋，有关 BFRP 筋增强 HDCC 桥面无缝连接板的设计方法未见报道；

（2）已有研究未考虑连接板中 BFRP 在相邻混凝土铺装层中的黏结锚固长度；

（3）已有研究中的数值模拟方法，仅考虑荷载作用下 HDCC 桥面连接板的受力是否满足 HDCC 材料自身要求，并未考虑温度、收缩和荷载耦合作用下桥面连接板中 HDCC 和 BFRP 筋是否满足受力情况。

2. BFRP 筋增强 HDCC 构件的抗弯性能

BFRP 筋增强 HDCC 构件抗弯性能研究大多参考 FRP 筋混凝土抗弯设计规范和已有研究文献，但仍有一些问题有待解决。

（1）FRP 筋混凝土的研究未考虑混凝土的拉伸应力-应变关系，HDCC 具有优越的拉伸性能，BFRP 筋增强 HDCC 构件抗弯性能的研究应该考虑 HDCC 的拉伸延性；

（2）已有FRP筋混凝土的研究大多都是直接设计成超筋梁，再进行裂缝宽度和峰值挠度的正常使用极限状态下理论计算，这种直接按照超筋设计的方法对于桥面连接板抗弯构件的设计是否合理有待研究。

3. BFRP筋与HDCC的黏结性能

（1）直接拉拔法测试过程中，BFRP筋周围的HDCC承受压力，但在实际工程中BFRP筋承受拉应力时，BFRP筋周围的HDCC承受拉应力，因此采用直接拉拔法并不能反应BFRP筋周围HDCC保护层受力真实情况，缺乏梁式拉拔法的研究；

（2）已有文献中保护层厚度的设计并不符合已有规范中的规定，无法为锚固长度设计值提供试验数据依据；

（3）目前并没有提出BFRP筋在HDCC中的黏结锚固长度设计建议值；

（4）已有研究缺乏定量表达BFRP筋与HDCC的峰值黏结应力和峰值滑移量计算公式，缺乏定量表达BFRP筋与HDCC黏结应力-滑移本构关系模型。

4. BFRP筋增强HDCC构件的断裂性能

桥面无缝连接板设计中缺乏考虑BFRP筋增强HDCC构件的断裂性能，在选用BFRP筋直径和保护层厚度时未考虑构件断裂性能。

5. HDCC碳化前沿及多因素作用下HDCC的力学性能

（1）HDCC在不同龄期后的抗压和拉伸应力-应变关系，以及结构设计中如何选用HDCC应力-应变关系曲线，目前尚未报道；

（2）需要采用一种合理的方法去评价HDCC的碳化前沿，HDCC经历冻融-碳化交互作用后的碳化前沿有待研究；

（3）HDCC经历冻融-碳化交互作用后的拉伸性能和剪切性能有待研究。

1.8 研究目标、技术路线及研究内容

1.8.1 研究目标

本书通过Eco-HDCC材料层次和BFRP筋增强Eco-HDCC构件层次的相关性能研究，确定桥面无缝连接板的结构设计方法，并通过数值模拟进行桥面无缝连接板的受力分析，最终目标是提出Eco-HDCC桥面无缝连接板的设计方法。

1.8.2 技术路线

本书主要从 Eco-HDCC 材料层次、BFRP 筋增强 Eco-HDCC 构件层次和桥面无缝连接板结构层次三方面进行了研究，Eco-HDCC 材料性能的研究为桥面无缝连接板结构设计提供本构关系参数依据，BFRP 筋增强 Eco-HDCC 构件性能的研究为连接板结构设计提供锚固长度设计参数和抗弯设计方法，主要技术路线如图 1.11 所示。

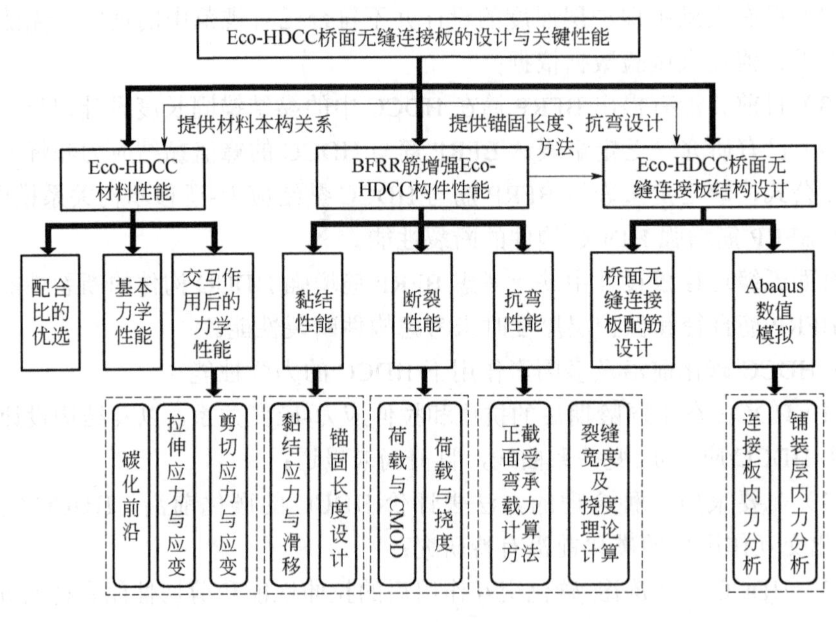

图 1.11 技术路线

1.8.3 研究内容

本书通过试验研究了 Eco-HDCC 材料力学性能，BFRP 筋增强 Eco-HDCC 构件的黏结性能、断裂性能和抗弯性能，并采用数值模拟方法分析了桥面无缝连接板的受力情况。具体研究内容如下。

1. Eco-HDCC 材料基本力学性能

本书基于课题组人员前期研究的 Eco-HDCC 配合比，进行优选；研究了 28d、56d 和 90d 龄期后 Eco-HDCC 的抗压和拉伸应力-应变关系，考虑龄期影响，提出了适用于结构设计的 Eco-HDCC 抗压和拉伸本构关系。

2. 冻融-碳化交互作用下 Eco-HDCC 材料的力学性能

（1）分析了预加载拉伸水平后并经历冻融-碳化交互作用下 Eco-HDCC 的拉伸应力-应变关系，考虑了单调加载和重复加卸载两种方式；设计了单一碳化试验，对比分析单一碳化与冻融-碳化交互作用下 Eco-HDCC 的拉伸应力-应变关系和碳化前沿，探究交互作用下 Eco-HDCC 的拉伸性能变化规律。

（2）分析了冻融-碳化交互作用下 Eco-HDCC 的剪切应力-应变关系，探究交互作用后 Eco-HDCC 剪切性能变化规律。

3. BFRP 筋与 Eco-HDCC 的黏结性能

（1）采用直接拉拔法和梁式拉拔法研究了 BFRP 筋与 Eco-HDCC 的黏结应力—滑移关系，考虑了 BFRP 筋直径、保护层厚度和锚固长度的影响，提出了 BFRP 筋在 Eco-HDCC 中的黏结锚固长度设计建议值。

（2）定量计算了 BFRP 筋与 Eco-HDCC 的峰值黏结应力和峰值滑移量公式，定量建议了 BFRP 筋与 Eco-HDCC 的黏结应力-滑移本构关系模型。

4. BFRP 筋增强 Eco-HDCC 构件的断裂性能

分析了 BFRP 筋直径和保护层厚度对 BFRP 筋增强 Eco-HDCC 构件的断裂性能的影响，并根据 BFRP 筋增强 Eco-HDCC 构件的断裂荷载-CMOD 关系和断裂荷载-挠度关系，确定适用于桥面无缝连接板设计的 BFRP 筋直径和保护层厚度。

5. BFRP 筋增强 Eco-HDCC 构件的抗弯设计方法

分析了 BFRP 筋增强 Eco-HDCC 梁的破坏形态和裂缝分布，研究了弯曲梁承载力极限状态下的荷载-挠度关系、荷载-BFRP 筋应变关系及荷载-Eco-HDCC 应变关系，提出了梁正截面受弯承载力的计算方法；分析了梁正常使用极限状态下裂缝和峰值挠度，并建议了理论计算公式；最后提出了 BFRP 筋增强 Eco-HDCC 梁的抗弯设计方法。

6. Eco-HDCC 桥面无缝连接板结构的设计方法

根据 BFRP 筋增强 Eco-HDCC 梁的抗弯设计方法进行了桥面无缝连接板的配筋设计，并采用 Abaqus 数值模拟软件分析了桥面无缝连接板内 Eco-HDCC 和 BFRP 筋的应力及应变，提出了 Eco-HDCC 桥面无缝连接板设计方法。

第 2 章

Eco-HDCC 材料的基本力学性能

2.1 引言

Eco-HDCC 的基本力学性能（抗压性能和拉伸性能）是桥面无缝连接板设计的基本参数。本书选用本课题组研发的 Eco-HDCC 材料配合比进行选择，由于 Eco-HDCC 材料制备中使用大掺量粉煤灰，粉煤灰会影响水泥基体系的水化进程，而水化进程与龄期有关。因此，龄期会影响 Eco-HDCC 的基本力学性能。本书首先进行 Eco-HDCC 配合比的选择，研究 28d、56d 和 90d 三个龄期对 Eco-HDCC 材料的抗压和拉伸应力-应变关系的影响，确定桥面无缝连接板设计所用的本构关系参数；同时测试了 Eco-HDCC 中粉煤灰水化反应程度、非蒸发水的含量以及孔溶液 pH，以此揭示 Eco-HDCC 基本力学性能随龄期发展的影响机制。本章 Eco-HDCC 基本力学性能研究的主要路线如图 2.1 所示。

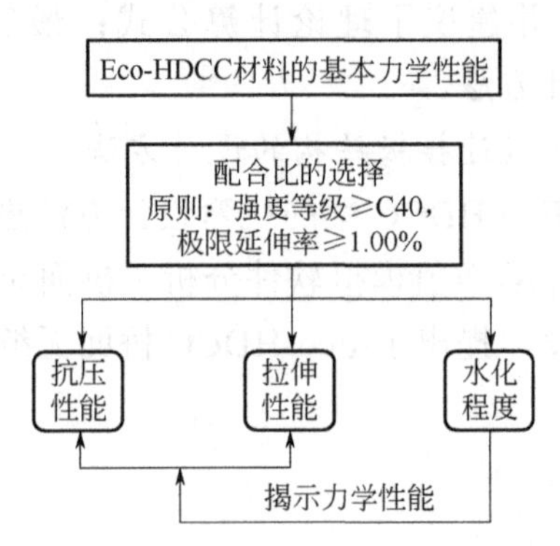

图 2.1　Eco-HDCC 基本力学性能研究路线

2.2　试验方案

2.2.1　原材料及配合比

Eco-HDCC 配合比的设计主要基于低成本、工程实用性及可操作性，选用的原材料是水泥、粉煤灰、粉体减水剂、河砂、水和 PVA 纤维。

水泥选用南京海螺牌 P.Ⅱ42.5R 水泥；粉煤灰选用南京热电厂Ⅱ级粉煤灰；砂子选用普通河砂，密度是 1605kg/m^3，细度模量为 1.68，最大粒径为 1.18mm；减水剂选用聚羧酸减水剂粉体；试验用水为南京自来水；试验选用国产 PVA 纤维，其主要性能指标见表 2.1。

表 2.1　PVA 纤维的主要性能

当量直径 / μm	长度 / mm	密度 /（kg・m^{-3}）	弹性模量 / GPa	极限抗拉强度 / MPa	极限伸长率 / %
39	12	1300	30	≥1250	5～8

《公路桥涵设计通用规范》（JTG D60—2015）[116]中要求混凝土桥面铺装层抗压强度等级不低于 C40，为了保证 Eco-HDCC 桥面无缝连接板的强度设计等级与相邻混凝土桥面铺装层强度等级一致，选用 Eco-HDCC 抗压强度等级不低于 C40。根据课题组前期研究的 Eco-HDCC 配合比，选用抗压强度等级大于等于 C40 的配合比，见表 2.2。

表 2.2　Eco-HDCC 配合比（质量比）

配合比编号	水泥	粉煤灰	河砂	减水剂	水	PVA 纤维（体积含量）/%
Eco-HDCC-1	1	1.5	0.75	0.002	0.75	2
Eco-HDCC-2	1	0.67	0.50	0.002	0.50	2
Eco-HDCC-3	1	0.67	0.50	0.017	0.42	2
Eco-HDCC-4	1	0.67	0.50	0.025	0.33	2

2.2.2 力学性能测试方法

根据课题组设计的 Eco-HDCC 配合比进行选择，选择指标：抗压强度等级不低于 C40，极限延伸率不低于 1.00%。Eco-HDCC 配合比优选测试的性能为立方体抗压强度和拉伸应力-应变关系。龄期对 Eco-HDCC 抗压和拉伸性能影响测试的性能为立方体抗压强度、抗压应力-应变关系和拉伸应力-应变关系，水泥基复合材料在结构工程上应用时，水泥基材料的测试龄期一般是 28d，考虑粉煤灰的持续水化，我们选用测试龄期为 28d、56d 和 90d，不考虑早龄期 3d 和 7d。

Eco-HDCC 的基本力学性能测试方法参考《高延性纤维增强水泥基复合材料力学性能试验方法》（JC/T 2461—2018）[25]，力学性能测试所用试块尺寸、数量及龄期见表 2.3。

表 2.3 Eco-HDCC 力学性能测试所用试块的尺寸、数量及龄期

	测试性能	试块尺寸/ mm×mm×mm	试块数量	测试龄期/ d
配合比优选	立方体抗压强度	100×100×100	3	28
	拉伸应力-应变关系	13×30×100（纯拉伸段尺寸）	3	28
龄期对基本力学性能的影响	立方体抗压强度	100×100×100	3	28、56、90
	抗压应力-应变关系	100×100×300	3	28、56、90
	拉伸应力-应变关系	13×30×100（纯拉伸段尺寸）	3	28、56、90

Eco-HDCC 立方体抗压强度和抗压应力-应变关系测试采用 YAW-3000D 电液伺服压力试验机，立方体抗压强度测试所用加载速度为 0.5MPa/s，抗压应力-应变关系测试所用加载速度为 0.3mm/min。

Eco-HDCC 试块中间 1/3 段近似为单轴受压区，在此区域内粘贴纵向和横向应变片 BX120-50AA，架设竖向位移计，根据纵向应变片和位移计读数确定 Eco-HDCC 的抗压应力-应变关系；根据抗压应力-应变关系曲线上升段确定 Eco-HDCC 的弹性模量；基于弹性段内纵向和横向应变片的读数，确定泊松比。

Eco-HDCC 单轴拉伸应力-应变关系测试采用 MTS（Materials Testing System）-810 设备，加载速度为 0.2 mm/min；测试采用狗骨头试件，中间 100mm 范围内近似单轴受拉区，在此区域内架设位移计，根据拉伸位移计的读数获得 Eco-HDCC 的拉伸应力-应变关系曲线。Eco-HDCC 试块抗压和拉伸性能测试加

载如图 2.2 所示。

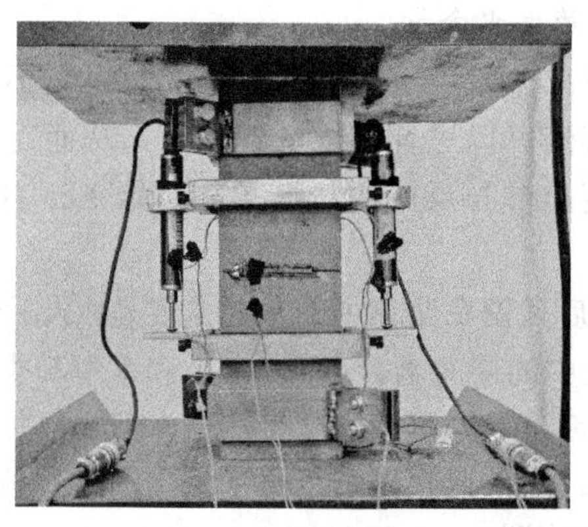

(a) 抗压性能

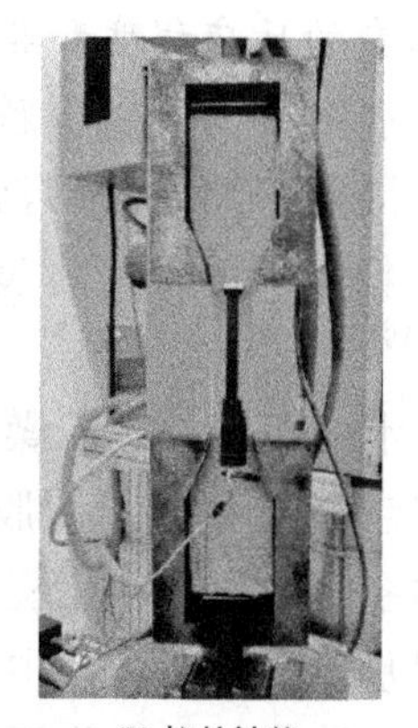

(b) 拉伸性能

图 2.2　Eco-HDCC 力学性能测试装置

2.2.3　水化程度测试方法

粉煤灰的反应程度、非蒸发水含量和孔溶液 pH 都可以用来分析 Eco-HDCC 的水化程度。粉煤灰的反应程度和非蒸发水含量采用 Eco-HDCC 的水泥粉煤灰体系，简称 Eco-HDCC-CF，Eco-HDCC 与 Eco-HDCC-CF 体系采用相同的配合比，只是 Eco-HDCC-CF 体系内不包含河砂和 PVA 纤维。Eco-HDCC 孔溶液 pH 采用 Eco-HDCC 粉末。粉煤灰的反应程度、非蒸发水含量和孔溶液 pH 测试采用的试块尺寸、数量及龄期见表 2.4。

表 2.4　水化程度测试所用试块的尺寸、数量及龄期

	测试性能	试块尺寸/（mm×mm×mm）	试块数量	测试龄期/ d
Eco-HDCC-CF	粉煤灰的反应程度	40×40×160	3	28、56、90
	非蒸发水含量	40×40×160	3	28、56、90
Eco-HDCC	孔溶液 pH	40×40×160	3	28、56、90

为了消除养护期间碳化对 Eco-HDCC-CF 和 Eco-HDCC 造成影响，待拆模后，将试块五面用石蜡密封，只留一面暴露在养护环境中。待试块等到养护龄期后，从暴露面开始向底部方向钻孔取粉。为了消除暴露面的碳化影响，去除试块暴露面 20mm 范围内粉末，只选用试块 20mm 以下范围内的粉末。筛选出

的粉末烘干后，用 0.075mm 的筛子筛去杂质，备用。

1. 粉煤灰的反应程度和非蒸发水含量

水泥及水化产物可以溶解在盐酸溶液中，未反应的粉煤灰不能溶解在盐酸溶液中，因此，通过盐酸溶液可以进行粉煤灰的分离，从而得到粉煤灰的反应程度。粉煤灰的反应程度是参与反应的粉煤灰与初始 Eco-HDCC-CF 的质量比[117-119]。

非蒸发水一般指经过干燥后残留在浆体中的水，主要是水化产物的化学结合水，还有包含在 C-S-H 凝胶中的层间水、AFm、Aft 和水滑石类产物的结晶水。水泥体系中水泥的水化程度可用非蒸发水含量测试，但在掺加粉煤灰等外掺料的水泥基复合材料体系中，非蒸发水含量反应了水化产物的数量，可以间接反应水泥和粉煤灰的水化程度[119]。

非蒸发水的含量可以采用 Eco-HDCC-CF 粉末的烧失量评价。粉末在 105℃烘箱中烘干 4d，去除蒸发水；然后将 1g 粉末移至 950℃马弗炉中灼烧 1h；最后将粉末放置在真空干燥器中自然冷却。具体非蒸发水含量的计算及测试方法可参考文献[119]。

2. Eco-HDCC 孔溶液 pH

水泥水化生成 $Ca(OH)_2$，而粉煤灰水化会消耗 $Ca(OH)_2$，通过孔溶液 pH 的测试可分析孔溶液的碱性。因此，Eco-HDCC 孔溶液 pH 的测试可间接表征胶凝材料的水化程度。

Eco-HDCC 孔溶液可以按照固液质量比 1:10 进行配置[120]。将孔溶液放置在温度为 20℃环境中静置 15d，使孔溶液离子溶解达到平衡，采用 pH 电极测试孔溶液的 pH。另外，采用差热-热重法可获得 Eco-HDCC 中 $Ca(OH)_2$ 的含量。

2.3 Eco-HDCC 配合比的选择

本书采用的四种 Eco-HDCC 配合比，所测试的立方体抗压强度、极限拉伸应力和极限延伸率见表 2.5，拉伸应力-应变关系曲线如图 2.3 所示。

表 2.5 Eco-HDCC 四种配合比下的力学性能

配合比编号	立方体抗压强度/ MPa	极限抗拉强度/ MPa	极限延伸率/ %
Eco-HDCC-1	43.8±2.5	4.43±0.13	2.04±0.05
Eco-HDCC-2	47.8±2.4	4.47±0.15	0.64±0.07

续表

配合比编号	立方体抗压强度/ MPa	极限抗拉强度/ MPa	极限延伸率/ %
Eco-HDCC-3	50.2±3.2	4.22±0.23	0.55±0.04
Eco-HDCC-4	59.0±1.9	4.83±0.17	0.42±0.05

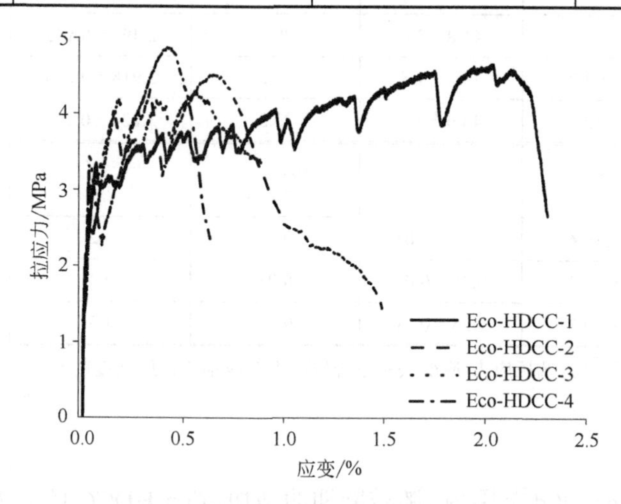

图 2.3　不同配合比 Eco-HDCC 的拉伸应力-应变关系

由表 2.5 和图 2.3 可知，Eco-HDCC-1 的抗压性能和拉伸性能最为优越。Eco-HDCC-1 配合比中采用大掺量粉煤灰，根据传统 HDCC 的设计理论[86]，大掺量粉煤灰可以减少基体的断裂韧性和纤维-基体界面黏性强度，在 HDCC 拉伸过程中，更多纤维逐渐拔出进而充分发挥纤维桥联作用，HDCC 实现稳定的应变硬化，呈现出优越的拉伸延性。本书在此四种配合比基础上，选择 Eco-HDCC-1 配合比进行桥面无缝连接板的设计以及关键性能的研究。本书选用一种配合比，旨在初步探索 ECO-HDCC 在桥面无缝连接板应用中的设计方法。

2.4　龄期对 Eco-HDCC 材料抗压和拉伸性能的影响

2.4.1　抗压性能

经历不同龄期养护后，Eco-HDCC 的立方体抗压强度（$f_{cu,k}$）、轴心抗压强度（$\sigma_{c,r}$）、极限抗压强度（$\sigma_{c,u}$）、峰值压应变（$\varepsilon_{c,r}$）、极限压应变（$\varepsilon_{c,u}$）、受

压弹性模量（E_c）和泊松比（ν）见表 2.6。

表 2.6 Eco-HDCC 不同龄期后的抗压性能特征点

龄期/ d	$f_{cu,k}$ / MPa	$\sigma_{c,r}$ / MPa	$\sigma_{c,u}$ / MPa	$\varepsilon_{c,r}$ / ×10^{-3}	$\varepsilon_{c,u}$ / ×10^{-3}
28	43.8±2.5	41.8±2.0	20.9	2.491±0.145	8.000±0.213
56	48.7±3.2	44.4±1.8	22.2	2.918±0.213	7.040±0.369
90	53.0±2.8	46.6±2.2	23.3	3.220±0.158	4.052±0.453
龄期/ d	E_c / GPa	ν	$\sigma_{c,r}/f_{cu,k}$	$\varepsilon_{c,u}/\varepsilon_{c,r}$	
28	22.6±0.4	0.26±0.01	0.95	3.2	
56	23.5±0.3	0.25±0.01	0.91	2.4	
90	25.6±0.3	0.25±0.01	0.88	1.3	

注：极限抗压强度为抗压应力-应变关系下降段应力对应轴心抗压强度的 50%，极限压应变对应极限抗压强度时的应变。

在龄期 28d～90d 范围内，随着龄期的增加，Eco-HDCC 的立方体抗压强度、轴心抗压强度、峰值压应变和受压弹性模量都呈增加趋势，极限压应变降低，而泊松比几乎不受龄期影响。由表 2.6 可知，Eco-HDCC 轴心抗压强度与立方体抗压强度的比值随龄期的增加而降低，Eco-HDCC 极限压应变与峰值压应变的比值随龄期增加呈现降低趋势。表中 Eco-HDCC 的峰值压应变、极限压应变和泊松比均大于《混凝土结构设计规范》[65]中同强度等级下混凝土的相应数值，但 Eco-HDCC 的受压弹性模量却低于混凝土的弹性模量，而且同强度等级下，Eco-HDCC 轴心抗压强度与立方体抗压强度的比值也大于混凝土的相应数值（0.75），Eco-HDCC 极限压应变与峰值压应变比值也大于混凝土的相应数值。

随着龄期的增加，Eco-HDCC 胶凝材料继续水化，导致试块的立方体抗压强度和轴心抗压强度增加，而强度的增加必然引起试块弹性模量和峰值压应变的增加。由于 Eco-HDCC 中掺加了纤维，纤维的桥联作用导致试块的峰值压应变和极限压应变均大于混凝土的相应数值。泊松比是指弹性段内试块横向变形与纵向变形的比值，Eco-HDCC 中纤维桥联作用使试块的横向变形增加，导致 Eco-HDCC 的泊松比大于混凝土的泊松比。Eco-HDCC 中不掺加粗骨料，Eco-HDCC 的弹性模量低于混凝土的弹性模量。

在 Eco-HDCC 抗压强度测试中，由于加载垫板的套箍作用，立方体试块所受的套箍作用大于棱柱体，导致 Eco-HDCC 轴心抗压强度与立方体抗压强度的比值小于1；随着龄期的增加，Eco-HDCC 会进一步水化，尺寸较大的试块水化进程较慢，Eco-HDCC 的轴心抗压强度增加程度低于立方体抗压强度，导致 Eco-HDCC 轴心抗压强度与立方体抗压强度的比值降低。但由于 Eco-HDCC 中不包含粗骨料，Eco-HDCC 的均质性优于混凝土的均质性，Eco-HDCC 的强度受尺寸影响较小，因此 Eco-HDCC 轴心抗压强度与立方体抗压强度的比值也大于混凝土的相应数值。

随着龄期的增加，Eco-HDCC 强度越高，试块破坏时需要的破坏能量增加，试块呈现明显的脆性特点，极限压应变与峰值压应变比值降低；而且由于纤维桥联作用，Eco-HDCC 试块破坏时压应变大于混凝土，极限压应变与峰值压应变比值均大于混凝土的相应数值。

Eco-HDCC 的单轴抗压应力-应变关系如图 2.4 所示，所有曲线分为三阶段：线弹性、非线性和软化下降段；在龄期 28d～90d 范围内，随着龄期的增加，Eco-HDCC 线弹性段斜率增加，软化下降段降低趋势越明显。

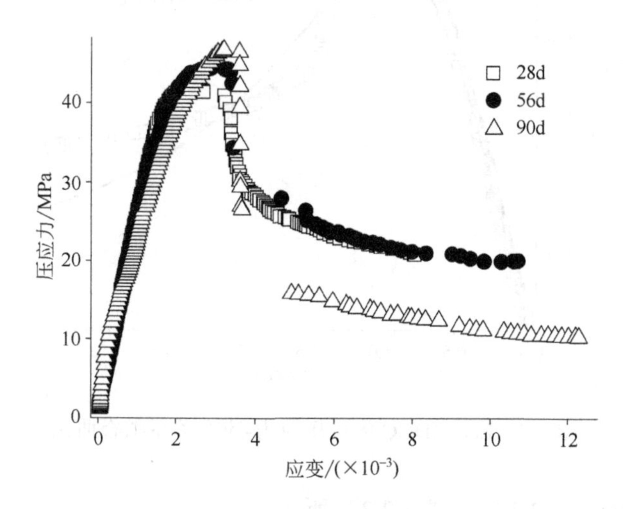

图 2.4　Eco-HDCC 在不同龄期后的抗压应力-应变关系

在 Eco-HDCC 单轴抗压应力-应变关系初始阶段，试块内部基本无损伤，曲线呈现弹性阶段；随着荷载的增加，试块内部及表面出现损伤，由于损伤的不可恢复性，曲线表现为非线性阶段，直至到达峰值点；达到峰值后，由于试块损伤较大，承载力降低，曲线表现为软化下降段。

在结构设计中，水泥基材料的抗压应力-应变关系至关重要，由于 Eco-HDCC 的轴心抗压强度与立方体抗压强度的比值大于混凝土的相应数值，因此

Eco-HDCC 在结构设计中不能完全按照混凝土设计的规定，可采用轴心抗压强度而非立方体抗压强度。在桥梁规范中[116]规定混凝土铺装层的抗压强度等级至少为 C40，其目的是保证混凝土铺装层的强度设计满足要求。为保证桥面无缝连接板中 Eco-HDCC 强度等级与相邻混凝土铺装层一致，采用 Eco-HDCC 的强度等级不低于 C40。结构设计规范中[65]C40 混凝土的轴心抗压强度设计值为 19.1MPa，本书采用的配合比——Eco-HDCC 经历 28d 后的轴心抗压强度为 41.8MPa，大于 19.1MPa，因此采用本书 Eco-HDCC-1 配合比满足桥面无缝连接板的设计要求。

考虑到龄期对 Eco-HDCC 抗压强度的正效应，采用 28d 龄期后的抗压应力-应变关系曲线作为设计曲线。为了定量描述 Eco-HDCC 的抗压应力-应变关系，参考混凝土结构设计规范[65]，对 Eco-HDCC 的抗压应力-应变关系进行拟合，拟合曲线如图 2.5 所示。

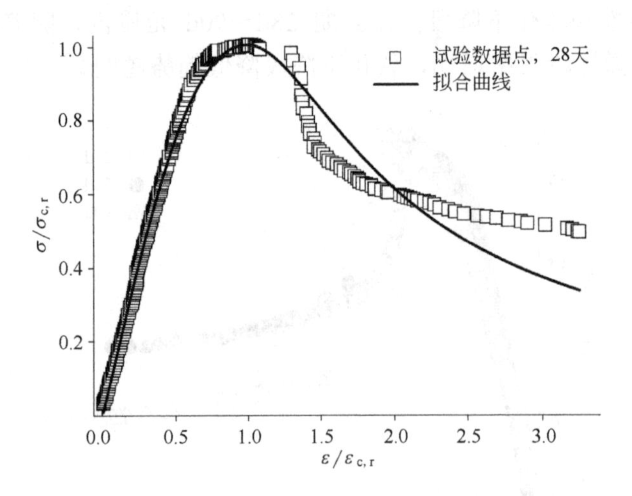

图 2.5　Eco-HDCC 的抗压应力-应变关系拟合曲线

拟合方程如式（2.1）～式（2.3）所示，

$$x=\frac{\varepsilon}{\varepsilon_{c,r}} \qquad y=\frac{\sigma}{\sigma_{c,r}} \tag{2.1}$$

$$y=\frac{2.52x}{1.52+x^{2.52}} \quad x\leqslant 1 \tag{2.2}$$

$$y=\frac{x}{1.26(x-1)^2+x} \quad x>1 \tag{2.3}$$

式中，

σ ——压应力；

ε ——压应变。

式（2.2）中拟合系数为 0.997，式（2.3）中拟合系数为 0.711。

2.4.2　拉伸应力-应变关系

Eco-HDCC 经历 28d、56d 和 90d 龄期后的拉伸应力-应变关系如图 2.6 所示，曲线表现为四阶段：线性、非线性、应变硬化和软化阶段，龄期对曲线的特征基本无影响。

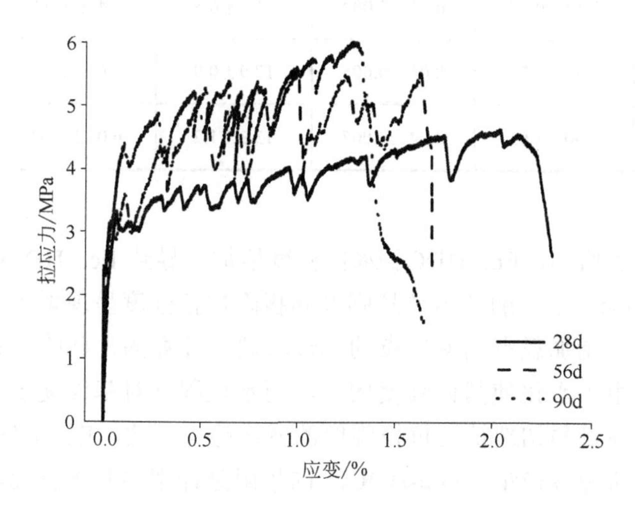

图 2.6　Eco-HDCC 在不同龄期后的拉伸应力-应变关系

在加载初期，Eco-HDCC 试块内部无损伤，拉伸应力-应变曲线呈现线弹性阶段；随着荷载的增加，试块内部出现损伤，由于损伤的不可恢复性，曲线呈现非线性特点，直至曲线出现初裂点（曲线上拉应力突然降低的点），但由于初裂点时的拉伸应变很小，曲线上非线性段很短；当曲线出现初裂点后，曲线拉应力突然降低，纤维发挥桥联作用，纤维承担拉应力并将拉应力传递给周围未开裂的基体，基体开裂后，纤维承担拉应力继续将拉应力转移给周围未开裂的基体，在“基体开裂—纤维桥联—附近基体承载—基体开裂—纤维桥联”反复作用下，曲线上呈现应变硬化特点，试块表现为多缝开裂，直至出现主裂缝，曲线上出现极限点；待荷载超过极限点后，试块主裂缝恶化，试块承载力突然降低，呈现软化下降段。

经历 28d、56d 和 90d 龄期后，Eco-HDCC 的初裂抗拉强度（$\sigma_{t,f}$）、初裂延伸率（$\varepsilon_{t,f}$）、极限抗拉强度（$\sigma_{c,u}$）、极限延伸率（$\varepsilon_{t,u}$）和抗拉弹性模量（E_t）见表 2.7。在养护龄期 28d～90d 范围内，随着龄期的增加，Eco-HDCC 的初裂抗拉强度、极限抗拉强度和抗拉弹性模量都呈现增加趋势，初裂延伸率变化很小但极限延伸率呈现降低趋势。

表 2.7　Eco-HDCC 不同龄期后的拉伸性能特征点

龄期/ d	$\sigma_{t,f}$ / MPa	$\varepsilon_{t,f}$ / %	E_t / GPa	$\sigma_{t,u}$ / MPa	$\varepsilon_{t,u}$ / %
28	2.12±0.06	0.02±0.002	11.5±0.5	4.43±0.13	2.04±0.05
56	3.25±0.78	0.03±0.005	12.9±0.9	5.65±0.21	1.61±0.03
90	3.60±1.02	0.04±0.007	13.3±1.2	6.03±0.07	1.28±0.04

随着龄期的增加，Eco-HDCC 水化程度增加，导致 Eco-HDCC 基体的抗拉强度增加，Eco-HDCC 的初裂抗拉强度和极限抗拉强度呈现增加趋势；抗拉弹性模量是根据初始加载点到初裂点的线性段斜率计算的，此阶段拉伸荷载主要由基体承担，由于水化使基体强度增加，而水化程度对基体变形的影响很小，因此抗拉弹性模量与初裂抗裂抗拉强度的变化趋势一致，Eco-HDCC 的抗拉弹性模量小于受压弹性模量；Eco-HDCC 的极限延伸率与基体强度、纤维抗拉强度和基体\纤维的界面黏结强度有关，随着龄期的增加，Eco-HDCC 基体强度和基体\纤维的界面黏结强度都随之增加，更多的纤维在拔出过程中被拉断，纤维桥联作用减弱，导致极限延伸率降低。

在养护龄期 28d～90d 范围内，随着养护龄期的增加，Eco-HDCC 的极限抗拉强度增加而极限延伸率降低，90d 后，Eco-HDCC 的极限抗拉强度增加 36.%而极限延伸率降低 37.3%。在结构设计中考虑测试龄期的实用性，28d 龄期后的 Eco-HDCC 拉伸应力-应变关系可用于结构设计，但考虑结构安全性，可按照极限延伸率降低 50%为设计值。考虑 Eco-HDCC 长期暴露在环境中，极限延伸率按照 1.00%进行设计。从长期养护环境考虑，选用 28d 龄期后 Eco-HDCC 的拉伸应力-应变关系曲线并考虑极限延伸率 1.00%为设计曲线，如图 2.7 所示。

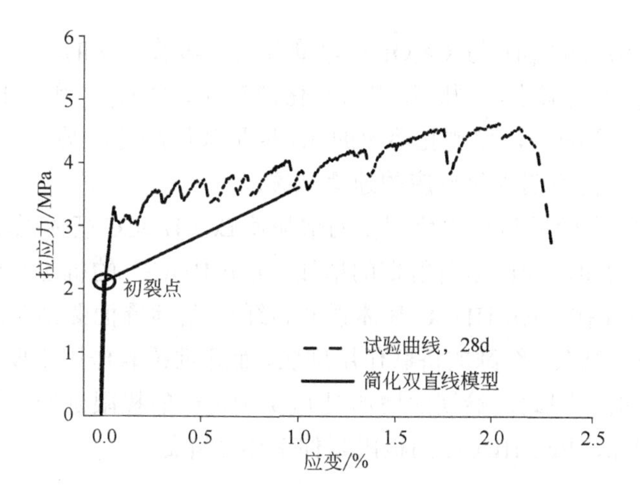

图 2.7　简化的双线性 Eco-HDCC 拉伸应力-应变关系模型

2.5　Eco-HDCC 材料的水化程度

在养护龄期 28d～90d 范围内，随着养护龄期的增加，Eco-HDCC 中粉煤灰的反应程度和非蒸发水含量呈现增加趋势，而孔溶液 pH 和 $Ca(OH)_2$ 含量呈现降低趋势，但增加或降低程度逐渐变缓，见表 2.8。

表 2.8　Eco-HDCC 中粉煤灰的反应程度、非蒸发水含量、孔溶液 pH 及 $Ca(OH)_2$ 含量

龄期/ d	粉煤灰的反应程度/ %	非蒸发水含量/ %	孔溶液 pH	$Ca(OH)_2$ 含量/ %
28	16.38	10.12	12.34	6.84
56	21.61	11.37	12.20	5.49
90	24.32	11.72	12.08	5.09

水泥水化生成 $Ca(OH)_2$，粉煤灰的水化反应程度与 $Ca(OH)_2$ 含量有关，随着龄期的增加，$Ca(OH)_2$ 逐渐被粉煤灰消耗，水泥水化生成的 $Ca(OH)_2$ 含量也是逐渐减小，而且粉煤灰颗粒的水化反应是由表及里的，外部水化产物阻碍粉煤灰颗粒内部的水化，因此，随着龄期的增加，粉煤灰水化程度增加但增加趋势逐渐变慢；由于水泥和粉煤灰的水化程度随龄期的增加而逐渐降低，水化产物数量的增加速率也是减缓，因此非蒸发水含量随龄期的增加而增加，但增加

趋势变缓；孔溶液的 pH 与 $Ca(OH)_2$ 含量有关，随着龄期的增加，水泥水化生成的 $Ca(OH)_2$ 含量减小，同时粉煤灰水化消耗 $Ca(OH)_2$，因此 Eco-HDCC 中 $Ca(OH)_2$ 含量逐渐减少，导致孔溶液的 pH 也呈降低趋势，另外，$Ca(OH)_2$ 含量减小趋势变缓，也说明水化反应的速率减缓。

Eco-HDCC 中胶凝材料水化程度的增加使 Eco-HDCC 基体强度和纤维/基体界面黏结强度增加，因此随着龄期的增加，Eco-HDCC 的抗压强度和极限抗拉强度增加；但较高的 Eco-HDCC 基体强度和纤维/基体界面黏结强度会导致更多的纤维在拔出时断裂，纤维的桥联作用削弱，而纤维桥联作用主要对 Eco-HDCC 的拉伸变形有益，因此，龄期的增加对 Eco-HDCC 的极限延伸率是不利的，即随着龄期的增加，Eco-HDCC 的极限延伸率逐渐降低。

2.6 本章小结

本章首先在课题组前期研究的 Eco-HDCC 配合比基础上进行配合比选择，然后基于选择的配合比，设计了不同养护龄期 28d、56d 和 90d，研究了 Eco-HDCC 的抗压和拉伸性能，并测试了 Eco-HDCC 的水化程度，以分析宏观力学性能随龄期发展的变化规律。

（1）在养护龄期 28d～90d 范围内，随着龄期的增加，Eco-HDCC 的立方体抗压强度、轴心抗压强度、峰值压应变和受压弹性模量都呈现出增加趋势，而极限压应变呈降低趋势，泊松比几乎没有变化。

（2）Eco-HDCC 的拉伸应力-应变关系曲线表现为四阶段：线性、非线性、应变硬化和软化阶段，龄期对曲线的特征基本无影响；在龄期 28d～90d 范围内，随着龄期的增加，Eco-HDCC 的初裂抗拉强度、极限抗拉强度和抗拉弹性模量都呈增加趋势，初裂延伸率变化甚微而极限延伸率降低。

（3）在养护龄期 28d～90d 范围内，随着龄期的增加，Eco-HDCC 中粉煤灰的反应程度和非蒸发水含量均增加，而孔溶液的 pH 和 $Ca(OH)_2$ 含量呈现降低趋势；水化产物数量随龄期增加而增加，龄期的增加可以增强 Eco-HDCC 基体和纤维/基体界面黏结强度，使 Eco-HDCC 的抗压强度和极限抗拉强度增加，而更多的纤维在拔出时呈现断裂状态，削弱了纤维桥联作用，导致 Eco-HDCC 的极限延伸率降低。

第 3 章

冻融-碳化交互作用下 Eco-HDCC 材料的碳化前沿及力学性能

3.1 引言

桥梁结构在服役期间遭受自然环境等因素，我国南北地区季节温度差异显著，南部地区全年气温比较高，基本无冻融现象，结构主要承受单一碳化作用；东北地区全年气温偏低，碳化速度很慢，主要考虑冻融因素；西北地区全年季节性温差显著，结构承受冻融和碳化的交互作用。已有混凝土的耐久性研究表明，冻融与碳化交互作用下混凝土的孔结构和强度损伤比单一碳化或者冻融作用下的损伤严重，先冻融后碳化下混凝土的损伤比先碳化后冻融下的损伤严重。因此，冻融-碳化交互作用下水泥基材料的力学性能研究对于结构设计至关重要。

本书基于西北地区的环境特点，以实验室内进行的冻融-碳化交互制度模拟自然环境下气候特点，首先研究了 Eco-HDCC 在经历冻融-碳化交互作用下的碳化前沿，同时设计了单一碳化因素进行对比，为筋材类型的选取作铺垫；其次研究了 Eco-HDCC 在经历冻融-碳化交互作用下的拉伸、弯曲和剪切性能，为结构设计提供参数依据；最后采用微观测试方法分析了纤维表面状态和 Eco-HDCC 试块孔结构，以揭示 Eco-HDCC 宏观力学性能。本章研究路线如图 3.1 所示。

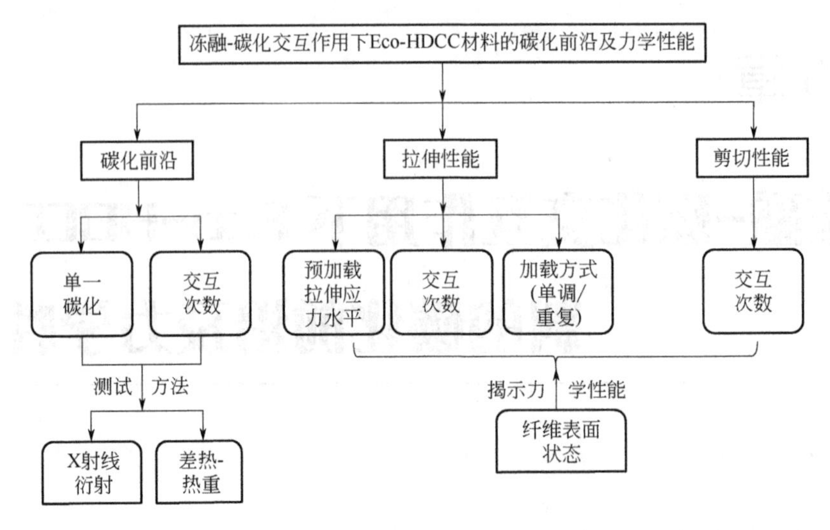

图 3.1 冻融-碳化交互作用下 Eco-HDCC 材料的碳化前沿及力学性能研究路线

3.2 试验方案

3.2.1 冻融-碳化交互制度

在气温较低时，结构碳化速度很慢，可认为结构主要遭受冻融循环，而在气温较高时，结构碳化速度较快，基本无冻融，可认为结构主要遭受碳化作用。考虑我国西北地区季节性温度差异明显，文献[121]～[123]中认为西北地区一年冻融循环次数为 118 次，冻融时间为 12 月～次年 2 月，而其余时间 3 月～11 月认为是碳化期。根据自然环境条件下与实验室加速关系[122]，一年 118 次冻融循环+9 个月碳化期，当量实验室加速试验为：冻融 10 次+碳化 9.7h。为了对比单一的碳化因素，设定一年 9 个月碳化期当量实验室加速碳化 9.7h。

桥梁规范[116]中规定伸缩缝的设计使用年限为 15 年，Eco-HDCC 桥面无缝连接板替换传统伸缩缝，设计年限至少达到 15 年。本书设计 Eco-HDCC 冻融-碳化交互次数为 0、1、3、5、10 和 15 次，一次加速制度为冻融循环 10 次+碳化 9.7h。单一碳化次数为 0、1、3、5、10 和 15 次，一次加速制度为碳化 9.7h。

文中 Eco-HDCC 的冻融循环和碳化加载制度参考《普通混凝土长期性能和耐久性能试验方法标准》（GB/T 50082—2009）[99]，冻融循环采用快冻法。由于试块养护龄期越长，抗冻性能越好，出于保守性考虑，规范规定无论水泥基复合材料中是否掺加粉煤灰等外掺量，冻融循环试验开始龄期为 28d。

Eco-HDCC 进行一次冻融-碳化交互试验，方法为：试块在水中浸泡 4d—冻融循环 10 次—60℃烘箱烘干 2d—碳化 9.7h，经历一次交互试验的周期是 8d。Eco-HDCC 进行单一碳化的试验方法为：60℃烘箱烘干 2d—碳化 9.7h。

桥梁工程上路面所用的水泥基复合材料破坏时主要以拉伸、弯曲或剪切等为主，基本不会因为抗压强度不足而破坏，Eco-HDCC 材料的最大优势是纤维发挥桥联作用，Eco-HDCC 的拉伸、弯曲和剪切性能主要与纤维有关。因此本书主要研究的是 Eco-HDCC 经历冻融-碳化不同交互次数后的拉伸、弯曲和剪切性能，同时对比了 Eco-HDCC 经历单一碳化因素后的拉伸性能。

3.2.2　拉伸性能测试方法

1. 冻融-碳化交互后的拉伸性能方案

Eco-HDCC 的单轴拉伸应力-应变关系是桥面无缝连接板设计的基础，Eco-HDCC 桥面无缝连接板承受反复的车辆荷载和季节性温度等，考虑反复的车辆荷载作用，本书设计单调加载和重复加载方式。Eco-HDCC 在单轴拉伸荷载下，呈现出多缝开裂特点，采用预加载方式研究不同开裂状态下 Eco-HDCC 的拉伸性能。考虑 Eco-HDCC 承受季节性温度，以福建马林桥工程为背景，两跨简支梁跨长 19.96m，季节性温差 41℃，参考文献[26]，计算 Eco-HDCC 承受的拉伸变形：Eco-HDCC 桥面无缝连接板的脱粘层长度为（19.96+19.96）×7.5%=3（m），季节温差引起的变形为（0.000 01×41×19.96×2）/3=0.60%。采用拉伸应力-应变曲线上的特征点（0、初裂点荷载和多缝开裂点）作为预加载应力水平，初裂延伸率很小，在加载中很难控制初裂延伸率，但初裂时荷载基本稳定在 0.82kN。因此本书设计的预加载拉伸水平为 0、0.82kN 和 0.60%。

Eco-HDCC 经历交互作用后的拉伸性能试验方案设计如下：试块养护 28d—预加载—冻融和碳化交互试验—达到试验交互次数后（0\1\3\5\10\15 次）进行单调和重复加载试验。

Eco-HDCC 拉伸性能试验采用狗骨头状试块，纯拉伸段尺寸是 13mm×30mm×100mm。重复加载方式采用等应变增量的重复完全加卸载，试块达到设定的拉伸应变后卸载到应力为 0，然后再加载到下一个设定拉伸应变值，重复加卸载，设定拉伸应变按等应变增量 0.10%控制，具体如下，拉伸应变 0—加载至设定拉应变 0.10%—卸载至应力为 0—加载至设定拉应变 0.20%—卸载至应力为 0，重复此过程，直至加载到设定拉应变 1.00%，然后单调加载至破坏。所有试验中单调加载和重复加卸载的速率都是 0.2mm/min。

2. 单一碳化后的拉伸性能方案

Eco-HDCC 经历单一碳化作用后的拉伸性能试验方案设计如下：试块养护 28d—单一碳化试验—达到试验次数后（0\1\3\5\10\15 次）进行单调加载试验。单调加载速度是 0.2mm/min。

3.2.3 剪切性能测试方法

Eco-HDCC 经历不同冻融-碳化交互次数后（0\1\3\5\10\15 次）的剪切应力-应变关系测试采用 300kN 微机控制电子万能试验机，加载速度为 0.3mm/min。剪切试验采用 Z 形模具[124]，试块外形尺寸是 100mm×260mm×50mm，剪切面尺寸是 50mm×50mm。为了测试 Eco-HDCC 剪切应力-应变曲线，在单剪面 50mm 范围内粘贴了长度为 20mm 的 BX120-20AA 应变片，应变片通过采集仪采集读数。根据应变片的读数可测试剪切试验中的剪切应变。Eco-HDCC 的剪切性能测试示意图如图 3.3 所示。

3.2.4 碳化前沿评价方法

Eco-HDCC 的碳化前沿测试采用试块尺寸为 100mm×100mm×400mm，在进行交互试验前，采用石蜡将试块 5 面密封，只留一面碳化，碳化方向示意图如图 3.4 所示。

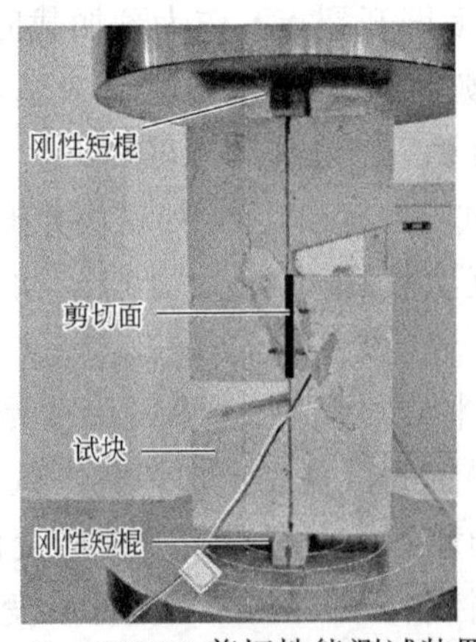

图 3.3 Eco-HDCC 剪切性能测试装置

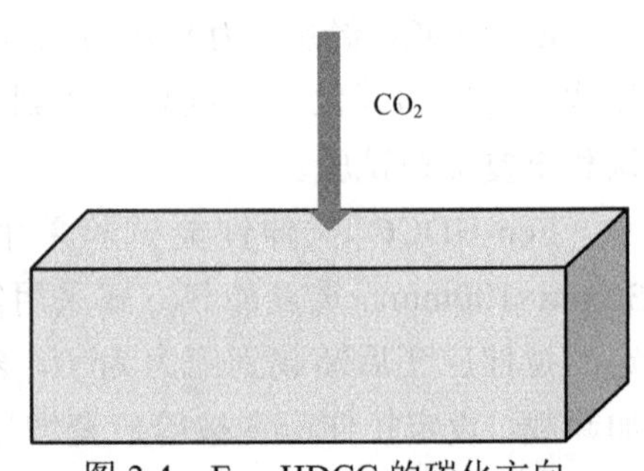

图 3.4 Eco-HDCC 的碳化方向

另外，研究了Eco-HDCC经历单一碳化次数（0\1\3\5\10\15次）后的碳化前沿，与交互作用后的碳化前沿作比较。单一碳化试验中Eco-HDCC的碳化前沿测试采用的试块尺寸为100mm×100mm×100mm，在进行试验前，采用石蜡将试块5面密封，只留一面碳化。

待达到预定交互次数或者单一碳化次数后，采用钻孔方式取粉，钻孔方向与碳化方向相同，钻孔间隔是1mm，将粉末放置60℃烘箱烘干2d，再用0.075mm的筛子筛去纤维、砂子等杂质。

本书采用X射线衍射法（XRD）和差热-热重方法（DSC-TG）方法提出一种评价水泥基复合材料的方法[125]：首先采用XRD测试Eco-HDCC试块内$CaCO_3$衍射峰几乎无变化的深度范围，然后选择此范围内的粉末进行DSC-TG分析，计算出$Ca(OH)_2$和$CaCO_3$的含量，根据$Ca(OH)_2$和$CaCO_3$的含量随深度趋于稳定的转折点作为碳化前沿。

XRD测试采用D8-Discover X射线衍射仪，扫描度数范围是5°～70°，扫描速度是0.15s/步；采用STA449 F3同步热分析仪测试DSC-TG的温度范围为30℃～1000℃，升温速度为10℃/min，保护气是N_2。

选取测试得到的Eco-HDCC碳化前沿范围内的粉末，按照固液质量比1:10配置模拟孔溶液，将配置好的孔溶液放置在温度为20℃环境中静置15d，使孔溶液离子溶解达到平衡，采用pH电极测试孔溶液的pH。

3.2.5 微观测试方法

采用FEI 3D场发射环境扫描电子显微镜（SEM）观察在不同交互次数后且未经过拉伸试验时Eco-HDCC试块中纤维表面状态，分析Eco-HDCC的力学性能。

3.3 冻融-碳化交互和单一碳化作用下Eco-HDCC材料的碳化前沿

经历3次冻融-碳化交互后的XRD和DSC-TG结果为例，如图3.5阐述Eco-HDCC碳化前沿的测试方法。首先采用XRD测试方法，确定$CaCO_3$衍射峰趋于稳定的范围是4mm～9mm，如图3.5（a）所示，然后采用DSC-TG方法确定4mm～5mm、5mm～6mm、6mm～7mm、7mm～8mm和8mm～9mm范围

内的 $CaCO_3$ 和 $Ca(OH)_2$ 含量，$Ca(OH)_2$ 的分解温度范围是 400℃～550℃，$CaCO_3$ 的分解温度范围是 550℃～950℃，如图 3.5（b）所示。最后根据 4mm～9mm 范围内 $CaCO_3$ 含量趋于稳定的转折点作为碳化前沿。

Eco-HDCC 经历不同冻融-碳化交互次数和单一碳化次数后的碳化前沿见表 3.2。本节对 Eco-HDCC 碳化前沿的分析从三方面考虑，①交互作用与单一因素；②交互次数。

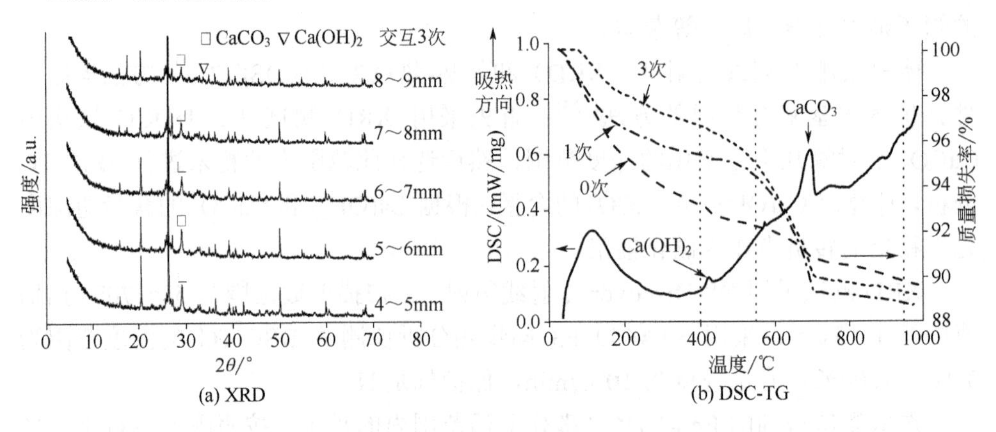

图 3.5 Eco-HDCC 的 XRD 和 DSC-TG 分析结果

表 3.2 Eco-HDCC 经历冻融-碳化和单一碳化次数后的碳化前沿

交互\单一碳化次数/ 次	单一碳化/ mm	交互作用
1	3	3
3	5	7
5	7	10
10	9	17
15	11	22

1. 交互作用与单一因素

如表 3.2 所示，在交互作用或单一碳化次数 1 次～15 次范围内，随着交互次数或者单一碳化次数的增加，Eco-HDCC 的碳化前沿逐渐增加，当交互或者碳化次数大于等于 3 次时，交互作用下 Eco-HDCC 的碳化前沿大于单一碳化作用下的碳化前沿。

为了定量分析 Eco-HDCC 交互作用和单一碳化作用下碳化前沿的差异性，定义交互作用下碳化前沿与单一碳化作用下碳化前沿的比值为冻融循环对碳化前沿的影响因子，如式（3.1）所示，

$$\lambda_{\rm F} = \frac{d_{\rm F+C}}{d_{\rm C}} \tag{3.1}$$

式中，$\lambda_{\rm F}$ ——冻融循环对 Eco-HDCC 碳化前沿的影响因子；

$d_{\rm F+C}$ ——冻融和碳化交互作用下 Eco-HDCC 的碳化前沿；

$d_{\rm C}$ ——碳化作用下 Eco-HDCC 的碳化前沿。

冻融循环对 Eco-HDCC 碳化前沿的影响因子与交互（碳化）次数的关系如图 3.6 所示，当交互（碳化）次数为 1 时，影响因子等于 1.00，说明冻融循环对 Eco-HDCC 的碳化前沿无影响；当交互（碳化）次数大于等于 3 且小于等于 15 次时，影响因子均大于 1.00，说明冻融循环对 Eco-HDCC 的碳化前沿是负作用。

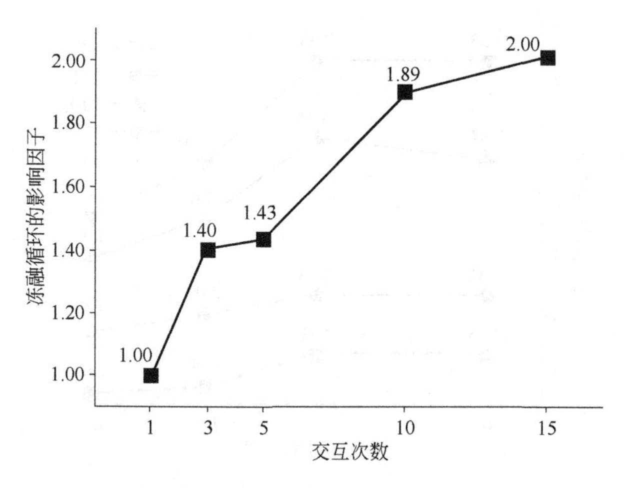

图 3.6　冻融循环对 Eco-HDCC 碳化前沿的影响因子

当交互（碳化）次数为 1 时，Eco-HDCC 经历冻融循环较少，碳化占据主要作用，因此两种试验制度下 Eco-HDCC 的碳化前沿基本无影响；在交互次数 1 次～15 次范围内，随着交互次数的增加，冻融循环使 Eco-HDCC 孔结构恶化，导致碳化速度较快，因此交互作用下 Eco-HDCC 的碳化前沿大于单一碳化作用下的碳化前沿，冻融循环在交互作用中对 Eco-HDCC 的碳化前沿是不利的。

2. *交互次数*

如表 3.2 所示，在交互次数 1 次～15 次范围内，随着交互次数的增加，Eco-HDCC 的碳化前沿逐渐增加，定义交互次数为 3～15 次时的碳化前沿与交互次数为 1 时的碳化前沿比值为交互次数对碳化前沿的影响因子，如式（3.2 所示，

$$\lambda_i = \frac{d_i}{d_1} \tag{3.2}$$

式中，λ_i ——交互次数（i）对 Eco-HDCC 碳化前沿的影响因子；

d_i ——交互次数（i）为 3、5、10 和 15 次时，Eco-HDCC 的碳化前沿；

d_1 ——交互次数为 1 次时 Eco-HDCC 的碳化前沿。

交互次数对 Eco-HDCC 碳化前沿的影响因子与预加载应力水平的关系如图 3.7 示，在交互 3 次～15 次范围内，随着交互次数的增加，影响因子逐渐增加，而且影响因子数值都大于 1，说明交互次数的增加会使 Eco-HDCC 的碳化前沿增加。

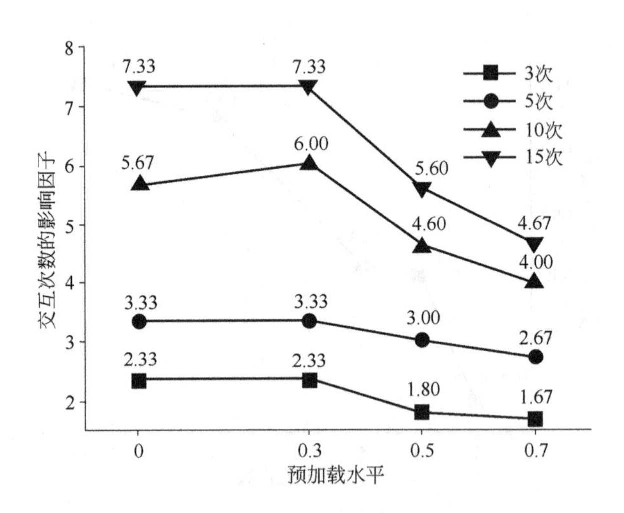

图 3.7　交互次数对 Eco-HDCC 碳化前沿的影响因子

随着交互次数的增加，Eco-HDCC 经历的碳化时间更长，交互次数对 Eco-HDCC 碳化前沿的影响因子增加。在交互 3 次～5 次时，Eco-HDCC 中 $Ca(OH)_2$ 与 CO_2 反应生成 $CaCO_3$，阻碍了后期 CO_2 的渗入，导致交互 10 次～15 次时的碳化速率降低。

选取冻融-碳化后 Eco-HDCC 的碳化前沿范围内粉末，配置好模拟孔溶液，测试孔溶液的 pH 见表 3.3。Eco-HDCC 碳化前沿范围内孔溶液的 pH 在 11.5 左右，即处在钢筋钝化膜脱钝的 pH 临界值，因此，若采用钢筋作为增强筋，则需要合理设计保护层厚度。考虑桥面无缝连接板的厚度是 80mm～120mm，如果筋材保护层厚度较小时，连接板有效截面高度越大，会增加抗弯承载力，另一方面筋材保护层厚度较小时，连接板表面抗裂能力较高。选用 BFRP 筋，一方面可避免钢筋的锈蚀问题，保护层厚度设置不再受限，而且 BFRP 筋弹性模量与 Eco-HDCC 弹性模量的协调性优于钢筋与 Eco-HDCC 弹性模量的协调性，因此 BFRP 筋可作为 Eco-HDCC 桥面无缝连接板的优选筋材。

表 3.3　经历冻融-碳化后 Eco-HDCC 孔溶液的 pH

	预加载应力水平 0		预加载应力水平 0.3		预加载应力水平 0.5		预加载应力水平 0.7	
交互次数/次	碳化前沿范围/mm	pH	碳化前沿范围/mm	pH	碳化前沿范围/mm	pH	碳化前沿范围/mm	pH
1	2～3	11.16±0.02	2～3	11.15±0.01	4～5	11.66±0.02	5～6	11.52±0.04
3	6～7	11.22±0.08	6～7	11.51±0.04	8～9	11.43±0.06	9～10	11.50±0.01
5	9～10	11.52±0.08	9～10	11.48±0.03	14～15	11.61±0.04	15～16	11.67±0.01
10	16～17	11.65±0.01	17～18	11.59±0.01	22～23	11.58±0.03	23～24	11.64±0.01
15	21～22	11.60±0.07	21～22	11.59±0.02	27～28	11.61±0.02	27～28	11.66±0.02

3.4　冻融-碳化交互和单一碳化作用下 Eco-HDCC 材料的拉伸性能

3.4.1　拉伸应力-应变关系

1. 冻融-碳化交互作用下 Eco-HDCC 的拉伸应力-应变关系

1）单调加载拉伸应力-应变关系

经历冻融-碳化交互作用后 Eco-HDCC 在不同预加载拉伸水平下的单调加载拉伸应力-应变关系如图 3.8 所示，所有曲线均表现出四阶段：线性、非线性、应变硬化和软化阶段，具体的四阶段描述参考 2.4.2 一节。交互次数为 10 次～15 次时 Eco-HDCC 线性段的斜率低于交互次数为 0 次～5 次时的线性段斜率；0 次～5 次交互后 Eco-HDCC 应变硬化阶段呈现出明显的“下降—上升”抖动特点，而交互 10 次～15 次后，Eco-HDCC 应变硬化阶段比较光滑，没有明显的“下降—上升”抖动特点。预加载水平对 Eco-HDCC 的拉伸应力-应变关系曲线没有明显影响。

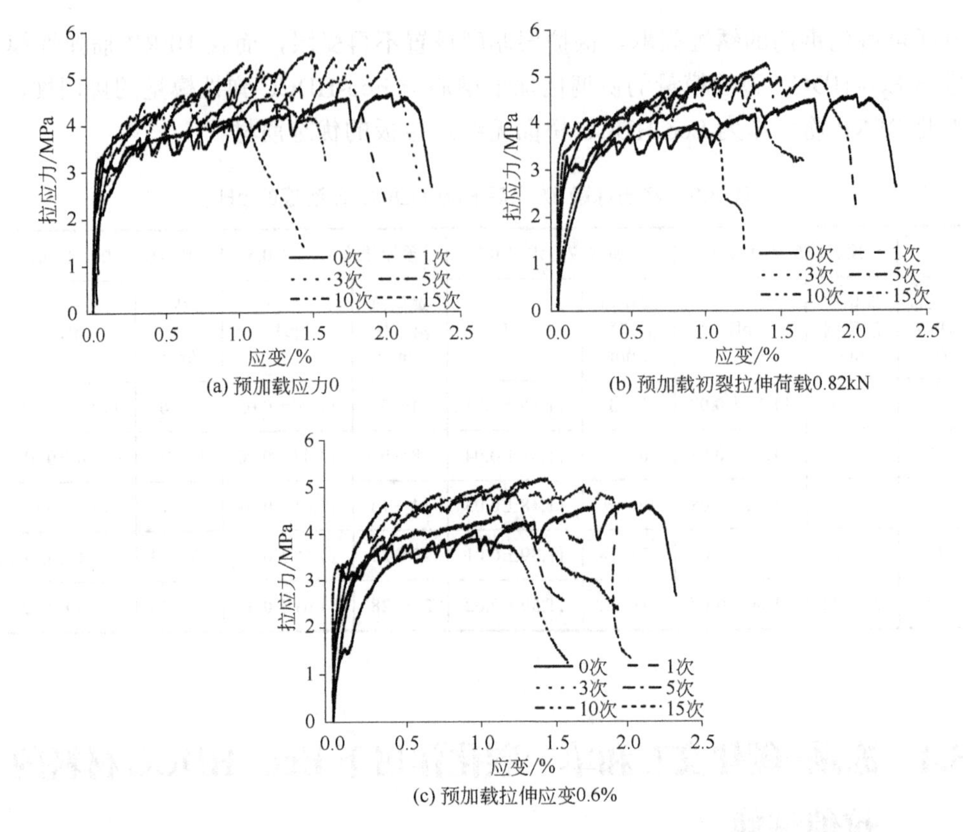

(a) 预加载应力0

(b) 预加载初裂拉伸荷载0.82kN

(c) 预加载拉伸应变0.6%

图 3.8　Eco-HDCC 在不同预加载拉伸水平下的单调加载拉伸应力-应变关系曲线

Eco-HDCC 拉伸应力-应变关系曲线的四阶段特点是其本质特征，与冻融-碳化交互制度和预加载水平无关，冻融-碳化交互制度和预加载水平影响的仅是各个阶段曲线的斜率等特征。Eco-HDCC 与混凝土等水泥基材料不同之处在于，Eco-HDCC 具有应变硬化阶段，在此阶段主要是纤维发挥桥联作用。交互 3 次后，Eco-HDCC 的碳化前沿是 7mm，而 Eco-HDCC 拉伸试块的厚度是 13mm，在经历 3 次冻融-碳化后，Eco-HDCC 拉伸试块基本完全碳化。经历一次交互的周期为 8d，经历 5 次～15 次交互作用后经历了 40d～120d，Eco-HDCC 基本无碳化，未水泥水化颗粒和粉煤灰的水化缓慢，主要以冻融为主，而且经历 10 次～15 次交互时 Eco-HDCC 遭受的冻融损伤更严重。经历 0 次～3 次交互后，Eco-HDCC 基体由于冻融循环带来的损伤可以由未水化水泥颗粒的水化、粉煤灰的水化和水泥基材料的碳化弥补，因此在拉伸荷载作用下，曲线线性段的斜率较大，基体开裂时出现新裂缝，应变硬化阶段呈现突然“下降”特点，纤维发挥桥联作用承担拉应力，曲线出现“上升”特点。而在经历 10 次～15 次交互后，Eco-HDCC 由于冻融循环带来的损伤很严重，在拉伸荷载下，试块内部损伤恶化形成裂缝导致试块的刚度降低，曲线线性段斜率较小，待试块内部微裂缝恶化到一定程度，Eco-HDCC 的拉伸应力缓慢降低，曲线没有呈现明显的“下降”特点，冻融循环下纤维的桥联能力降低，但仍可承担拉应力，试块的拉伸应力逐渐缓慢增加，曲线应变硬化段没有呈现出“上升”特点，而呈现出光滑的形状。

当预加载水平为初裂荷载 0.82kN 和预加载拉伸应变为 0.60%时，试块内微裂缝损伤很少，在冻融-碳化交互过程中，Eco-HDCC 中未水化水泥颗粒的水化、粉煤灰的水化和水泥基材料的碳化使预加载产生的微裂缝具有一定的愈合度，导致预加载水平对 Eco-HDCC 拉伸应力-应变关系曲线基本没有影响。

2）重复加载拉伸应力-应变关系

经历 15 次冻融-碳化交互作用后 Eco-HDCC 的极限抗拉强度和极限延伸率降低，设计时考虑安全性，采用经历 15 次冻融-碳化交互作用后 Eco-HDCC 的拉伸应力-应变关系曲线进行桥面无缝连接板的设计。重复加载拉伸应力-应变关系曲线分析时，采用有代表性的经历 15 次冻融-碳化交互作用后 Eco-HDCC 的拉伸性能曲线进行分析。

经历 15 次冻融-碳化交互作用后 Eco-HDCC 在预加载应力为 0 时的重复加载拉伸应力-应变关系如图 3.9 所示。在重复加载曲线中，曲线外轮廓组成的轨迹称为“外包络线”，卸载与再加载曲线的交点，称为“共同点”，由共同点组成的轨迹与曲线的外包络线趋势一致。重复加载方式下，在加载阶段，随着拉伸荷载的增加，Eco-HDCC 的应力与应变均呈现增加趋势；在卸载阶段，试块

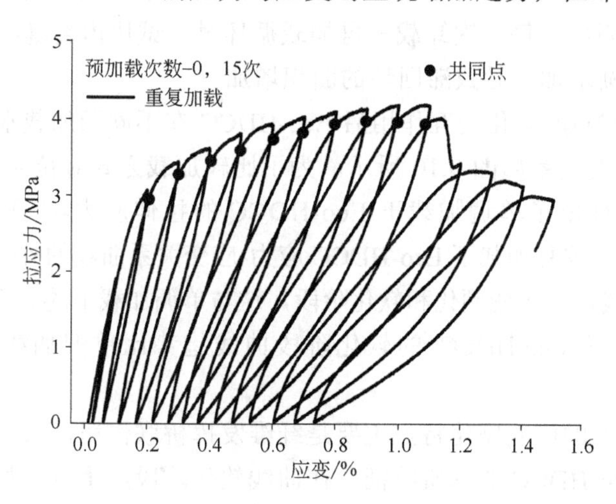

图 3.9 经历 15 次交互作用后 Eco-HDCC 的重复拉伸应力-应变关系

卸载至应力为 0，应变不为 0；再加载时，Eco-HDCC 的应力与应变呈现增加趋势，再加载曲线中待拉应力超过共同点后，应力-应变曲线的斜率明显降低，应变增加趋势明显大于应力的增加趋势。

在重复加载—卸载—再加载方式下，曲线出现多个“滞回环”。对于每个滞回环中的卸载曲线，刚开始卸载时，Eco-HDCC 应力下降很快，拉伸变形恢复的很小，但在低应力时，Eco-HDCC 应力下降较缓而拉伸恢复变形速度加快，此现象可称为应变恢复滞后现象。随着滞回环次数的增加，卸载时 Eco-HDCC 的残余拉伸应变随之增加，应变恢复滞后现象更加明显，而且再加载曲线的斜率逐渐降低，导致滞回环的面积随着滞回环次数的增加而逐渐增加。

在 Eco-HDCC 可承载力范围内，随着拉应力的增加，拉应变逐渐增加，试块内拉伸变形产生的微裂缝也逐渐增加，而且在拉伸过程中纤维逐渐从基体拔出，拔出过程和微裂缝都是不可恢复的，所以当应力卸载为 0 时，试块存在残余应变。卸载时，Eco-HDCC 骨料弹性变形可以即时恢复，但裂缝变形只有在低应力时才开始闭合，应变恢复，而且应力越低，裂缝闭合速度越快，恢复变形速度加快。裂缝的存在导致应变恢复滞后现象发生。随着加卸载重复次数的增加，Eco-HDCC 裂缝损伤更加严重，卸载时的应变恢复滞后现象越明显，而且由于更多微裂缝和拔出纤维的不可恢复性，残余拉伸应变逐渐增加。再加载阶段开始时，当拉伸应力很小时，闭合的裂缝重新张开，拉伸变形明显增加，随着拉伸应力的增加，裂缝稳定发展，待超过共同点后，裂缝明显恶化或者新裂缝出现，导致拉伸应变明显增加而应力发展缓慢。随着加卸载次数的增加，Eco-HDCC 内部微裂缝和纤维拔出逐渐增多，削减了试块的刚度，卸载和再加载曲线的斜率降低。每一次卸载—再加载循环时，试块内裂缝闭合—张开所需消耗的能量逐渐增加，导致滞回环的面积增加。

经历 15 次冻融-碳化交互作用后 Eco-HDCC 在不同预加载水平下的重复加载拉伸应力-应变关系如图 3.10 所示，为了比较加载方式对拉伸应力-应变曲线的影响，图中列出了单调加载下 Eco-HDCC 的拉伸应力-应变关系曲线。由图 3.10 可看出，重复加载下 Eco-HDCC 应力-应变关系曲线的外包络线包含四阶段：线性、非线性、应变硬化和软化阶段，这与单调加载下的关系曲线相似，但重复加载方式下 Eco-HDCC 的软化阶段曲线趋势比单调加载下的曲线趋势缓慢。

Eco-HDCC 的应变硬化特点主要是纤维发挥桥联作用，与加载方式无关，应变硬化是 Eco-HDCC 的本质特征。在曲线软化阶段，重复加载方式下拉伸应力重新分布，导致软化段曲线下降趋势比较缓慢。

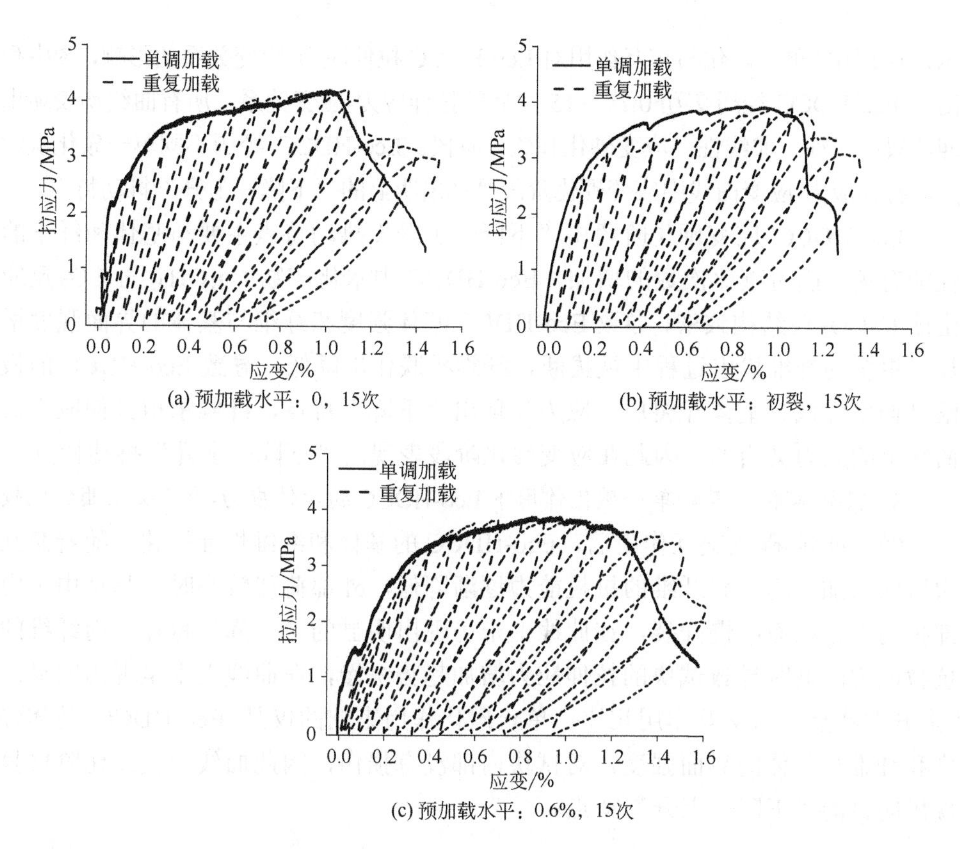

图 3.10　经历 15 次交互作用后 Eco-HDCC 的单调和重复加载拉伸应力-应变关系曲线

2. 单一碳化作用下 Eco-HDCC 的拉伸应力-应变关系

Eco-HDCC 经历单一碳化 0 次～15 次后的拉伸应力-应变关系如图 3.11 所

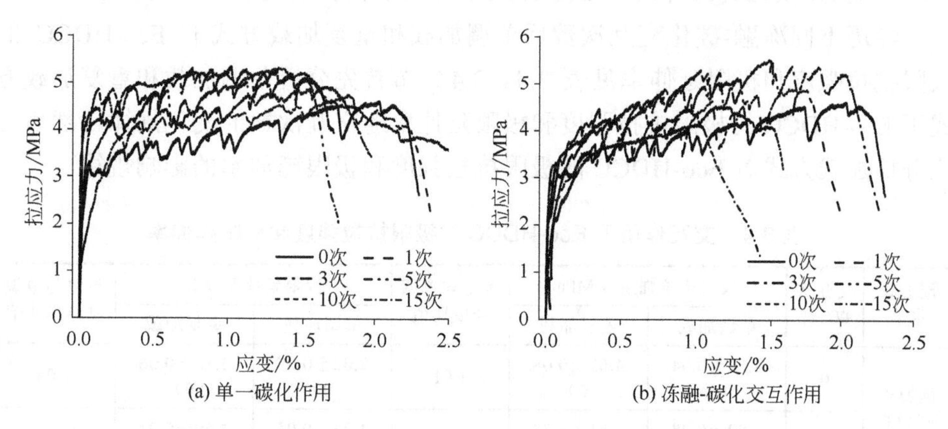

图 3.11　经历不同次数后 Eco-HDCC 的拉伸应力-应变关系曲线

示，为了比较单一碳化与交互作用对 Eco-HDCC 拉伸应力-应变关系的影响，图中列出了 Eco-HDCC 经历交互 0 次～15 次后的拉伸应力-应变关系。所有曲线均表现出四阶段：线性、非线性、应变硬化和软化阶段。Eco-HDCC 经历不同单一碳化次数后，拉伸应力-应变曲线中应变硬化阶段呈现出明显的"下降—上升"抖动特点。

Eco-HDCC 应变硬化阶段中"下降—上升"抖动特点主要与基体和纤维的性能有关。随着碳化次数的增加，Eco-HDCC 中水化产物 $Ca(OH)_2$ 与 CO_2 反应生成 $CaCO_3$ 使结构致密，导致 Eco-HDCC 基体强度和纤维与基体的界面强度增加，更多的纤维拔出过程中被拔断，纤维桥联作用降低，导致 Eco-HDCC 的极限延伸率降低。基体开裂后，应力呈现出"下降"特点，纤维承担拉伸应力后曲线上的应力又增加，因此在应变硬化阶段表现出"下降—上升"抖动特点。

3. 冻融-碳化交互和单一碳化作用下 Eco-HDCC 的拉伸应力-应变关系曲线比较

经历冻融-碳化交互作用后，Eco-HDCC 的基体和纤维性能恶化，随着交互次数的增加，基体和纤维的抗拉能力逐渐降低，外部荷载较小时，基体由于内部损伤的存在而缓慢开裂，在曲线上未呈现出明显的"下降"特点，而纤维的抗拉能力降低时导致试块的拉伸应力增加趋势缓慢，在曲线上未呈现出明显的"上升"特点。与交互作用相比，单一碳化作用影响的仅是 Eco-HDCC 基体强度和纤维与基体的界面强度，对试块内部没有损伤，因此曲线应变硬化阶段呈现出明显的"下降—上升"特点。

3.4.2 极限抗拉强度和极限延伸率

1. 冻融-碳化交互作用下 Eco-HDCC 的极限抗拉强度和极限延伸率

经历不同冻融-碳化交互次数后单调加载和重复加载方式下 Eco-HDCC 的极限抗拉强度和极限延伸率见表 3.4。3.4.2 节首先分析单调加载和重复加载方式下 Eco-HDCC 的极限抗拉强度和极限延伸率随交互次数的变化规律，然后对比分析加载方式对 Eco-HDCC 的极限抗拉强度和极限延伸率的影响规律。

表 3.4 交互作用下 Eco-HDCC 的极限抗拉强度和极限延伸率

预加载水平	交互次数/次	极限抗拉强度 / MPa		重复与单调强度比值	极限延伸率 / %		重复与单调延伸率比值
		单调加载	重复加载		单调加载	重复加载	
预加载应力 0	0	4.57±0.04（0）	4.62±0.08（0）	1.01	2.02±0.05（0）	2.10±0.06（0）	1.04
	1	4.89±0.08（7.00%）	4.81±0.02（4.11%）	0.98	1.75±0.05（-13.37%）	1.69±0.01（-19.52%）	0.97

续表

预加载水平	交互次数/ 次	极限抗拉强度 / MPa		重复与单调强度比值	极限延伸率 / %		重复与单调延伸率比值
		单调加载	重复加载		单调加载	重复加载	
预加载应力 0	3	5.47±0.04（19.69%）	5.50±0.01（19.05%）	1.01	1.50±0.11（-25.74）	1.43±0.06（-31.90%）	0.95
	5	5.10±0.06（11.60%）	4.95±0.04（7.14%）	0.97	1.30±0.08（-35.64）	1.20±0.16（-42.86%）	0.92
	10	4.53±0.05（-0.88%）	4.40±0.04（-4.76）	0.97	1.22±0.10（-39.60%）	1.11±0.02（-47.14%）	0.91
	15	4.13±0.04（-9.63%）	4.15±0.05（-10.17%）	1.00	0.97±0.06（-51.98%）	1.09±0.14（-48.10%）	1.12
	均值			0.99			0.985
预加载初裂拉伸荷载 0.82kN	1	4.90±0.02（7.22%）	4.82±0.04（4.33%）	0.98	1.78±0.03（-11.88%）	1.94±0.08（-7.62%）	1.09
	3	5.31±0.08（16.19%）	5.40±0.02（16.88%）	1.02	1.42±0.06（-29.70%）	1.40±0.05（-33.33%）	0.99
	5	5.01±0.04（9.63%）	4.95±0.01（7.14%）	0.99	1.31±0.05（-35.15%）	1.38±0.10（-34.29%）	1.05
	10	4.39±0.04（-3.94%）	4.42±0.02（-4.33%）	1.01	1.00±0.08（-50.50%）	1.11±0.08（-47.14%）	1.11
	15	3.91±0.03（-14.44%）	3.88±0.01（-16.02%）	0.99	0.94±0.11（-53.47%）	1.06±0.10（-49.52%）	1.13
	均值			0.998			1.074
预加载拉伸应变 0.60%	1	4.93±0.02（7.88%）	4.89±0.05（5.84%）	0.99	1.69±0.17（-16.34）	1.77±0.16（-15.71%）	1.05
	3	5.11±0.08（11.82%）	5.18±0.04（12.12%）	1.01	1.41±0.11（-30.20%）	1.38±0.09（-34.29%）	0.98
	5	4.85±0.06（6.13%）	4.87±0.07（5.41%）	1.00	1.21±0.08（-40.10%）	1.17±0.11（-44.29%）	0.97
	10	4.31±0.08（-5.69%）	4.23±0.13（-8.44%）	0.98	1.11±0.08（-45.05%）	1.03±0.13（-50.95%）	0.93
	15	3.86±0.07（-15.54%）	3.80±0.05（-17.10%）	0.99	0.96±0.18（-52.48%）	0.95±0.15（-54.76%）	0.99
	均值			0.994			0.984

注：表中括号内是相比预加载应力水平为 0 且交互次数为 0 时极限抗拉强度和极限延伸率的增加程度，正值代表增加，负值代表降低。

1）单调加载下 Eco-HDCC 的极限抗拉强度和极限延伸率

单调加载方式下，在交互 0 次～15 次范围内，Eco-HDCC 的极限抗拉强度随交互次数的增加呈现先增加后降低的趋势，在交互 3 次时，Eco-HDCC 的极限抗拉强度增加程度最大；与未交互时相比较，交互10～15 次后 Eco-HDCC 的极限抗拉强度较低，交互15 次后 Eco-HDCC 单调加载的极限抗拉强度降低率为 9.63%～15.54%。随着交互次数的增加，Eco-HDCC 的极限延伸率逐渐降低，且在交互 15 次后 Eco-HDCC 的极限延伸率降低率在 50%左右。交互作用对 Eco-HDCC 的极限延伸率的负作用影响明显高于极限抗拉强度。

在冻融-碳化交互 1 次～3 次过程中，Eco-HDCC 中未水化水泥颗粒的水化反应、粉煤灰的火山灰水化反应和 $Ca(OH)_2$ 的碳化反应使结构致密，虽然冻融循环给结构带来损伤，但这些损伤小于水泥基材料水化和碳化引起的结构致密性。当交互 3 次时，拉伸试块基本完全碳化，因此在交互 1 次～3 次时 Eco-HDCC 的极限抗拉强度呈增加趋势；在经历 5 次～15 次时，在交互过程中，Eco-HDCC 主要以冻融为主，试块损伤严重，Eco-HDCC 的极限抗拉强度呈降低趋势；但经历 10 次～15 次后，Eco-HDCC 的冻融损伤更严重，因此 Eco-HDCC 极限抗拉强度低于未交互时的极限抗拉强度。

根据 HDCC 的设计理论，Eco-HDCC 的极限延伸率主要与基体强度、基体与纤维的界面强度和纤维的桥联能力有关。在交互 1 次～3 次时，由于水泥基材料水化和碳化引起的结构致密性使 Eco-HDCC 的基体强度和基体与纤维的界面强度增加，纤维在拔出时发生断裂的概率性很大。在交互过程中，当 Eco-HDCC 发生冷冻时，由于水结冰体积膨胀，纤维承担拉应力约束孔结构的增加，另外，在融化过程中，由于冰融化成水，孔结构体积减小，纤维的承担的拉应力将会被释放，因此，在冻融循环过程中，纤维承担拉应力-释放拉应力，在此反复过程中，纤维的抗拉强度有所损伤，导致纤维的桥联能力降低。在交互 1 次～3 次时，由于纤维拔出过程中断裂概率的增加和纤维抗拉强度在冻融循环中的损伤，导致 Eco-HDCC 的极限延伸率降低。在交互 5 次～15 次时，冻融循环后 Eco-HDCC 基体结构松散、纤维的抗拉强度降低，虽然基体结构松散下纤维拔出时发生断裂的概率降低，但由于纤维较低的抗拉强度，导致纤维的桥联能力降低，因此在交互 5 次～15 次时 Eco-HDCC 的极限延伸率表现出降低趋势。综合而言，交互 1 次～15 次时，Eco-HDCC 的极限延伸率随交互次数的增加而降低，而且交互 15 次时，Eco-HDCC 的极限延伸率降低程度最大。

相同交互次数下，与预加载水平 0 后的极限抗拉强度和极限延伸率相比，预加载初裂拉伸水平和预加载拉伸应变 0.60%对 Eco-HDCC 的极限抗拉强度和极限延伸率增加幅值规律见表 3.5。当预加载拉伸水平为 0、0.82kN 和 0.60%时，相同交互次数下，预加载水平越大，Eco-HDCC 的极限抗拉强度降低幅值越大；

当交互次数为 1 次～5 次时，随着预加载水平的增加，Eco-HDCC 的极限延伸率呈降低趋势，但在交互 10 次～15 次时，Eco-HDCC 的极限延伸率随预加载水平的增加而增加，但增加程度较低，有可能是试验数据的离散性所致，可认为交互 10 次～15 次时，随着预加载水平的增加，Eco-HDCC 的极限延伸率基本不变。

表 3.5　预加载水平对单调加载下 Eco-HDCC 极限抗拉强度和极限延伸率的影响幅值

交互次数/ 次	极限抗拉强度（单调加载）		极限延伸率（单调加载）	
	预加载初裂荷载 0.82kN 的增加幅度	预加载应变 0.60%的增加幅度	预加载初裂荷载 0.82kN 的增加幅度	预加载应变 0.60%的增加幅度
1	0.20%	0.82%	1.71%	−3.43%
3	−2.93%	−6.58%	−5.33%	−6.00%
5	−1.76%	−4.90%	0.77%	−6.92%
10	−3.09%	−4.86%	−18.03%	−9.02%
15	−5.33%	−6.54%	−3.09%	−1.03%

注：表中正值表示增加，负值表示降低。

预加载产生的内部微裂缝损伤在冻融-碳化交互过程中会愈合，这主要是水泥基材料的水化产物和碳化产物填充了微裂缝[77，125]。当预加载水平较大时，一方面 Eco-HDCC 试块的内部损伤较大，自愈合程度越低；另一方面预加载时消耗了纤维的部分抗拉强度，预加载水平越大，纤维的残余抗拉强度越低，因此在拉伸荷载下，预加载水平较大的 Eco-HDCC 抗拉承载力较差，导致其极限抗拉强度降低幅值较大。Eco-HDCC 的极限延伸率主要与基体强度、基体与纤维的界面强度和纤维的桥联能力有关。当交互 1 次～3 次时，Eco-HDCC 中的水化产物和碳化产物使基体强度和基体与纤维的界面强度增加，一方面纤维在拔出时断裂的概率增加；另一方面随着预加载水平的增加，纤维的残余抗拉强度降低，综合两方面，预加载水平越大，纤维的桥联能力降低，导致 Eco-HDCC 的极限延伸率降低。当交互 5 次时，虽然 Eco-HDCC 中碳化速度很慢，但冻融损伤程度较低，Eco-HDCC 中水化产物和碳化产物还是起主导作用，可认为交互 5 次时预加载水平对 Eco-HDCC 极限延伸率的影响与交互 1 次～3 次时的规律相同。当交互 10 次～15 次时，Eco-HDCC 中主要是冻融循环为主，冻融损伤使基体结构松散、纤维的抗拉强度降低；预加载水平的增加，使基体结构恶化程度增加，纤维的残余抗拉强度降低；基体结构的松散使纤维拔出的概率增加，纤维的桥联能力发挥较好。较高的预加载水平使纤维的残余抗拉强度降低，但纤维的桥联能力发挥的较好，导致较高的预加载水平下 Eco-HDCC 的极限延伸率结果可能具有离散性。

Eco-HDCC 极限延伸率主要取决于纤维的桥联能力，而交互次数对纤维的桥联能力影响较大，因此交互作用对 Eco-HDCC 的极限延伸率影响明显大于极限抗拉强度。

2）重复加载下 Eco-HDCC 的极限抗拉强度和极限延伸率

重复加载方式下，在交互 0 次～15 次范围内，Eco-HDCC 的极限抗拉强度和极限延伸率随交互次数的变化趋势与单调加载方式下极限抗拉强度和极限延伸率的变化趋势一致。Eco-HDCC 的极限抗拉强度和极限延伸率与冻融-交互次数有关，与加载方式无关，重复加载方式使应力重新分布，使曲线软化段的下降趋势比较缓慢。

相同交互次数下，与预加载水平 0 后的极限抗拉强度和极限延伸率相比，预加载初裂荷载 0.82kN 和预加载应变 0.60%对 Eco-HDCC 的极限抗拉强度和极限延伸率增加幅值规律见表 3.6。当预加载拉伸水平为 0、0.82kN 和 0.60%时，相同交互次数下，当预加载水平增加时，Eco-HDCC 的极限抗拉强度和极限延伸率降低幅值越大。

表 3.6　预加载水平对重复加载下 Eco-HDCC 极限抗拉强度和极限延伸率的影响幅值

交互次数/ 次	极限抗拉强度（重复加载）		极限延伸率（重复加载）	
	预加载初裂荷载 0.82kN 的增加幅度	预加载应变 0.60%的增加幅度	预加载初裂荷载 0.82kN 的增加幅度	预加载应变 0.60%的增加幅度
1	0.21%	1.66%	14.79%	4.73%
3	-1.82%	-5.82%	-2.10%	-3.50%
5	0	-1.62%	15.00%	-2.50%
10	0.45%	-3.86%	0	-7.21%
15	-6.51%	-7.71%	-2.75%	-12.84%

注：表中正值表示增加，负值表示降低。

在重复加载方式下，基体内已有裂缝反复闭合—张开，随着拉伸荷载的增加，新裂缝出现，基体损伤严重；重复加卸载使纤维消耗了纤维的部分抗拉强度，导致纤维的残余抗拉强度降低。另外，当预加载水平较大时，Eco-HDCC 基体损伤较严重，而且纤维的残余抗拉强度较低。较低的纤维残余抗拉强度使纤维的桥联能力降低，因此在重复加载方式下随着预加载水平的增加，Eco-HDCC 的极限抗拉强度和极限延伸率降低。

3）单调加载和重复加载下 Eco-HDCC 的极限抗拉强度和极限延伸率的比较

由表 3.4 可知，当交互次数为 0 次～15 次和预加载水平为 0、0.82kN 和 0.60%时，重复加载与单调加载下 Eco-HDCC 的极限抗拉强度和极限延伸率比值基本在 1.0 左右，说明加载方式对 Eco-HDCC 的极限抗拉强度和极限延伸率基本无影响。重复加载方式下，纤维的残余抗拉强度降低，由于应力重分布，使 Eco-HDCC 基体和纤维可以充分承受拉应力，导致重复加载方式下 Eco-HDCC 的极限抗拉强度和极限延伸率基本等于单调加载方式下的极限抗拉强度和极限延伸率。

由于冻融-碳化交互 15 次后，Eco-HDCC 的极限抗拉强度和极限延伸率明显降低，而且加载方式对 Eco-HDCC 的拉伸应力-应变关系基本无影响，预加载后的 Eco-HDCC 经历 15 次交互后极限延伸率基本都下降到 50%左右。考虑结构安全性设计和试验操作的简单性，可采用未预加载和未交互时单调加载方式下 Eco-HDCC 拉伸应力-应变关系曲线进行桥面无缝连接板的设计，但在结构设计中考虑极限延伸率降低 50%作为极限延伸率设计的极限值。本书用于测试 Eco-HDCC 拉伸性能的试块厚度是 13mm，由于交互 3 次后，Eco-HDCC 试块接近完全碳化，随着交互次数的增加，试块主要遭受冻融循环，试块损伤严重，导致极限抗拉强度和延伸率明降低。但 Eco-HDCC 桥面无缝连接板的厚度是 80mm～120mm，在服役期间，连接板遭受的冻融损伤可以由碳化产物弥补，Eco-HDCC 拉伸性能的损伤不会如此严重。因此，采用本书测试交互 15 次后单调加载方式下 Eco-HDCC 的拉伸应力-应变关系曲线对于桥面无缝连接板的设计是保守可行的。

2. 单一碳化作用下 Eco-HDCC 的极限抗拉强度和极限延伸率

在单一碳化次数 0 次～15 次范围内，随着碳化次数的增加，Eco-HDCC 的极限抗拉强度逐渐增加，而极限延伸率逐渐降低，见表 3.7。随着碳化次数的增加，Eco-HDCC 中碳化产物使基体结构密实，增加了 Eco-HDCC 的极限抗拉强度；碳化产物使基体强度和纤维与基体的界面强度增加，纤维在拔出时发生断裂的概率增加，纤维的桥联能力降低，导致 Eco-HDCC 的极限延伸率降低。

3. 冻融-碳化交互和单一碳化作用下 Eco-HDCC 的极限抗拉强度和极限延伸率比较

如表 3.7 可知，交互或碳化 1 次～3 次时，Eco-HDCC 在交互与单一碳化下极限抗拉强度比值大于 1.00，极限抗拉强度比值随交互次数的增加而增加；交互 5 次～15 次时，Eco-HDCC 在交互与单一碳化下极限抗拉强度比值小于 1.00，且极限抗拉强度比值随交互次数的增加而降低；交互 1 次～15 次时，Eco-HDCC

在交互与单一碳化下极限延伸率比值小于 1.00，且极限延伸率比值随交互次数的增加而降低。

表 3.7　单一碳化和冻融-碳化交互作用下 Eco-HDCC 的极限抗拉强度和极限延伸率

交互或碳化次数/ 次	极限抗拉强度/ MPa		不同极限抗拉强度下的交互与单一碳化强度比值	极限延伸率/ %		不同极限延伸率下的交互与单一碳化延伸率比值
	交互作用	单一碳化		交互作用	单一碳化	
0	4.57±0.04（0）	4.57±0.04（0）	1.00	2.02±0.05（0）	2.02±0.05（0）	1.00
1	4.89±0.08（7.00%）	4.74±0.05（3.72%）	1.03	1.75±0.05（-13.37%）	1.82±0.11（-9.90%）	0.96
3	5.47±0.04（19.69%）	4.89±0.06（7.00%）	1.12	1.50±0.11（-25.74）	1.67±0.11（-17.33%）	0.90
5	5.10±0.06（11.60%）	5.14±0.07（12.47%）	0.99	1.30±0.08（-35.64）	1.49±0.06（-26.24%）	0.87
10	4.53±0.05（-0.88%）	5.22±0.06（14.22%）	0.87	1.22±0.10（-39.60%）	1.42±0.07（-29.70%）	0.86
15	4.13±0.04（-9.63%）	5.31±0.10（16.19%）	0.78	0.97±0.06（-51.98%）	1.36±0.04（-32.67%）	0.71

注：表中括号内是相比预加载应力水平为 0 且交互次数为 0 时极限抗拉强度和极限延伸率的增加程度，正值代表增加，负值代表降低。

交互或碳化 1 次～3 次时，交互作用下 Eco-HDCC 的极限抗拉强度大于单一碳化作用下的极限抗拉强度，Eco-HDCC 试块在每次经历冻融-碳化交互前需要浸泡在水中 4d，可以为胶凝材料的水化提供有利环境条件，虽然冻融循环会给试块带来损伤，但水化和碳化使 Eco-HDCC 结构密实，导致交互作用下 Eco-HDCC 的极限抗拉强度大于单一碳化下的极限抗拉强度；在交互 3 次时 Eco-HDCC 的基本完全碳化，而且交互 3 次时胶凝材料水化产物数量大于交互 1 次时的水化产物数量，导致交互 3 次时 Eco-HDCC 的极限抗拉强度大于交互 1 次时的极限抗拉强度。交互或碳化 5 次～15 次时，Eco-HDCC 试块主要遭受冻融循环，基体的强度降低，而碳化使 Eco-HDCC 的基体强度增加，导致交互下 Eco-HDCC 的极限抗拉强度低于碳化下的极限抗拉强度；随着交互次数的增加，Eco-HDCC 由于冻融损伤引起的强度降低更明显，导致 Eco-HDCC 的交互与单一碳化下极限抗拉强度比值随交互次数的增加而呈现降低趋势。

随着交互或碳化次数的增加，Eco-HDCC 的极限延伸率均呈降低趋势，由于冻融循环消耗了纤维的部分抗拉强度，纤维的残余抗拉强度降低，导致纤维桥联能力降低，因此，Eco-HDCC 交互作用下的极限延伸率低于单一碳化下的极限延伸率。随着交互次数的增加，Eco-HDCC 遭受冻融循环次数增加，纤维的抗拉强度损伤更为严重，纤维的桥联能力明显降低，导致 Eco-HDCC 的极限延伸率降低程度增加，因此，随着交互或碳化次数的增加，Eco-HDCC 的交互与单一碳化下极限延伸率的比值逐渐降低。

3.4.3 拉伸应变能

能量耗散能力在结构抗震设计中至关重要，它反映结构破坏前能量的吸收能力。本书采用应变能反映 Eco-HDCC 的能量耗散能力，拉伸应变能定义为拉伸应力-应变曲线下的面积，面积的计算范围从初裂点到极限点。面积计算时初始点不选取加载初始点，主要是由于加载初始时试块与设备间的不稳定接触导致初始加载应变不准确，选用初裂点作为计算初始点。

1. 冻融-碳化交互作用下 Eco-HDCC 的拉伸应变能

由于加载制度对 Eco-HDCC 的拉伸性能基本没有影响，采用单调加载方式下 Eco-HDCC 的拉伸应力-应变关系曲线计算应变能。三种预加载拉伸水平下 Eco-HDCC 的应变能如图 3.12 所示，在交互次数 0 次～15 次范围内，随着交互次数的增加，Eco-HDCC 的拉伸应变能逐渐降低，说明拉伸过程中 Eco-HDCC 的能量耗散能力逐渐减弱；当预加载拉伸水平为 0、0.82kN 和 0.60%时，在交互 1 次～3 次时，预加载拉伸水平对 Eco-HDCC 的拉伸应变能影响较小，在交互 5 次～15 次时，预加载拉伸水平越大，Eco-HDCC 的拉伸应变能基本呈降低趋势。

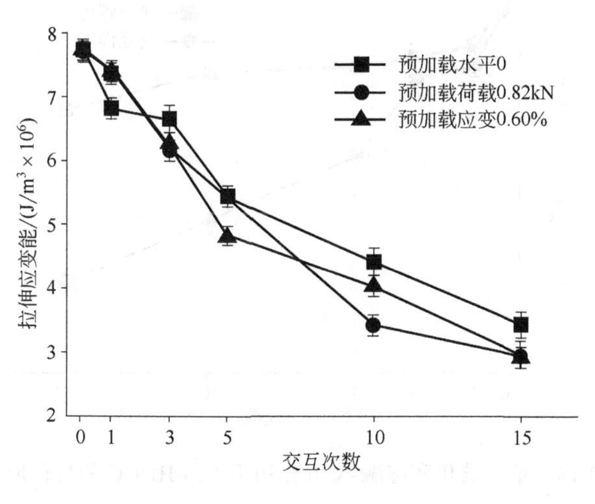

图 3.12　冻融-交互作用下 Eco-HDCC 的拉伸应变能

Eco-HDCC 的拉伸应变能与应力-应变关系下的曲线面积有关，随着交互次数的增加，Eco-HDCC 的极限延伸率逐渐降低，而且极限延伸率的降低趋势明显大于极限抗拉强度，导致 Eco-HDCC 的曲线面积降低，即拉伸应变能降低。在交互 1 次～3 次时，由于 Eco-HDCC 中未水化水泥颗粒的水化反应、粉煤灰的火山灰水化反应和 $Ca(OH)_2$ 的碳化反应使预加载产生的微裂缝具有一定的愈合度，导致预加载拉伸水平对 Eco-HDCC 的极限抗拉强度和极限延伸率影响较小，因此预加载对 Eco-HDCC 的拉伸应力-应变关系下曲线面积影响不大，即交互 1 次～3 次时，预加载对 Eco-HDCC 的拉伸应变能基本无影响。交互 5 次～15 次时，Eco-HDCC 主要遭受冻融损伤，冻融损伤和预加载使 Eco-HDCC 基体结构恶化程度增加，导致预加载拉伸水平增加时 Eco-HDCC 的极限抗拉强度和极限延伸率基本呈降低趋势，Eco-HDCC 的拉伸应力-应变曲线面积大致呈降低趋势，即交互 5 次～15 次时，预加载拉伸水平越大，Eco-HDCC 的拉伸应变能基本呈降低趋势。

2. 单一碳化作用下 Eco-HDCC 的拉伸应变能

单一碳化作用下 Eco-HDCC 的拉伸应变能如图 3.13 所示，在碳化次数 0 次～15 次范围内，随着碳化次数的增加，Eco-HDCC 拉伸应变能逐渐降低。随着碳化次数的增加，Eco-HDCC 的极限抗拉强度增加而极限延伸率降低，但极限延伸率的降低率明显大于极限抗拉强度的增加率，导致 Eco-HDCC 拉伸应力-应变关系曲线面积降低，即随着碳化次数的增加，Eco-HDCC 的拉伸应变能逐渐降低。

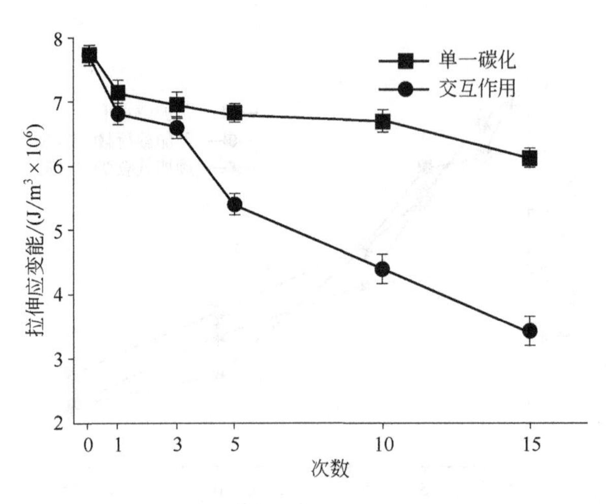

图 3.13　单一碳化和冻融-交互作用下 Eco-HDCC 的拉伸应变能

3. 冻融-碳化交互和单一碳化作用下 Eco-HDCC 的拉伸应变能比较

为了方便比较，图 3.13 中列出了冻融-碳化交互作用下 Eco-HDCC 的拉伸应变能，在交互或碳化次数 0 次～15 次范围内，随着交互或碳化次数的增加，Eco-HDCC 的拉伸应变能逐渐降低，而且交互作用下 Eco-HDCC 拉伸应变能降低趋势更加明显。随着交互或碳化次数的增加，交互作用下 Eco-HDCC 的极限延伸率降低程度大于单一碳化作用下极限延伸率的降低程度，而且交互 5 次～15 次时，交互作用下 Eco-HDCC 的极限抗拉强度降低程度大于单一碳化作用下抗拉强度的降低程度，因此，交互作用下 Eco-HDCC 拉伸应力-应变关系曲线面积逐渐降低，而且降低程度随交互次数的增加而增加，即随着交互或碳化次数的增加，交互作用下 Eco-HDCC 拉伸应变能降低趋势明显大于碳化作用下的拉伸应变能降低趋势。

3.5 冻融-碳化交互作用下 Eco-HDCC 材料的剪切性能

3.5.1 剪切应力-应变关系

Eco-HDCC 的剪切应变是通过应变片读数测得的，待达到峰值剪切荷载后，试块剪切面开裂，应变片读数失效，因此试验中只得到 Eco-HDCC 剪切应力-应变关系曲线的上升段。经历冻融-碳化交互次数后 Eco-HDCC 的剪切应力-应变关系曲线如图 3.14 所示。所有曲线表现出两阶段：线性段和非线性段；随着交互次数的增加，Eco-HDCC 剪切应力-应变曲线线性段斜率逐渐降低；在交互 0 次～5 次时，Eco-HDCC 剪切应力-应变关系上升段出现明显初裂点，而交互 10 次～15 次时，曲线上升段没有初裂点。

在加载初期，Eco-HDCC 试块内部无损伤，剪切应力与应变关系呈现线弹性特点；随着荷载的增加，Eco-HDCC 基体内部损伤逐渐增加，纤维从基体中拔出或者断裂的数量增多，由于基体损伤和纤维拔出的不可恢复性，Eco-HDCC 剪切应力与应变呈现非线性特点，即随着应力的增加，Eco-HDCC 的剪切应变增加趋势明显增加。随着交互次数的增加，试块内部孔结构恶化，试块损伤程度增加刚度减小，导致试块线性段斜率降低。交互 0 次～5 次时，Eco-HDCC 胶凝材料水化和碳化速度较快，水化产物和碳化产物可以部分弥补冻融循环带来的损伤，剪切荷载的增加使试块出现裂缝，此裂缝是指荷载引起的裂缝而非试块内部已有损伤的不断恶化，剪切应力降低，纤维发挥桥联作用，曲线上出现明显的初裂点；交互 10 次～15 次时，Eco-HDCC 胶凝材料水化和碳化速度减慢，在此交互作用范围内，Eco-HDCC 主要经历冻融循环作用，冻融循环带来的损伤明显较大，导致试块内部损伤较严重，随着剪切荷载的增加，试块已有损伤逐渐恶化，曲线上未观察到明显的初裂点，而是曲线上升段斜率缓慢减小。

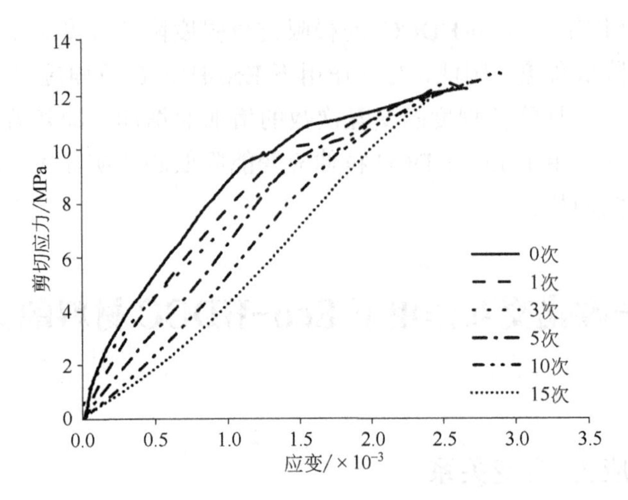

图 3.14 Eco-HDCC 的剪切应力-应变关系曲线

3.5.2 剪切强度和剪切峰值应变

经历不同冻融-碳化交互次数下 Eco-HDCC 的剪切强度和峰值剪切应变见表 3.8。随着交互次数的增加，Eco-HDCC 的剪切强度和峰值剪切应变变化幅度较小，可认为交互次数对 Eco-HDCC 的剪切强度和峰值剪切应变基本无影响。剪切面并非单纯的剪切面，剪切面承受剪切应力、水平方向拉和压应力以及竖向的拉应力，在复杂应力状态下，测试得到的 Eco-HDCC 剪切应力和应变不受交互次数的影响。

表 3.8 Eco-HDCC 的剪切强度和峰值剪切应变

交互次数/ 次	剪切强度/ MPa	峰值剪切应变/ $\times10^{-3}$	拟合参数 n	相关度 R^2
0	12.12±0.75	2.67±0.16	1.67	0.99
1	12.01±0.46	2.45±0.16	2.34	0.99

续表

交互次数/ 次	剪切强度/ MPa	峰值剪切应变/ $\times 10^{-3}$	拟合参数 n	相关度 R^2
3	11.35±0.72	2.30±0.15	2.59	0.98
5	12.32±0.33	2.57±0.14	3.93	0.99
10	12.41±0.99	2.73±0.15	5.31	0.99
15	12.69±0.79	2.89±0.32	20.91	0.99

为了定量表达 Eco-HDCC 剪切应力和应变的关系，参考《混凝土结构设计规范》（GB 50010—2010）[65]中混凝土单轴受压应力-应变关系曲线的上升段拟合公式式（3.3）～式（3.4），根据已有 Eco-HDCC 剪切应力-应变关系数据得到剪切应力与应变的定量关系式。

$$y=\frac{\tau}{\tau_{s,r}} \quad x=\frac{\varepsilon}{\varepsilon_{s,r}} \tag{3.3}$$

$$y=\frac{nx}{n-1+x^{n}} \tag{3.4}$$

式中，τ ——剪切应力；

$\tau_{s,r}$ ——剪切强度；

ε ——剪切应变；

$\varepsilon_{s,r}$ ——峰值剪切应变；

n ——拟合参数；

R^2 ——拟合相关度。

Eco-HDCC 的剪切应力与应变定量关系的拟合参数 n 和拟合相关度 R^2 见表 3.8，n 与 Eco-HDCC 的弹性模量和峰值点的割线模量有关，n 越大说明曲线上升段趋势越平缓，曲线斜率越小。由表 3.8 可知，随着交互次数的增加，Eco-HDCC 的拟合参数值逐渐增加，拟合关系曲线斜率越小，这与试验测试得到的剪切应力-应变关系曲线趋势一致，拟合相关度较高。

3.6 微观结构分析

预加载应力水平为 0 时，Eco-HDCC 试块交互 0 次和 15 次但未进行拉伸试验时的纤维表面状态如图 3.15 所示，交互 0 次时 Eco-HDCC 中纤维表面完整，交互 15 次后 Eco-HDCC 中纤维表面有刮痕。在冻融-碳化交互过程中，当

Eco-HDCC 试块发生冷冻时，由于水结冰体积膨胀，孔结构体积增加，纤维承受拉应力来约束孔结构体积的增加，当试块发生融化时，由于冰融化成水，孔结构体积减小，纤维承担的拉应力将会被释放。因此，在冻融循环过程中，纤维反复承受拉应力-释放拉应力，纤维的刚度低于周围基体的刚度，导致纤维表面有刮痕损伤。交互作用中，纤维表面的刮痕导致纤维的抗拉强度有所损伤，纤维的残余抗拉强度随交互次数的增加而降低。纤维残余抗拉强度的降低导致纤维的桥联能力降低，而较低的纤维桥联能力使 Eco-HDCC 的拉伸和弯曲变形能力降低。

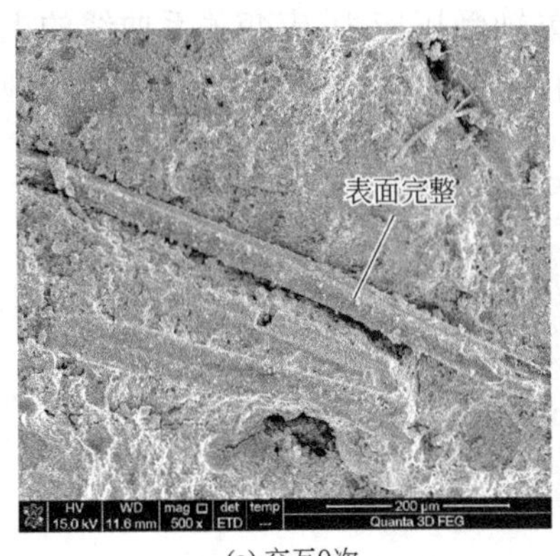

(a) 交互0次

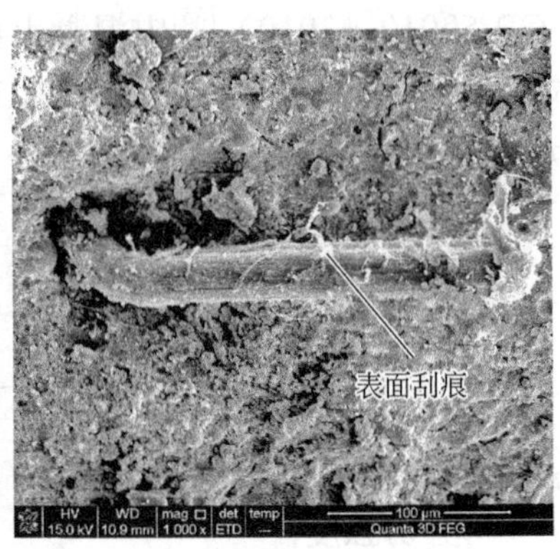

(b) 交互15次

图 3.15　拉伸试验前 Eco-HDCC 中纤维表面状态

3.7　本章小结

基于我国西北环境特点、当量实验室加速试验条件，设计了冻融-碳化交互试验制度，测试了 1、3、5、10 和 15 交互次数下 Eco-HDCC 的碳化前沿、拉伸性能、弯曲性能和剪切性能；并设计单一碳化制度，对比交互作用和单一碳化作用下 Eco-HDCC 的碳化前沿和拉伸性能；最后采用微观测试手段分析了交互作用下 Eco-HDCC 中纤维表面状态和试块不同深度范围内的孔结构。

（1）在交互作用或单一碳化次数 1 次～15 次范围内，随着交互或碳化次数的增加，Eco-HDCC 的碳化前沿逐渐增加，当交互或碳化次数大于等于 3 次时，交互作用下 Eco-HDCC 的碳化前沿大于单一碳化作用下的碳化前沿；弹性范围内（预加载弯曲应力水平 0 和 0.3）的预加载，Eco-HDCC 的碳化前沿基本不受预加载弯曲应力水平的影响，但预加载弯曲应力水平超出弹性范围后，在预加载弯曲应力水平为 0.3～0.7 范围内，随着预加载水平的增加，Eco-HDCC 的碳化前沿呈逐渐增加趋势；Eco-HDCC 碳化前沿范围内孔溶液的 pH 为 11.5 左右。

（2）重复加载方式下 Eco-HDCC 拉伸应力-应变关系曲线的外包络线与单调加载方式下的曲线一致，加载方式对 Eco-HDCC 的极限抗拉强度和极限延伸率基本无影响；在交互 0 次～15 次范围内，随着交互次数的增加，Eco-HDCC 的极限抗拉强度呈现先增加后降低的趋势，而极限延伸率和拉伸应变能逐渐降低；当预加载拉伸水平为 0、0.82kN 和 0.60%时，预加载拉伸水平越大，Eco-HDCC 的极限抗拉强度、极限延伸率和拉伸应变能降低；随着单一碳化次数的增加，Eco-HDCC 的极限抗拉强度逐渐增加，而极限延伸率和拉伸应变能逐渐降低。

（3）在交互 0 次～15 次范围内，随着交互次数的增加，Eco-HDCC 剪切应力-应变曲线线性段斜率逐渐降低；交互次数对 Eco-HDCC 的剪切强度和峰值剪切应变基本无影响。

（4）交互 0 次时 Eco-HDCC 中纤维表面完整，交互 15 次后 Eco-HDCC 中纤维表面有刮痕，纤维的抗拉强度降低，导致纤维的桥联能力降低，而较低的纤维桥联能力时 Eco-HDCC 的拉伸变形能力降低。

第 4 章

BFRP 筋与 Eco-HDCC 的黏结性能

4.1 引言

BFRP 筋与 Eco-HDCC 的黏结性能是保证二者共同协调工作的基础，BFRP 筋黏结锚固长度设计可保证黏结应力的传递，防止 BFRP 筋因黏结应力不足而产生滑移破坏。BFRP 筋与 Eco-HDCC 的黏结性能研究是桥面无缝连接板设计的基础研究，可为 BFRP 筋锚固长度的设计提供试验依据。

本章设计了梁式拉拔和直接拉拔试验测试 BFRP 筋与 Eco-HDCC 的黏结性能，研究 BFRP 筋直径、锚固长度和保护层厚度三种因素对黏结应力-滑移关系的影响；提出定量表达峰值黏结应力和峰值滑移的公式；根据构件表面应变片读数确定合理的 BFRP 筋保护层厚度；参考已有规范中相关 FRP 筋的黏结锚固长度设计公式，计算了 BFRP 筋在 Eco-HDCC 中的黏结锚固长度设计值；最后获得 BFRP 筋与 Eco-HDCC 的黏结应力-滑移本构关系模型。BFRP 筋与 Eco-HDCC 黏结性能的主要研究路线如图 4.1 所示。

4.2 试验方案

4.2.1 BFRP 筋抗拉性能测试

带肋 BFRP 筋选用五种不同直径 8mm、10mm、12mm、14mm 和 16mm 进

行试验，BFRP 筋的外貌尺寸见表 4.1。由于 BFRP 筋刚度较小，进行抗拉试验测试时，采用钢管对 BFRP 筋两端进行锚固处理，每侧锚固长度是 150mm，BFRP 筋拉伸段标距是 200mm。在标距范围内粘贴应变片测试 BFRP 筋的拉应变，BFRP 筋是脆性材料，在拉伸试验过程中，BFRP 筋局部脆性破坏时，应变片失效，但 BFRP 筋还未达到极限抗拉强度值，本书采用试验机记录的荷载来计算 BFRP 筋的抗拉强度，采用试验机夹持端的位移计算 BFRP 筋的拉伸应变。试验加载速度是 0.05mm/min。

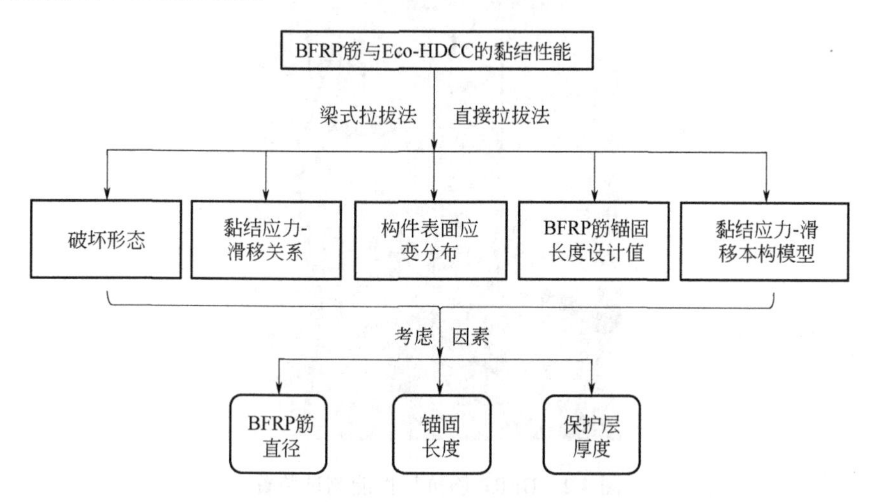

图 4.1　BFRP 筋与 Eco-HDCC 的黏结性能研究路线

表 4.1　BFRP 筋的物理性能　　单位：mm

直径	肋宽	肋高	肋间距
8	2	1.35	12
10	2	1.35	12
12	2	1.35	12
14	2	1.35	12
16	2	1.35	12

4.2.2　梁式拉拔试验方法

1. 构件设计方案

参考文献[53]和文献[54]中有关梁式拉拔试验方法，设计梁式构件尺寸是 100mm×100mm×500mm，BFRP 筋长度是 1m，构件设计龄期是 28d。拉拔梁由两个半梁组成，梁受拉区靠 BFRP 筋连接，受压区靠钢铰连接，采用钢铰使梁力臂明确，可以根据试验荷载计算得到 BFRP 筋拉力。在每部分梁的两端设置 PVC 塑料管作为无黏结区，中间黏结段长度为锚固长度，锚固长度的设计可通过两侧 PVC 管长度调节。梁式构件的具体制备方法可参考本课题组提出的发明专利《基于梁式拉拔试验的筋材增强水泥基复合材料试件的制备方法》[130]，梁式构件的尺寸设计如图 4.3 所示，构件浇筑方向垂直于 BFRP 筋的放置方向。

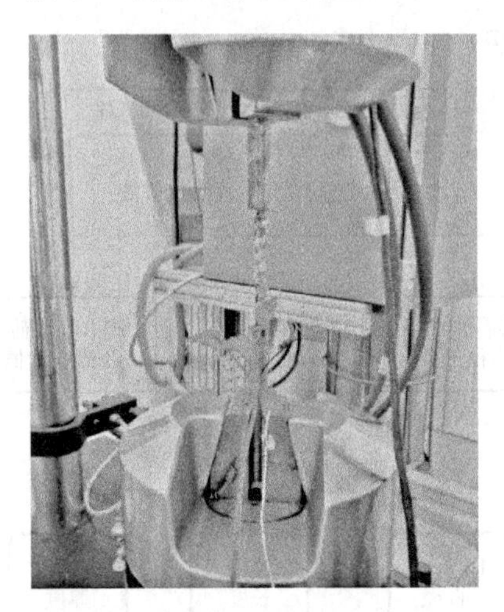

图 4.2 BFRP 筋抗拉性能测试装置

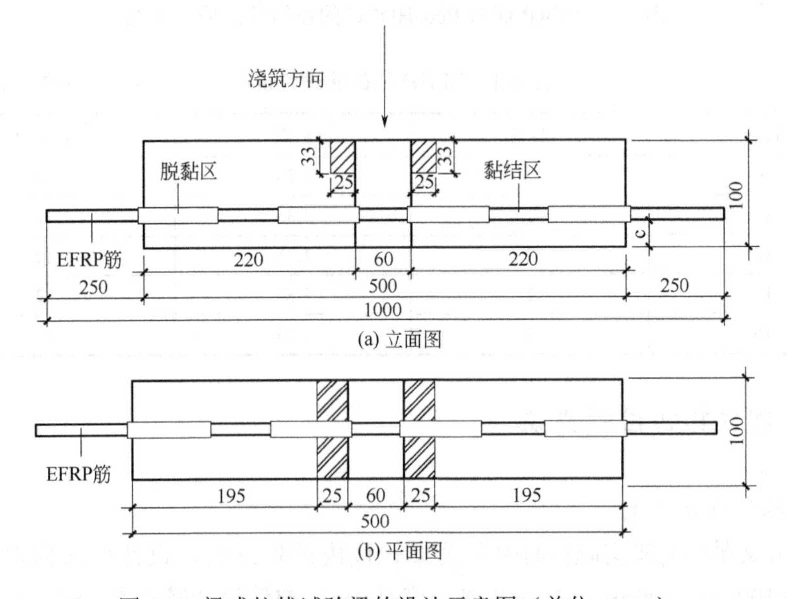

图 4.3 梁式拉拔试验梁的设计示意图（单位：mm）

桥面无缝连接板的厚度一般是 80mm～120mm，连接板位于桥梁负弯矩区，BFRP 筋的直径和保护层厚度是桥面无缝连接板设计的重要参数。《混凝土结构设计规范》(GB 50010—2010) [65]中规定板的最小保护层厚度是 15mm，本书设计 BFRP 筋保护层厚度与 BFRP 筋之和不超过桥面无缝连接板厚度的一半，设计保护层厚度范围为 15mm～35mm。

梁式拉拔试验考虑了三种因素：BFRP 筋直径 *D*（8mm、10mm、12mm、14mm 和 16mm），锚固长度 L（3*D*、5*D*、7*D*、9*D* 和 10*D*）和保护层厚度 *C*（15mm、25mm、30mm 和 35mm）。考虑 BFRP 筋的锚固长度为 3*D*、5*D*、7*D*、9*D* 和 10*D* 时，保护层厚度固定为 25mm；考虑 BFRP 筋的保护层厚度为 15mm、25mm、30mm 和 35mm 时，锚固长度固定为 5*D* 和 10*D*。BFRP 筋与 Eco-HDCC 的梁式黏结性能构件设计方案见表 4.2。

表 4.2　梁式拉拔试验梁构件设计方案

试件编号	*D*/ mm	*L*/ mm	*C*/ mm	试块数量
BFRP-8-L-25-1	8	3*D*，5*D*，7*D*，9*D*，10*D*	25	3
BFRP-8-5D-C-1	8	5*D*	15，25，30，35	3
BFRP-8-10D-C-1	8	10*D*	15，25，30，35	3
BFRP-10-L-25-1	10	3*D*，5*D*，7*D*，9*D*，10*D*	25	3
BFRP-10-5D-C-1	10	5*D*	15，25，30，35	3
BFRP-10-10D-C-1	10	10*D*	15，25，30，35	3
BFRP-12-L-25-1	12	3*D*，5*D*，7*D*，9*D*，10*D*	25	3
BFRP-12-5D-C-1	12	5*D*	15，25，30，35	3
BFRP-12-10D-C-1	12	10*D*	15，25，30，35	3
BFRP-14-L-25-1	14	3*D*，5*D*，7*D*，9*D*，10*D*	25	3
BFRP-14-5D-C-1	14	5*D*	15，25，30，35	3
BFRP-14-10D-C-1	14	10*D*	15，25，30，35	3
BFRP-16-L-25-1	16	3*D*，5*D*，7*D*，9*D*，10*D*	25	3
BFRP-16-5D-C-1	16	5*D*	15，25，30	3
BFRP-16-10D-C-1	16	10*D*	15，25，30	3

注：试件编号，第二个字符是 BFRP 筋直径，第三个字符是锚固长度，第四个字符是保护层厚度，第五个字符 1 是指采用梁式试验方法。

2. 测试方法

采用 MTS-810 设备测试拉拔试验梁，其测试装置如图 4.4 所示。用四点弯曲加载方式，在受拉区纯弯段的 BFRP 筋产生拉应力，此拉应力作为加载端的拉应力。两个加载点之间的距离是150mm，梁的跨长是450mm。由于BFRP筋弹性模量较低，在拉拔过程中，加载端的BFRP筋变形较大，在加载端安装位移计（LVDT）测试加载端的滑移比较困难，因此仅在试验梁的自由端安装LVDT测试自由端的滑移量；在试验梁中部设置LVDT来监测加载过程中梁的挠度变化。在试验梁锚固长度区（5D和10D）对应的Eco-HDCC表面粘贴6个应变片，应变粘贴方向与BFRP筋放置方向平行，测试应变片沿BFRP筋方向的应变，根据应变片的读数变化一方面可以测试梁的初裂荷载，另一方面可以确定合理的保护层厚度，具体保护层厚度确定方法可参考本课题组提出的发明专利《带

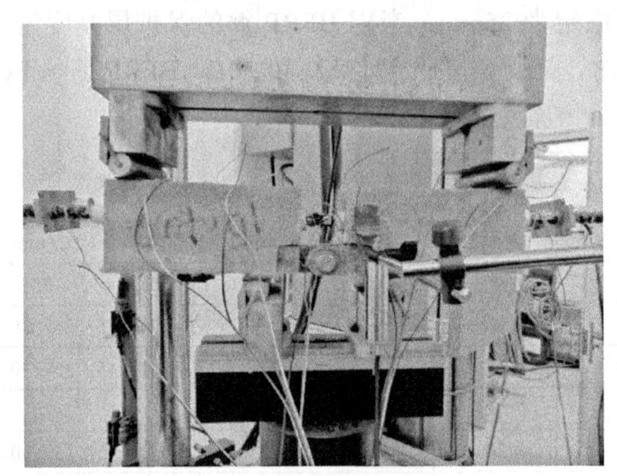

(a) 试验装置

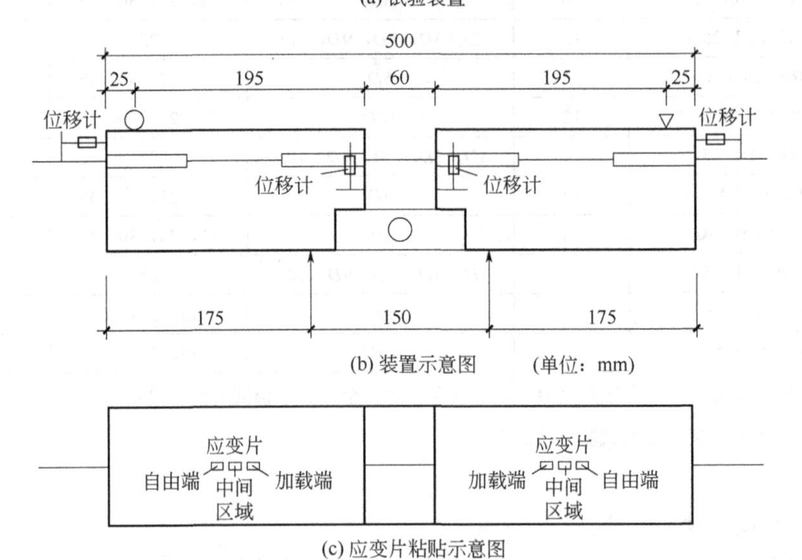

(b) 装置示意图　　(单位：mm)

(c) 应变片粘贴示意图

图4.4　梁式拉拔试验的加载装置及示意图

肋筋材增强水泥基复合材料结构保护层厚度的确定方法》[131]。本章初裂黏结应力是根据加载端应变片读数确定的。当 BFRP 筋锚固长度为 5*D* 时，在构件表面粘贴应变片型号为 BX120-10AA；当 BFRP 筋锚固长度为 10*D* 时，在构件表面粘贴应变片型号为 BX120-20AA。试验梁的加载速度是 0.3mm/min。

4.2.3　直接拉拔试验方法

1. 构件设计方案

为了与梁式拉拔试验法中 BFRP 筋与 Eco-HDCC 的黏结性能作比较，本书设计了直接拉拔试验法。参考文献[51]至文献[53]中有关直接拉拔试验方法，BFRP 筋长度是 400mm，构件尺寸是 150mm×150mm×150mm，设计试验龄期是 28d。BFRP 筋预埋在 Eco-HDCC 构件截面中心位置处，在预埋 BFRP 筋的两端设置 PVC 塑料管作为脱粘区，中间区域为黏结区，黏结区长度为 BFRP 筋的锚固长度，锚固长度的设计通过两段 PVC 管长度调整。

在立方体模具内放置玻璃隔板来设置 BFRP 筋的保护层厚度，BFRP 筋保护层厚度可通过玻璃隔板的尺寸来调节，具体方法可参考本课题组发明专利《基于拉拔模具的带肋筋材增强水泥基复合材料试件制备方法》[132]，直接拉拔构件的尺寸设计示意图如图 4.5 所示，构件浇筑方向垂直于 BFRP 筋的放置方向。

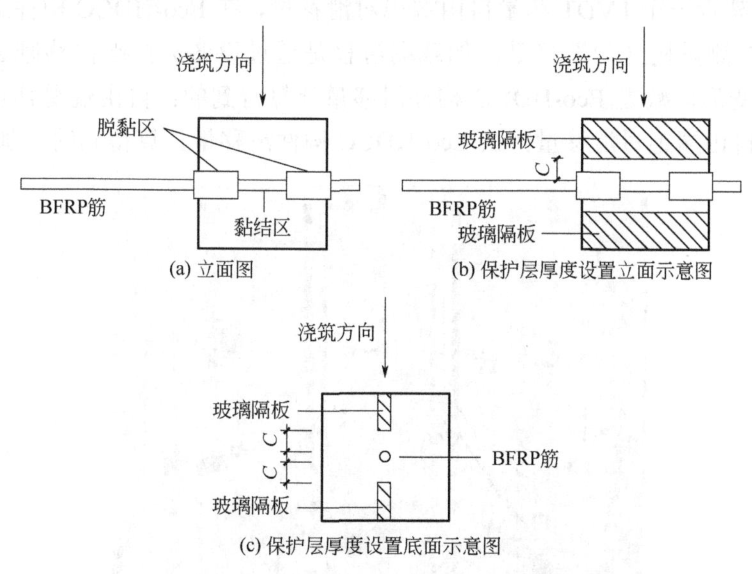

图 4.5　直接拉拔构件的设计示意图

直接拉拔试验考虑了三种因素：BFRP 筋直径（8mm 和 12mm）、锚固长度（3*D*、4*D*、5*D*、6*D* 和 7*D*）和保护层厚度（15mm、25mm、35mm 和 45mm）。考虑 BFRP 筋的锚固长度为 3*D*、4*D*、5*D*、6*D* 和 7*D* 时，不设置玻璃隔板，即不设置保护层厚度；考虑 BFRP 筋的保护层厚度为 15mm、25mm、35mm 和 45mm 时，锚固长度固定为 5*D*。BFRP 筋与 Eco-HDCC 的直接拉拔构件设计方案见表 4.3。

表 4.3　直接拉拔构件设计方案

试件编号	*D*/ mm	*L*/ mm	*C*/ mm	试块数量
BFRP-8-L-71-2	8	3*D*，5*D*，7*D*，9*D*，10*D*	（150-8）/2=71	3
BFRP-8-5D-C-2	8	5*D*	15，25，35，45	3
BFRP-12-L-69-2	12	3*D*，5*D*，7*D*，9*D*，10*D*	（150-12）/2=69	3
BFRP-12-5D-C-2	12	5*D*	15，25，35，45	3

注：试件编号，第二个字符是 BFRP 筋直径，第三个字符是锚固长度，第四个字符是保护层厚度，第五个字符 2 是指直接拉拔试验方法。

2. 测试方法

采用 MTS-810 设备测试直接拉拔构件，其测试装置如图 4.6 所示。在 BFRP 筋自由端架设一个 LVDT 测量自由端绝对滑移量，在 Eco-HDCC 构件上设置一个 LVDT 测量构件的滑移量。加载端滑移是通过设备夹持端位移减去加载端 BFRP 筋变形再减去 Eco-HDCC 构件滑移量计算得到的；自由端滑移量是通过 BFRP 筋自由端绝对滑移量减去 Eco-HDCC 构件滑移量计算得到的，加载端滑

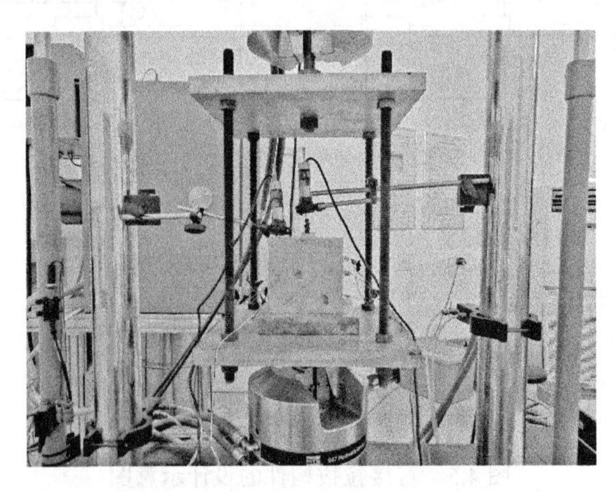

图 4.6　直接拉拔试验的加载装置

移和自由端滑移的具体计算方法可参考文献[133]至文献[135]。直接拉拔试验的加载速率是 0.3mm/min。在实际工程中，BFRP 筋拔出时使 Eco-HDCC 表面受拉。直接拉拔法中未在构件表面粘贴应变片，因为在 BFRP 筋拉拔过程中，Eco-HDCC 构件表面受压，构件表面的应变片读数不能反映 BFRP 筋拉拔力对构件表面的影响。

4.3 梁式拉拔试验结果

BFRP 筋的抗拉性能试验结果见表 4.4，当 BFRP 筋直径在 8mm～16mm 范围内时，随着 BFRP 筋直径的增加，BFRP 筋的极限抗拉强度和弹性模量逐渐增加，而极限拉应变基本不变，BFRP 筋表现出明显的线弹性特点。

表 4.4 BFRP 筋的抗拉性能

直径/ mm	极限抗拉强度/ MPa	极限拉应变/ %	弹性模量/ GPa
8	683.5	1.56	43.8
10	701.2	1.59	44.1
12	716.2	1.60	44.8
14	726.3	1.60	45.4
16	734.5	1.59	46.2

4.3.1 试件破坏形态

BFRP 筋与 Eco-HDCC 的黏结破坏形态如图 4.7 所示，梁式拉拔法下 BFRP 筋与 Eco-HDCC 的黏结破坏模式主要分为三种。

（1）BFRP 筋拔出且 Eco-HDCC 表面完整，BFRP-8-5D-35-1 构件破坏以此模式为主，如图 4.7（a）所示；

（2）BFRP 筋拔出且 Eco-HDCC 劈裂破坏，劈裂裂缝平行于 BFRP 筋方向，BFRP-8-3D-25-1、BFRP-8-5D-25-1 和 BFRP-8-5D-30-1 构件破坏以此模式为主，如图 4.7（b）所示；

（3）BFRP 筋拔出且 Eco-HDCC 劈裂破坏，劈裂裂缝平行或垂直于 BFRP 筋方向，除上述四种构件外，其余构件破坏以此模式为主，如图 4.7（c）所示。

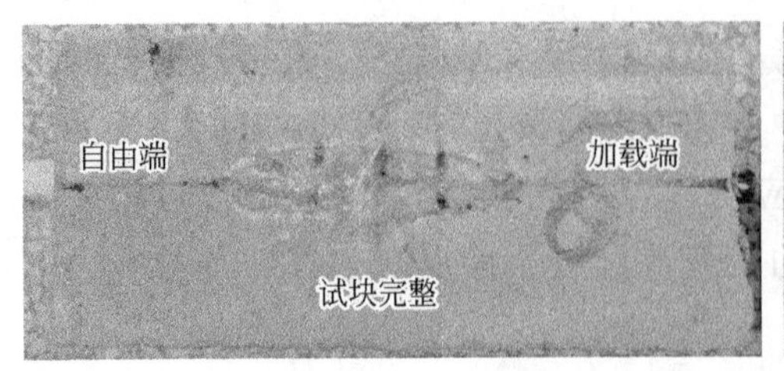

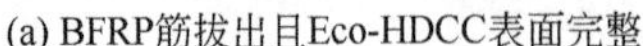
(a) BFRP筋拔出且Eco-HDCC表面完整

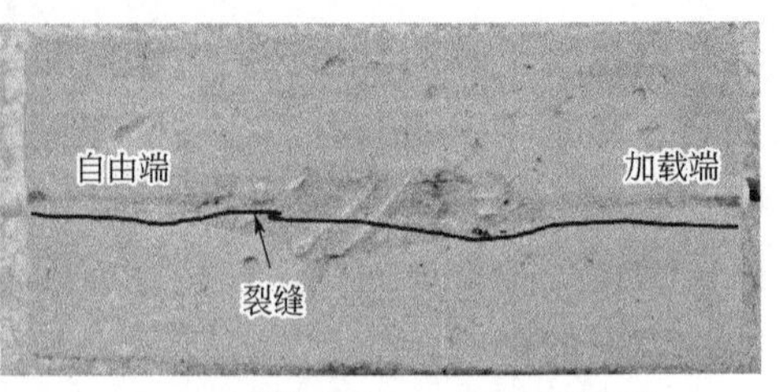

(b) BFRP筋拔出且Eco-HDCC表面出现平行于BFRP筋的劈裂裂缝

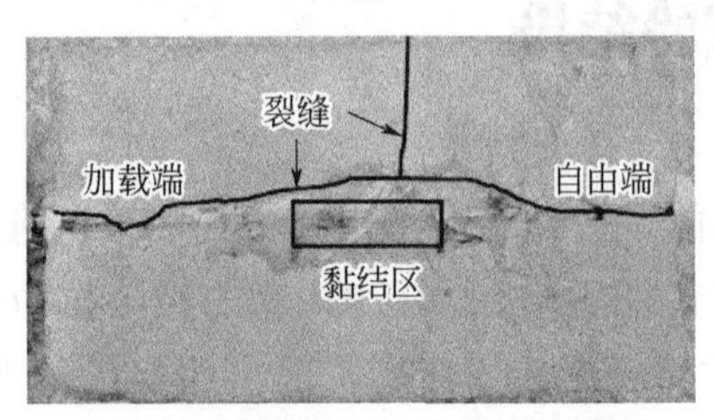

(c) BFRP筋拔出且Eco-HDCC表面出现平行和垂直于BFRP筋的劈裂裂缝

图 4.7 梁式拉拔构件的破坏形态

由 BFRP 筋与 Eco-HDCC 的黏结破坏形态可知，BFRP 筋与 Eco-HDCC 的黏结破坏形态与 BFRP 筋的锚固长度、BFRP 筋直径和保护层厚度有关。当 BFRP 筋的锚固长度和直径较大，且保护层厚度足够大时，BFRP 筋在 Eco-HDCC 中的拉拔力较大。在加载过程中，随着荷载的增加，BFRP 筋的所受的拉拔力逐渐增加，BFRP 筋与 Eco-HDCC 黏结，BFRP 筋将纵向拉拔力转移给周围的 Eco-HDCC，由于 BFRP 筋与 Eco-HDCC 拉伸弹性模量的差异性，导致二者的变形不一致，BFRP 筋逐渐从 Eco-HDCC 中拔出。此外，由于 BFRP 筋的肋对 Eco-HDCC 挤压力的径向分力作用，Eco-HDCC 环向受拉，当 Eco-HDCC 承受的拉应力超过自身的极限抗拉强度时，Eco-HDCC 沿 BFRP 筋肋方向出现劈裂裂缝。当 Eco-HDCC 保护层厚度足够大时，Eco-HDCC 中沿肋方向的劈裂裂缝并未达到试件表面，构件表面呈现完整性特点；当 Eco-HDCC 保护层厚度不足时，在加载端 Eco-HDCC 中沿肋方向的劈裂裂缝到达构件表面，而且裂缝由加载端向自由端发展，裂缝平行于 BFRP 筋方向；当 BFRP 筋拉拔力较大而 Eco-HDCC 保护层厚度严重不足时，在 BFRP 筋拉拔过程中，Eco-HDCC 表面出现沿 BFRP 筋方向的劈裂裂缝，而且 Eco-HDCC 沿肋方向的劈裂裂缝到达构件表面，使 Eco-HDCC 表面出现垂直于 BFRP 筋方向的劈裂裂缝。

4.3.2 黏结应力-滑移关系

对每个构件编号，试验测试了三个构件，为了方便比较，本章从每组构件试件中选取 BFRP 筋与 Eco-HDCC 的黏结应力-滑移关系代表性曲线进行分析，代表性曲线选择原则如下：①如果一组三个构件中的中间峰值黏结应力与最大、最小峰值黏结应力的误差在 15%以内，则选取中间峰值黏结应力对应的黏结应力-滑移关系曲线作为代表性曲线；②如中间峰值黏结应力不符合上述要求，则认为此组数据无效。

BFRP 筋与 Eco-HDCC 的黏结应力-滑移关系曲线如图 4.8 所示，选取直径为 12mm 的 BFRP 筋。黏结应力-滑移关系曲线包含四个阶段：线性段、非线性段、下降段和残余段。梁式拉拔试验中黏结应力-滑移关系中的滑移量是指自由端滑移。

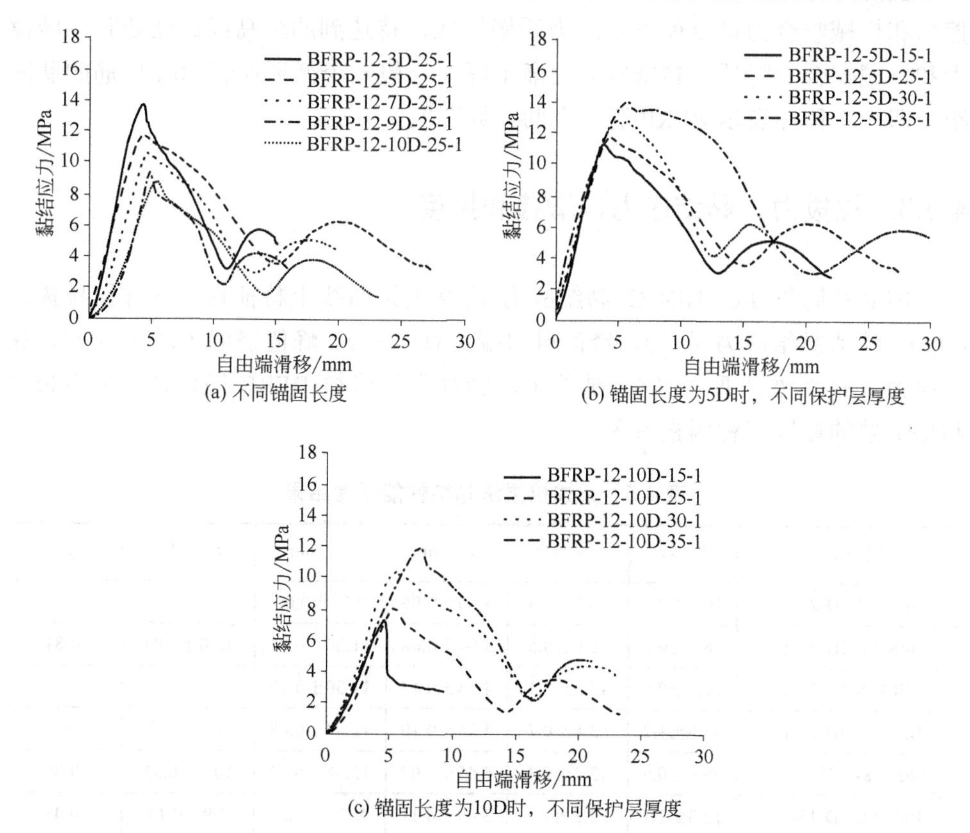

(a) 不同锚固长度

(b) 锚固长度为5D时，不同保护层厚度

(c) 锚固长度为10D时，不同保护层厚度

图 4.8 梁式拉拔法下 BFRP 筋与 Eco-HDCC 的黏结应力-滑移关系曲线

（BFRP 筋直径 12mm）

在加载初始阶段，随着拉拔力的增加，BFRP 筋有从 Eco-HDCC 构件中拔出的趋势，BFRP 筋滑移量很小，BFRP 筋与 Eco-HDCC 的黏结应力与滑移量呈线性关系，此阶段内黏结力主要靠化学黏结力和机械咬合力提供。在 BFRP 筋加载端继续施加拉拔荷载，BFRP 筋逐渐从 Eco-HDCC 中脱粘拔出，脱粘首先发生在加载端，然后逐渐向自由端扩展，由于 BFRP 筋拔出的不可恢复性，BFRP 筋与 Eco-HDCC 的黏结应力-滑移关系曲线呈现非线性特点，此阶段的黏结力主要靠摩擦力和机械咬合力提供。在 BFRP 筋与 Eco-HDCC 的黏结应力达到峰值后，BFRP 筋与 Eco-HDCC 脱粘，BFRP 筋滑移量迅速增加，黏结应力逐渐降低，曲线呈现出下降段，此阶段内 BFRP 筋与 Eco-HDCC 的摩擦力和机械咬合力起主要作用。待黏结力下降到一定程度后，BFRP 筋滑移量明显增加，黏结应力随 BFRP 筋滑移的增加出现循环衰减特点，此阶段称为残余段；BFRP 筋肋与受力方向有一定的夹角，在 BFRP 筋拔出过程中，BFRP 筋肋与 Eco-HDCC 的摩擦力和机械咬合力可以使黏结应力缓慢增加，待达到肋最高或最低处时，摩擦力和机械咬合力降低，黏结应力逐渐下降，一般一个循环代表 BFRP 筋的肋间距，即一个循环表示 BFRP 筋一个肋损坏[134]。

4.3.3 拉拔力、黏结应力、滑移和挠度

BFRP 筋与 Eco-HDCC 黏结应力-滑移关系曲线上特征点——峰值拉拔力（P_u）、峰值黏结应力（τ_u）、峰值自由端滑移（s_u）、峰值挠度（δ_u）和初裂黏结应力（τ_f）数值见表 4.5。曲线上的特征点数值与 BFRP 筋直径、锚固长度和保护层的厚度三种因素有关。

表 4.5 梁式拉拔法黏结性能试验结果

试件编号	P_u / kN	τ_u / MPa	s_u / mm	δ_u / mm	τ_f / MPa	τ_f/τ_u
BFRP-8-3D-25-1	10.1±0.2	16.7±0.3	3.50±0.06	9.72±0.05	—	—
BFRP-8-5D-25-1	16.0±0.5	15.9±0.5	3.94±0.08	11.20±0.13	13.0±0.08	0.81
BFRP-8-7D-25-1	21.0±0.6	14.9±0.4	4.13±0.15	11.30±0.19	—	—
BFRP-8-9D-25-1	25.0±1.2	13.8±0.7	4.26±0.10	12.23±0.08	—	—
BFRP-8-10D-25-1	26.9±0.9	13.4±0.4	4.46±0.07	12.38±0.12	10.7±0.35	0.80
BFRP-8-5D-15-1	12.3±1.1	12.2±1.1	3.49±0.11	8.70±0.07	5.9±0.15	0.48
BFRP-8-5D-30-1	17.0±0.6	16.9±0.6	4.24±0.16	13.03±0.13	14.4±0.11	0.85
BFRP-8-5D-35-1	18.2±0.8	18.1±0.8	5.15±0.09	14.25±0.06	15.3±0.07	0.85

续表

试件编号	P_u / kN	τ_u / MPa	s_u / mm	δ_u / mm	τ_f / MPa	τ_f/τ_u
BFRP-8-10D-15-1	24.5±1.0	12.2±0.5	4.13±0.08	9.15±0.12	4.7±0.07	0.39
BFRP-8-10D-30-1	28.5±0.9	14.2±0.5	4.99±0.15	13.88±0.08	11.9±0.07	0.84
BFRP-8-10D-35-1	29.3±0.8	14.6±0.4	6.03±0.10	15.08±0.07	12.8±0.07	0.88
BFRP-10-3D-25-1	13.9±1.1	14.8±1.2	4.01±0.16	8.59±0.23	—	—
BFRP-10-5D-25-1	20.6±1.0	13.1±0.6	4.12±0.16	8.92±0.08	6.7±0.07	0.51
BFRP-10-7D-25-1	26.8±1.2	12.2±0.6	4.16±0.04	9.18±0.04	—	—
BFRP-10-9D-25-1	30.8±1.3	10.9±0.5	4.21±0.08	9.29±0.03	—	—
BFRP-10-10D-25-1	31.4±0.9	10.0±0.3	5.20±0.08	9.41±0.10	5.1±0.07	0.51
BFRP-10-5D-15-1	18.5±1.1	11.8±0.7	3.63±0.11	7.79±0.06	4.9±0.14	0.42
BFRP-10-5D-30-1	21.5±1.0	13.7±0.6	4.93±0.13	12.36±0.06	9.4±0.14	0.69
BFRP-10-5D-35-1	24.0±0.4	15.3±0.3	6.78±0.23	14.79±0.01	10.9±0.14	0.71
BFRP-10-10D-15-1	30.5±0.9	9.7±0.3	4.51±0.12	8.32±0.08	2.3±0.07	0.24
BFRP-10-10D-30-1	36.1±0.3	11.5±0.1	5.31±0.06	10.36±0.13	6.9±0.14	0.60
BFRP-10-10D-35-1	37.2±0.8	11.8±0.2	7.06±0.12	13.35±0.06	7.3±0.11	0.62
BFRP-12-3D-25-1	18.4±1.2	13.6±0.9	4.31±0.06	8.58±0.06	—	—
BFRP-12-5D-25-1	26.2±0.4	11.6±0.2	4.41±0.13	8.54±0.08	6.3±0.11	0.54
BFRP-12-7D-25-1	33.2±1.2	10.5±0.4	4.67±0.14	8.56±0.07	—	—
BFRP-12-9D-25-1	37.8±0.8	9.3±0.2	4.88±0.07	8.86±0.09	—	—
BFRP-12-10D-25-1	39.2±0.9	8.7±0.1	5.32±0.08	9.63±0.11	3.2±0.09	0.37
BFRP-12-5D-15-1	25.3±1.1	11.2±0.5	3.83±0.04	7.26±0.06	3.1±0.09	0.28
BFRP-12-5D-30-1	28.5±1.2	12.6±0.5	4.88±0.08	10.34±0.08	7.5±0.11	0.60
BFRP-12-5D-35-1	31.2±1.6	13.8±0.7	5.83±0.04	9.27±0.13	9.3±0.11	0.67
BFRP-12-10D-15-1	33.0±2.0	7.3±0.4	4.63±0.05	8.31±0.17	2.1±0.09	0.29
BFRP-12-10D-30-1	46.6±1.5	10.3±0.3	5.53±0.10	10.51±0.11	5.4±0.10	0.52
BFRP-12-10D-35-1	53.4±1.4	11.8±0.3	7.52±0.11	13.25±0.13	6.9±0.09	0.58
BFRP-14-3D-25-1	22.6±0.7	12.2±0.4	4.27±0.10	6.79±0.13	—	—
BFRP-14-5D-25-1	28.9±0.6	9.4±0.2	4.60±0.03	8.04±0.13	4.8±0.13	0.51
BFRP-14-7D-25-1	34.9±0.9	8.1±0.2	4.72±0.11	8.13±0.13	—	—
BFRP-14-9D-25-1	39.8±0.5	7.2±0.1	5.19±0.09	8.35±0.13	—	—
BFRP-14-10D-25-1	41.2±0.8	6.7±0.1	5.20±0.09	8.41±0.06	2.9±0.08	0.43

续表

试件编号	P_u / kN	τ_u / MPa	s_u / mm	δ_u / mm	τ_f / MPa	τ_f/τ_u
BFRP-14-5D-15-1	26.7±1.4	8.7±0.4	2.13±0.08	6.27±0.07	2.9±0.16	0.33
BFRP-14-5D-30-1	35.4±1.3	11.5±0.4	4.63±0.11	8.84±0.11	6.7±0.12	0.58
BFRP-14-5D-35-1	38.5±1.2	12.5±0.4	5.84±0.10	9.20±0.13	8.6±0.12	0.69
BFRP-14-10D-15-1	40.6±0.9	6.6±0.1	3.64±0.06	8.18±0.09	1.7±0.08	0.26
BFRP-14-10D-30-1	48.7±1.1	7.9±0.2	5.42±0.10	8.99±0.08	4.5±0.11	0.57
BFRP-14-10D-35-1	54.3±1.1	8.8±0.2	5.93±0.07	9.23±0.06	6.4±0.10	0.73
BFRP-16-3D-25-1	25.6±0.8	10.6±0.4	4.41±0.11	5.72±0.04	—	—
BFRP-16-5D-25-1	35.8±0.8	8.9±0.2	4.89±0.07	7.09±0.08	4.3±0.09	0.48
BFRP-16-7D-25-1	45.0±1.3	8.0±0.2	5.13±0.07	8.11±0.08	—	—
BFRP-16-9D-25-1	47.0±2.0	6.5±0.3	5.21±0.06	8.20±0.09	—	—
BFRP-16-10D-25-1	50.6±1.3	6.3±0.2	5.61±0.04	7.33±0.08	2.4±0.10	0.38
BFRP-16-5D-15-1	30.1±2.1	7.5±0.5	3.95±0.04	6.25±0.06	2.4±0.06	0.32
BFRP-16-5D-30-1	42.2±2.4	10.5±0.6	4.98±0.07	7.23±0.06	5.0±0.08	0.48
BFRP-16-10D-15-1	42.6±3.5	5.3±0.4	3.77±0.06	6.69±0.06	1.3±0.06	0.25
BFRP-16-10D-30-1	53.9±1.3	6.7±0.2	5.93±0.05	7.34±0.06	3.7±0.12	0.55

1. BFRP 筋直径对拉拔力、黏结应力、滑移和挠度的影响

当BFRP筋直径在8mm～16mm范围内时，随着BFRP筋直径的增加，BFRP筋与Eco-HDCC间的峰值拉拔力和峰值自由端滑移逐渐增加，而峰值黏结应力、峰值挠度、初裂黏结应力和初裂黏结应力与峰值黏结应力的比值呈现降低趋势，如图4.9所示。

随着BFRP筋直径的增加，BFRP筋与Eco-HDCC的接触面积增加，需要更大的拉拔力才能将BFRP筋逐渐拔出，因此峰值拉拔力呈现增加趋势。峰值拉拔力的增加，使BFRP筋自由端的滑移量增加。BFRP筋增强Eco-HDCC构件的挠度与梁的刚度有关，直径较大时，梁的刚度增加，导致梁的变形能力较差，梁的峰值挠度降低。

关于峰值黏结应力随BFRP筋直径增加而降低的原因主要由以下几方面解释。首先，为获得相同的黏结应力，直径较大的BFRP筋需要较长的黏结锚固长度，荷载由加载端逐渐向自由端传递，黏结应力在锚固段范围内是非线性分布，锚固长度越大，黏结应力的非线性越明显，平均黏结应力越低，导致峰值黏结应力随直径的增加而减小[136-137]；由于剪切滞后效应，BFRP筋表面变形量大于内部变形量，应力分布沿截面是不均匀的，而且BFRP筋直径越大，剪切滞后效应越明显，导致峰值黏结应力降低[138]；由于泊松效应，在拉拔过程中BFRP筋径

向收缩，BFRP 筋与 Eco-HDCC 间的摩擦和机械咬合力逐渐降低，直径越大，径向收缩越明显，摩擦和机械咬合力降低程度越明显，导致峰值黏结应力随直径增加而降低[55]；由于尺寸效应，BFRP 筋直径越大，BFRP 筋与 Eco-HDCC 的接触面积越大，接触面上的缺陷增加，导致峰值黏结应力呈降低趋势。

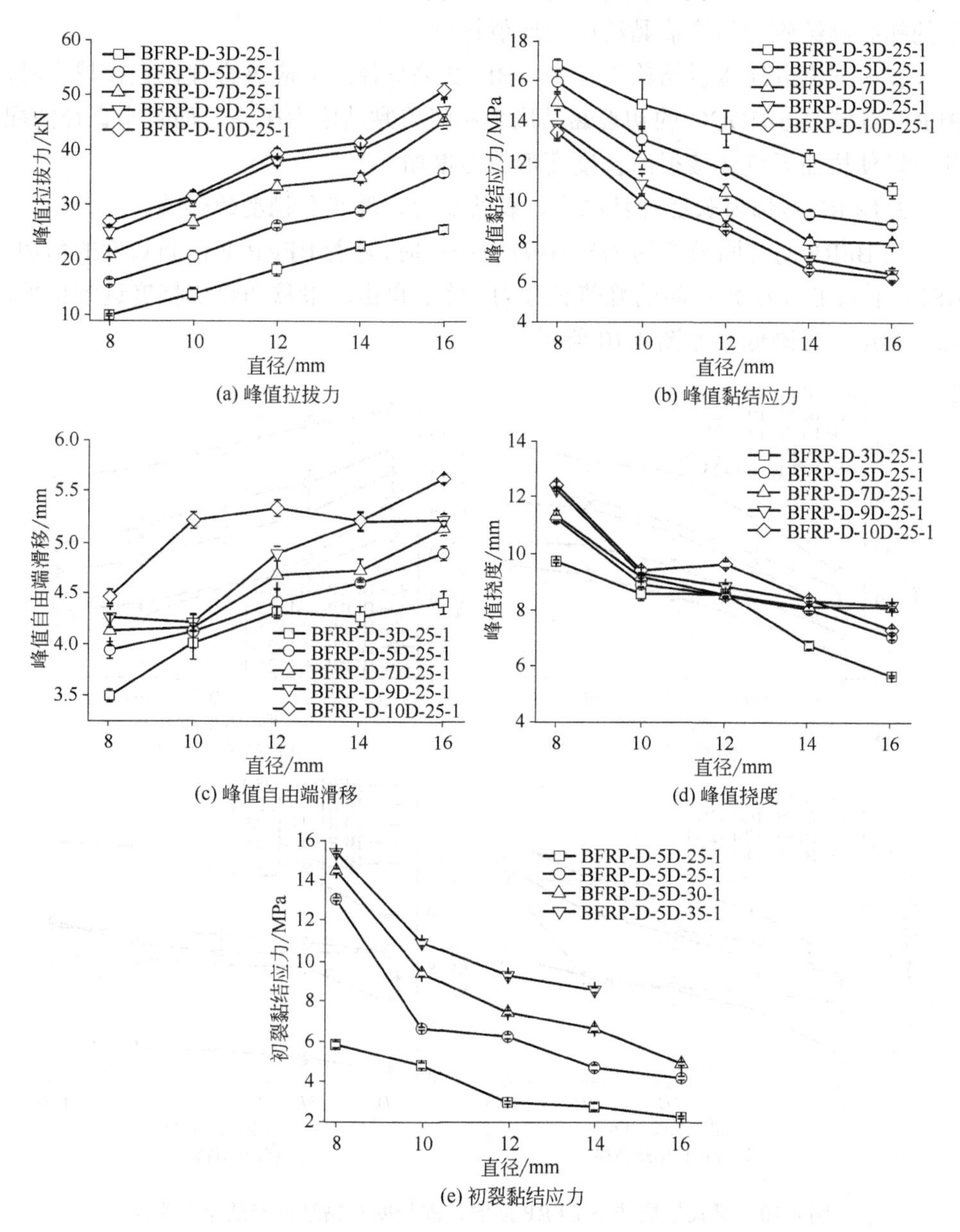

图 4.9 梁式拉拔法下 BFRP 筋直径对黏结性能结果的影响

随着 BFRP 筋直径的增加，BFRP 筋与 Eco-HDCC 间的摩擦和机械咬合力降低程度越明显，而且 BFRP 筋与 Eco-HDCC 的接触面缺陷增加，导致 Eco-HDCC 构件表面的初裂黏结应力呈降低趋势，而且初裂黏结应力对 BFRP 筋与 Eco-HDCC 间的摩擦、机械咬合力和接触面缺陷更为敏感，导致较大直径下的初裂黏结应力与峰值黏结应力比值较小。

在桥面无缝连接板结构设计中，BFRP 筋直径选取应该合理，直径越小时，BFRP 筋与 Eco-HDCC 的初裂黏结应力和峰值黏结应力越高，而且小直径的配筋可以使桥面无缝连接板的挠度变形能力增加。

2. BFRP 筋锚固长度对拉拔力、黏结应力、滑移和挠度的影响

当 BFRP 筋锚固长度为 3*D*～10*D* 范围内时，随着 BFRP 筋锚固长度的增加，BFRP 筋与 Eco-HDCC 间的峰值拉拔力、峰值自由端滑移和峰值挠度逐渐增加，峰值黏结应力降低，如图 4.10 所示。

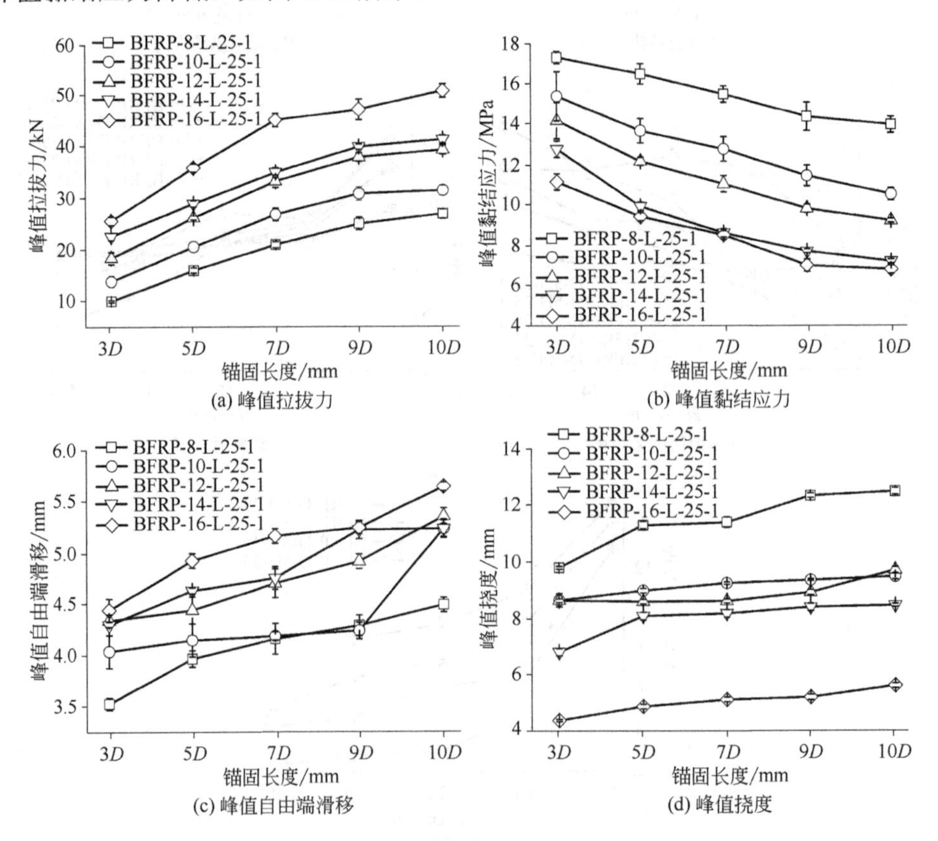

(a) 峰值拉拔力　(b) 峰值黏结应力

(c) 峰值自由端滑移　(d) 峰值挠度

图 4.10　梁式拉拔法下 BFRP 筋的锚固长度对黏结性能结果的影响

当BFRP筋锚固长度较大时，需要更大的拉拔力才能将BFRP筋拔出，因此随着锚固长度的增加，峰值拉拔力呈增加趋势。随着拉拔力的增加，BFRP筋伸长量增加，BFRP筋逐渐从Eco-HDCC中滑移，BFRP筋的滑移量随拉拔力的增加而增加。BFRP筋较大的锚固长度可以阻止BFRP筋从Eco-HDCC中滑移，从而保证BFRP筋与Eco-HDCC优越的黏结性能，当BFRP筋锚固长度较大时，拉拔力增加，使梁的峰值挠度变形增加。BFRP筋拉拔力由加载端向自由端传递，黏结应力沿锚固长度分布不均匀，此效应可称为拱效应，当锚固长度较长时，高应力区相对较短，导致峰值黏结应力较低；由于尺寸效应，当锚固长度较大时，BFRP筋与Eco-HDCC的接触面上缺陷增加，峰值黏结应力下降。

3. BFRP筋保护层厚度对拉拔力、黏结应力、滑移和挠度的影响

当BFRP筋保护层厚度在15mm～35mm范围内时，随着保护层厚度的增加，BFRP筋与Eco-HDCC间的峰值拉拔力、峰值黏结应力、峰值自由端滑移、峰值挠度、初裂黏结应力和初裂黏结应力与峰值黏结应力的比值逐渐增加，如图4.11所示。

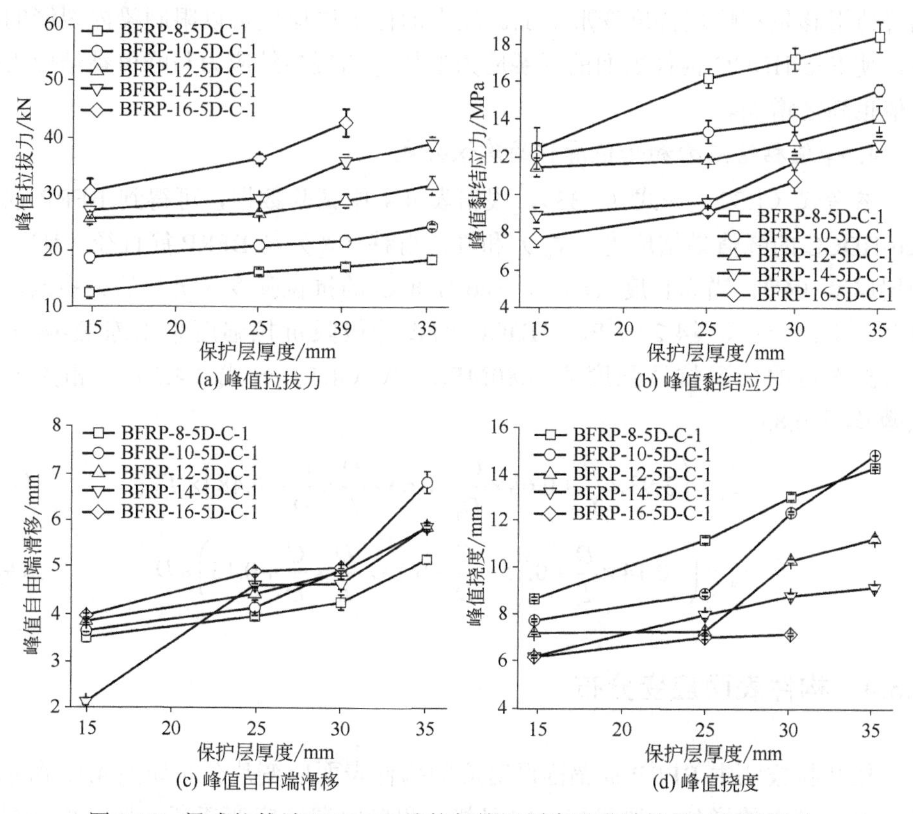

图4.11　梁式拉拔法下BFRP筋的保护层厚度对黏结性能结果的影响

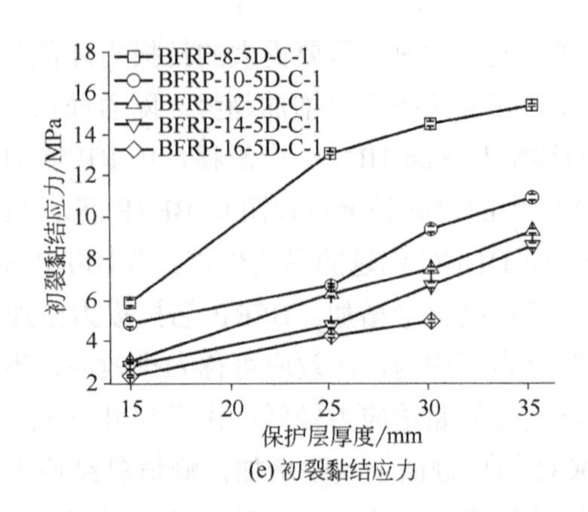

(e) 初裂黏结应力

图 4.11 梁式拉拔法下 BFRP 筋的保护层厚度对黏结性能结果的影响（续）

BFRP 筋的径向裂缝从 BFRP 筋表面向 Eco-HDCC 试块表面传递，当保护层厚度较大时，梁内部裂缝传播路径延长，限制了裂缝的扩展，导致 BFRP 筋与 Eco-HDCC 间的峰值拉拔力和峰值黏结应力增加。拉拔力的增加，使 BFRP 筋峰值滑移量和峰值挠度变形增加。较大的保护层厚度可以限制梁内裂缝的扩展，使 Eco-HDCC 构件表面的开裂应力增加，初裂黏结应力与峰值黏结应力的比值也随之增加。

4. 峰值黏结应力和峰值滑移的建议公式

参考式（1.32）～式（1.33），根据表 4.4 中试验数据，可得到 BFRP 筋与 Eco-HDCC 的峰值黏结应力（τ_u）和峰值滑移（s_u）与 BFRP 筋直径（D）、保护层厚度（C）、锚固长度（L）和 Eco-HDCC 的抗拉强度（f_t）的关系式，计算式（4.1）～式（4.2），Eco-HDCC 的设计极限抗拉强度采用冻融-碳化交互 15 次后的极限抗拉强度值 3.80MPa，式（4.1）～式（4.2）中相关拟合系数均是 0.85。

$$\tau_u=\left(3.93\times\frac{D}{L}+0.68\times\frac{C}{D}+0.63\times\frac{D}{L}\times\frac{C}{D}+0.48\right)\times f_t \tag{4.1}$$

$$s_u=\left(-0.14\times\frac{D}{L}+0.15\times\frac{C}{D}-0.13\times\frac{D}{L}\times\frac{C}{D}+0.15\right)\times D \tag{4.2}$$

4.3.4 构件表面应变分布

梁式拉拔法中 BFRP 筋锚固区对应的构件表面应变片分布如图 4.12 所示，随着黏结应力的增加，加载端、中间部位和自由端的应变逐渐增加，加载端应变大于中间部位和自由端的应变。由于在 BFRP 筋拔出过程中，拉拔力由加载端转移到自由端，因此由加载端到自由端，应变逐渐减小。由于加载端应变数值较大，根据加载端应变片读数的突变点，作为初裂黏结应力。

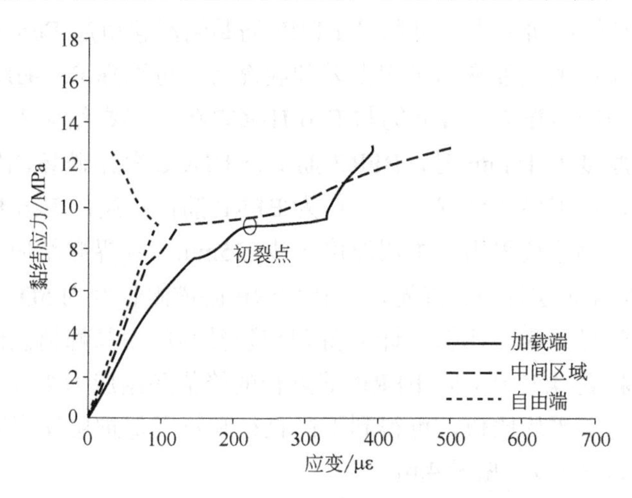

图 4.12　BFRP-12-5D-35-1 构件表面的黏结应力-应变关系

4.3.5　Eco-HDCC 中 BFRP 筋的锚固长度设计建议

参考 FRP 筋混凝土相关文献中文献[66]和文献[67]规定的 FRP 筋的锚固长度计算公式式（1.35）～式（1.36），计算 BFRP 筋在 Eco-HDCC 中的锚固长度，并选取计算值中较大值作为 BFRP 筋的锚固长度。

1. 文献[66]中 L_{e1} 锚固长度计算值

BFRP 筋的抗拉强度设计值（f_{fd}）的计算可参考式（4.3）[67]，其中 f_{fk} 是 BFRP 筋的极限抗拉强度标准值，γ_{fc} 是 BFRP 筋的徐变断裂系数，取值为 2.0，γ_e 是 BFRP 筋的环境影响因子，取值为 1.2。

$$f_{fd}=\frac{f_{fk}}{\gamma_{fc}\gamma_e} \tag{4.3}$$

由于 BFRP 筋的弹性模量较低，在拉拔过程中 BFRP 筋的拉伸变形和滑移量较大，因此在锚固长度设计中需要考虑 BFRP 筋的滑移量限制。BFRP 筋的滑移量修正系数（k_s），可通过式（1.34）中的黏结应力（τ）来限制，采用临界黏结应力（τ_c）替换黏结应力（τ），以此作为滑移量的限制因素。当采用临界黏结应力时，k_s 可取值 1.0。

Eco-HDCC 桥面无缝连接板暴露在外界环境中，遭受季节性温度、收缩和荷载等引起的变形，而且已有研究表明 Eco-HDCC 的变形主要用来承担相邻混凝土铺装层温差和收缩引起的变形，荷载引起的变形很小。因此在 BFRP 筋与 Eco-HDCC 黏结性能研究中，可假设 BFRP 筋黏结滑移引起 Eco-HDCC 变形很小，将 Eco-HDCC 的主要变形承担温差和收缩等。可选择 Eco-HDCC 初裂应变对应的初裂黏结应力作为 BFRP 筋与 Eco-HDCC 的临界黏结应力。

当保护层厚度为 15mm 时，BFRP 筋 Eco-HDCC 黏结破坏比较严重，初裂黏结应力较低，保护层厚度越小时，作为 BFRP 筋保护层的 Eco-HDCC 浇筑质量较差，因此本书建议采用保护层厚度至少 25mm。临界黏结应力的计算区分 BFRP 筋直径和保护层厚度。首先，基于 BFRP 筋锚固长度为 5D 和 10D 时初裂黏结应力与峰值黏结应力比值，计算得到初裂黏结应力与峰值黏结应力的平均比值；然后，将表 4.5 中不同 BFRP 筋直径的峰值黏结应力乘以初裂黏结应力与峰值黏结应力的平均比值，可得到不同直径和不同保护层厚度下 Eco-HDCC 的临界黏结应力（τ_c），见表 4.6。

由表 4.6 可知，在 BFRP 筋保护层厚度（C）为 25mm～35mm 范围内，随着保护层厚度的增加，临界黏结应力逐渐增加，在 BFRP 筋锚固长度设计中，临界黏结应力增加时，BFRP 筋的锚固长度较小。本书选用保护层的厚度至少为 25mm，选用保护层厚度 25mm 对应的临界黏结应力来计算 BFRP 筋锚固长度，计算值是安全保守的。

表 4.6 试件的初裂黏结应力与峰值黏结应力平均比值和临界黏结应力（τ_c）

项目	直径				
	8mm	10mm	12mm	14mm	16mm
平均比值（C=25mm）	0.81	0.51	0.46	0.47	0.43
τ_c（C=25mm）	12.1	6.2	4.9	4.1	3.5
平均比值（C=30mm）	0.85	0.65	0.56	0.58	0.52
τ_c（C=30mm）	13.3	8.2	6.4	5.6	4.5
平均比值（C=35mm）	0.87	0.67	0.63	0.71	—
τ_c（C=35mm）	14.3	9.1	8.1	7.6	—

桥面无缝连接板的厚度是 80mm～120mm，考虑到较小保护层厚度时，BFRP 筋与 Eco-HDCC 间的黏结破坏严重，初裂黏结应力较小，而且作为 BFRP 筋保

护层的 Eco-HDCC 浇筑质量较差。当保护层的厚度为 25mm 时，初裂黏结应力较高，当保护层厚度较大时，BFRP 筋的有效截面降低，削弱了连接板的承载力。综合考虑，本书建议 Eco-HDCC 的保护层厚度至少为 25mm，而且当保护层厚度大于等于 25mm 时，BFRP 筋的保护层厚度修正系数 k_c 取值为 1.0。

BFRP 筋放置在桥面无缝连接板上部，Eco-HDCC 的浇筑质量决定了保护层的质量。由于 Eco-HDCC 配合比中砂子最大粒径是 1.18mm，材料比较均匀，不会有明显的骨料分层现象，当保护层厚度大于等于 25mm 时，Eco-HDCC 浇筑质量对 BFRP 筋的放置位置无影响，BFRP 筋的配筋位置修正系数 k_p 取为 1.0。

参考式（1.35）以及各修正因子的取值，确定 L_{e1} 锚固长度见表 4.7。

表 4.7　梁式拉拔法下 BFRP 筋锚固长度设计值

D / mm	f_{fd} / MPa	τ_c / MPa	L_{eb} / mm	L_{e1} / mm	L_{e2} / mm	L_e / mm
8（$C \geqslant$ 25mm）	284.8	12.1	47	47	75	80（10D）
10（$C \geqslant$ 25mm）	292.2	6.2	118	118	96	120（12D）
12（$C \geqslant$ 25mm）	298.4	4.9	183	183	118	190（16D）
14（$C \geqslant$ 25mm）	302.6	4.1	258	258	139	260（19D）
16（$C \geqslant$ 25mm）	306.0	3.5	350	350	161	350（22D）

注：C 为保护层厚度；D 为 BFRP 筋直径；f_{fd} 为 BFRP 筋抗拉强度设计值；τ_c 为临界黏结应力；L_{eb} 为基本锚固长度；L_{e1} 为参考文献[66]计算的锚固长度；L_{e2} 为参考文献[67]计算的锚固长度；L_e 为锚固长度建议值。

2.文献[67]中 L_{e2} 锚固长度计算值

参考 FRP 筋混凝土相关规范[67]规定的 FRP 筋的锚固长度计算公式（1.36），锚固长度计算仅与 BFRP 筋抗拉强度、Eco-HDCC 的抗拉强度和 BFRP 筋直径有关，BFRP 筋锚固长度计算值见表 4.7。

选取 L_{e1} 和 L_{e2} 中较大值作为 BFRP 筋的锚固长度设计值 L_e，见表 4.7。随着直径的增加，BFRP 筋在 Eco-HDCC 中的锚固长度设计值也呈现增加趋势。

4.3.6　黏结应力-滑移模型

为了定量表达 BFRP 筋与 Eco-HDCC 间的黏结应力-滑移关系，参考已有文献[60]、文献[65]、文献[68]至文献[70]中提出的筋材与混凝土的黏结应力-滑移本构关系模型，根据本书测试的试验数据，得到 BFRP 筋与 Eco-HDCC 的黏结应力-滑移本构关系中的拟合参数。

通过拟合模型与试验数据的比较，最后确定 BFRP 筋与 Eco-HDCC 间的黏结应力-滑移关系曲线上升段采用 CMR 模型[68]中建议的式（1.51）进行拟合，下降段关系曲线的拟合可采用 GB 50010—2010[65]中建议的式（1.46），残余段关系曲线采用郝庆多[70]提出的式（1.57）。BFRP 筋与 Eco-HDCC 间的黏结应力-滑移本构关系拟合参数（a_1、b_1、k_j、c_1、ξ、w、c_2）和拟合相关度（R^2）见表 4.8。

表 4.8 梁式拉拔法下 BFRP 筋与 Eco-HDCC 间的黏结应力-滑移本构关系拟合结果

试件编号	上升段			下降段		残余段				
	a_1	b_1	R^2	k_j	R^2	c_1	ξ	w	c_2	R^2
BFRP-8-3D-25-1	0.80	2.96	0.990	−1.74	0.961	3.72	−0.26	−0.57	6.35	0.900
BFRP-8-5D-25-1	0.63	5.18	0.991	−2.75	0.954	3.03	0.16	0.85	5.64	0.999
BFRP-8-7D-25-1	1.65	1.31	0.965	−2.20	0.956	1.79	0.02	1.91	−2.75	0.992
BFRP-8-9D-25-1	0.84	3.52	0.989	−1.52	0.734	3.71	0.41	0.56	2.31	0.994
BFRP-8-10D-25-1	1.71	1.05	0.987	−0.93	0.881	3.12	−0.25	−0.78	2.43	0.999
BFRP-8-5D-15-1	0.29	29.8	0.959	−0.80	0.918	101.7	2.23	0.15	103.5	0.989
BFRP-8-5D-30-1	0.30	26.9	0.971	−2.65	0.951	1.88	0.20	1.19	2.11	0.959
BFRP-8-5D-35-1	1.42	1.25	0.997	−2.24	0.977	—	—	—	—	—
BFRP-8-10D-15-1	1.08	3.28	0.984	−0.88	0.980	1.21	0.002	0.87	215.5	0.941
BFRP-8-10D-30-1	1.77	1.32	0.967	−1.33	0.81	4.75	−0.63	−0.60	3.37	0.984
BFRP-8-10D-35-1	1.80	2.09	0.991	—	—	—	—	—	—	—
BFRP-10-3D-25-1	0.83	3.24	0.982	−1.34	0.734	8.65	0.25	1.35	17.22	0.959
BFRP-10-5D-25-1	1.48	0.90	0.986	−2.06	0.897	5.70	0.42	1.04	6.72	0.994
BFRP-10-7D-25-1	1.12	1.71	0.990	−0.98	0.905	2.16	0.17	0.52	4.21	0.974
BFRP-10-9D-25-1	1.08	2.95	0.990	−1.55	0.911	2.02	0.25	1.27	1.26	0.997
BFRP-10-10D-25-1	1.28	4.34	0.986	−0.85	0.891	3.44	0.44	0.69	2.73	0.958
BFRP-10-5D-15-1	1.30	0.88	0.983	−0.64	0.988	1.31	0.04	0.36	6.72	0.992
BFRP-10-5D-30-1	1.33	3.67	0.986	−0.92	0.981	1.21	0.0006	0.695	582.41	0.921
BFRP-10-5D-35-1	1.74	3.44	0.950	−1.15	0.740	0.61	0.18	1.73	-0.03	0.838
BFRP-10-10D-15-1	1.07	6.25	0.978	−1.31	0.909	8.24	0.81	0.83	8.75	0.989

续表

试件编号	上升段			下降段		残余段				
	a_1	b_1	R^2	k_j	R^2	c_1	ξ	w	c_2	R^2
BFRP-10-10D-30-1	1.44	3.32	0.984	−1.11	0.985	61.39	2.82	0.19	61.78	0.998
BFRP-10-10D-35-1	1.78	2.22	0.992	−1.11	0.985	−0.16	1.35	−0.58	0.19	0.999
BFRP-12-3D-25-1	1.02	4.37	0.989	−1.56	0.981	12.85	1.08	0.61	12.64	0.997
BFRP-12-5D-25-1	1.27	2.35	0.980	−0.72	0.960	12.78	0.88	0.36	13.34	0.993
BFRP-12-7D-25-1	1.25	4.40	0.978	−0.83	0.953	56.81	2.24	0.19	57.74	0.998
BFRP-12-9D-25-1	0.98	17.97	0.968	−1.12	0.928	—	—	—	—	—
BFRP-12-10D-25-1	1.27	7.18	0.977	−0.79	0.984	15.23	1.09	0.4	15.82	0.990
BFRP-12-5D-15-1	1.00	3.67	0.988	−0.84	0.970	8.61	0.77	0.46	9.30	0.976
BFRP-12-5D-30-1	1.34	2.22	0.985	−0.94	0.895	0.83	0.0005	−1.10	−182.3	0.994
BFRP-12-5D-35-1	1.99	1.23	0.984	−0.63	0.855	3.71	0.32	0.35	4.17	0.999
BFRP-12-10D-15-1	1.25	4.49	0.980	−4.12	0.883	—	—	—	—	—
BFRP-12-10D-30-1	1.43	4.03	0.981	−0.67	0.956	8.04	1.03	0.37	7.41	0.991
BFRP-12-10D-35-1	2.03	3.30	0.985	−1.03	0.977	−0.53	1.03	−0.65	0.72	0.994
BFRP-14-3D-25-1	1.34	2.65	0.977	−0.51	0.928	3.30	0.38	0.43	3.87	0.982
BFRP-14-5D-25-1	1.52	2.47	0.963	−0.42	0.906	8.99	0.86	0.34	8.96	0.993
BFRP-14-7D-25-1	1.34	3.46	0.980	−0.45	0.933	0.61	0.09	0.65	-4.88	0.995
BFRP-14-9D-25-1	1.32	5.21	0.978	−0.58	0.971	8.06	1.07	0.42	7.98	0.998
BFRP-14-10D-25-1	1.16	4.30	0.984	−0.47	0.999	1.63	0.44	0.39	1.36	0.997
BFRP-14-5D-15-1	0.61	2.26	0.986	−0.64	0.984	4.92	0.61	0.43	5.25	0.975
BFRP-14-5D-30-1	1.23	2.35	0.981	−0.52	0.950	−0.47	0.91	-0.38	0.64	0.988
BFRP-14-5D-35-1	1.62	3.25	0.984	−0.63	0.990	—	—	—	—	—
BFRP-14-10D-15-1	1.08	2.94	0.980	−0.46	0.947	5.71	0.64	0.42	5.92	0.951
BFRP-14-10D-30-1	1.51	3.02	0.985	−0.51	0.980	−0.35	1.15	−0.46	0.44	0.991
BFRP-14-10D-35-1	1.86	2.56	0.977	−0.57	0.989	−0.24	1.27	−0.53	0.29	0.985
BFRP-16-3D-25-1	1.88	1.44	0.962	−0.35	0.965	4.47	0.61	0.33	3.92	0.988
BFRP-16-5D-25-1	1.66	2.61	0.971	−0.35	0.922	−1.00	0.37	0.97	−3.73	0.981
BFRP-16-7D-25-1	1.53	3.04	0.976	−0.54	0.944	7.77	0.85	0.27	8.36	0.999
BFRP-16-9D-25-1	1.44	3.82	0.979	−0.33	0.954	−3.59	0.90	1.15	−5.31	0.964

续表

试件编号	上升段			下降段		残余段				
	a_1	b_1	R^2	k_j	R^2	c_1	ξ	w	c_2	R^2
BFRP-16-10D-25-1	1.67	2.77	0.970	−0.46	0.996	−1.76	0.58	1.94	−3.34	0.982
BFRP-16-5D-15-1	1.02	4.71	0.972	−0.22	0.614	11.49	0.95	0.35	11.84	0.999
BFRP-16-5D-30-1	1.38	3.10	0.978	−0.51	0.958	42.04	2.01	0.13	42.78	0.998
BFRP-16-10D-15-1	0.96	4.64	0.980	−0.62	0.880	—	—	—	—	—
BFRP-16-10D-30-1	1.94	1.65	0.990	−0.24	0.985	-0.49	0.96	-0.19	0.62	0.982

BFRP 筋与 Eco-HDCC 的黏结应力-应变关系拟合曲线和试验曲线如图 4.13 所示，拟合曲线与试验曲线的拟合度较好，采用的拟合公式是合理的。

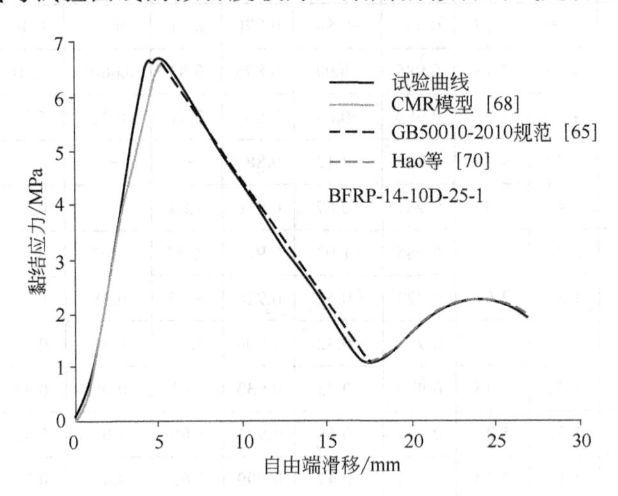

图 4.13 梁式拉拔法下 BFRP 筋与 Eco-HDCC 黏结性能拟合曲线和试验曲线的比较

4.4 直接拉拔试验结果

4.4.1 试件破坏形态

直接拉拔法下 BFRP 筋与 Eco-HDCC 的黏结破坏模式主要分为三种。

（1）BFRP 筋拔出且 Eco-HDCC 表面完整，直径 8mm 且保护层厚度大于等于 35mm 的构件以此破坏为主，BFRP-12-3D-69-2、BFRP-12-4D-69-2、BFRP-12-

5D-69-2 和 BFRP-12-5D-45-2 构件破坏也以此模式为主，如图 4.14（a）所示；

（2）BFRP 筋拔出且仅在加载端 Eco-HDCC 表面出现 1～2 条劈裂裂缝，BFRP-12-6D-69-2、BFRP-12-7D-69-2 和 BFRP-12-5D-35-2 构件破坏形态以此为主，如图 4.14（b）所示；

（3）BFRP 筋拔出且在加载端和自由端 Eco-HDCC 表面均出现劈裂裂缝，保护层厚度是 15mm 和 25mm 的构件破坏以此模式为主，如图 4.14（c）所示。

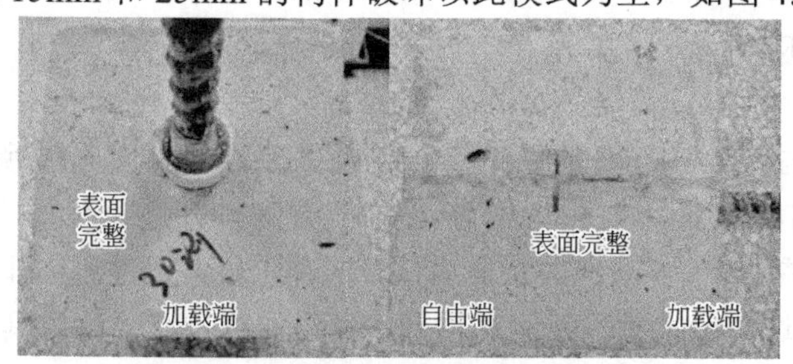

(a) BFRP筋拔出且Eco-HDCC表面完整

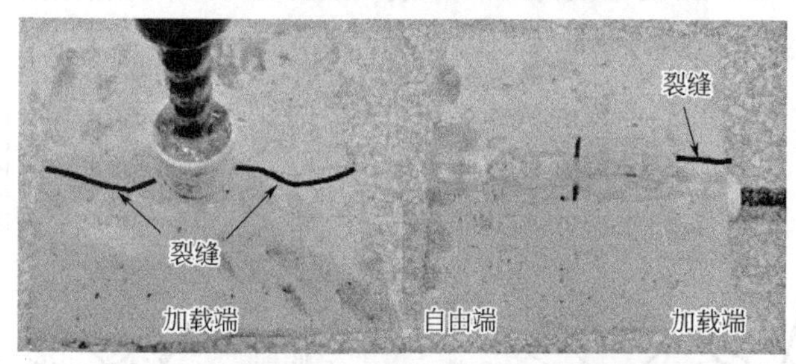

(b) BFRP筋拔出且仅在加载端Eco-HDCC出现劈裂裂缝

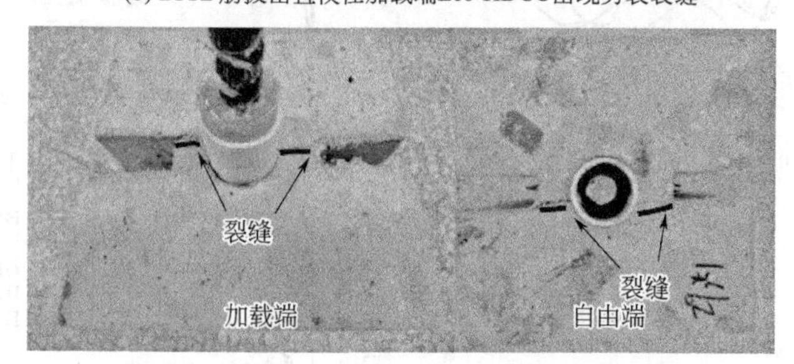

(c) BFRP筋拔出且在加载端和自由端均出现劈裂裂缝

图 4.14　直接拉拔构件的破坏形态

BFRP 筋与 Eco-HDCC 的黏结破坏形态与 BFRP 筋的锚固长度、BFRP 筋直径和保护层厚度有关。随着荷载的增加，BFRP 筋承受的拉拔力逐渐增加，BFRP 筋逐渐拔出。由于 BFRP 筋肋对周围 Eco-HDCC 的挤压力，使 Eco-HDCC 中出现拉应力。当 Eco-HDCC 保护层厚度等于 35mm，拉拔力较大时，加载端处

Eco-HDCC 由于保护层厚度不足而出现劈裂裂缝，且裂缝从加载端向自由端扩展，由于自由端的拉拔力小于加载端的拉拔力，导致靠近自由端处未观察到裂缝。当保护层厚度是 15mm～25mm 时，加载端处 Eco-HDCC 由于保护层厚度不足出现劈裂裂缝，裂缝从加载端扩展至自由端，由于保护层厚度较小，加载端和自由端处均出现径向裂缝。

4.4.2 黏结应力-滑移关系

BFRP 筋与 Eco-HDCC 的黏结应力-滑移关系曲线如图 4.15 所示，此处的滑移量指加载端滑移量和自由端滑移量的平均值。直接拉拔法下 BFRP 筋与 Eco-HDCC 的黏结应力-滑移关系曲线包含四个阶段：线性段、非线性段、下降段和残余段。这与梁式拉拔法测试得到的黏结曲线特点一致。具体各个阶段描述可参考 4.3.2 节。加载方式对 BFRP 筋与 Eco-HDCC 的黏结应力-滑移关系曲线特点并未有明显影响。

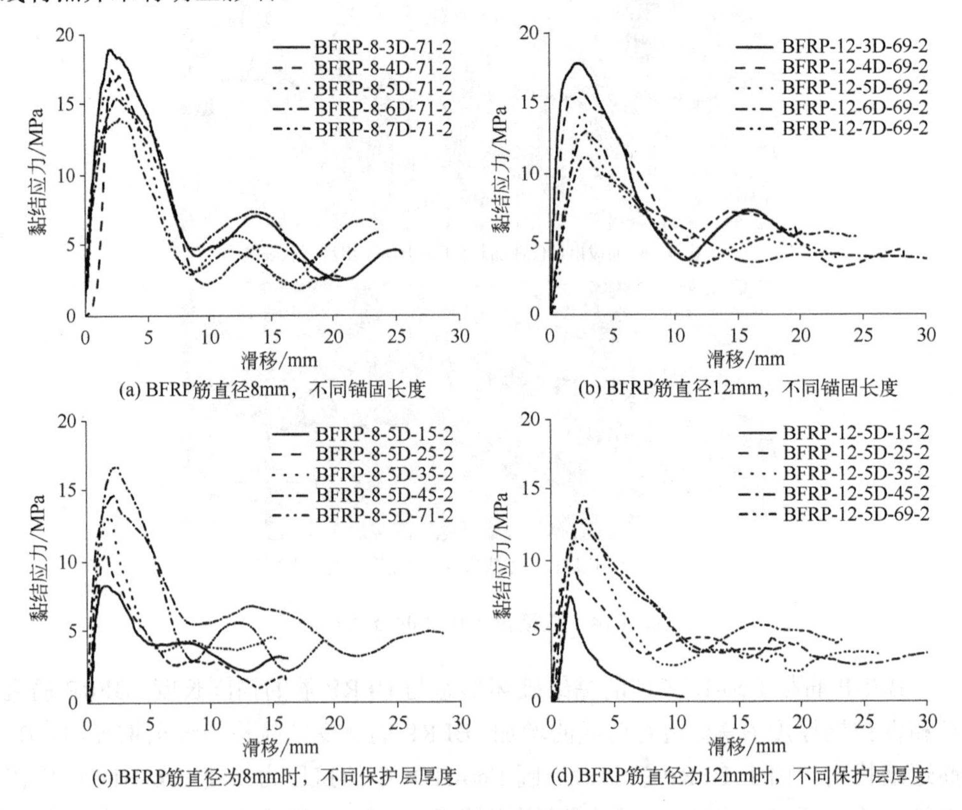

图 4.15 直接拉拔法下 BFRP 筋与 Eco-HDCC 的黏结应力-滑移关系曲线

4.4.3 拉拔力、黏结应力和滑移

BFRP 筋与 Eco-HDCC 黏结应力-滑移关系曲线上特征点试验值，峰值拉拔力（P_u）、峰值黏结应力（τ_u）、峰值加载端滑移（s_{ul}）、峰值自由端滑移（s_{uf}）和平均峰值滑移（s_u）见表 4.9。直接拉拔试验中滑移量如非特别指明，黏结应力-滑移关系中滑移指平均峰值滑移。BFRP 筋在加载端的滑移量大于自由端的滑移量，主要是因为拉拔力是从加载端转移到自由端。

表 4.9 直接拉拔法黏结性能试验结果

试件编号	P_u / kN	τ_u / MPa	s_{ul} / mm	s_{uf} / mm	s_u / mm
BFRP-8-3D-71-2	11.3±0.7	18.7±1.1	2.51±0.06	1.95±0.04	2.23±0.01
BFRP-8-4D-71-2	14.0±1.0	17.4±1.2	2.67±0.06	2.09±0.03	2.38±0.05
BFRP-8-5D-71-2	16.7±0.6	16.6±0.6	2.75±0.13	2.19±0.03	2.47±0.05
BFRP-8-6D-71-2	18.4±1.6	15.3±1.3	3.11±0.08	2.15±0.03	2.63±0.02
BFRP-8-7D-71-2	19.6±1.9	13.9±1.3	3.40±0.12	2.20±0.08	2.80±0.02
BFRP-8-5D-15-2	8.3±0.4	8.3±0.4	1.78±0.06	1.08±0.08	1.43±0.07
BFRP-8-5D-25-2	10.6±1.1	10.5±1.0	1.91±0.07	1.37±0.05	1.64±0.06
BFRP-8-5D-35-2	13.1±1.3	13.0±1.2	2.22±0.08	1.64±0.08	1.93±0.08
BFRP-8-5D-45-2	14.7±0.8	14.6±0.9	2.64±0.09	1.82±0.08	2.23±0.08
BFRP-12-3D-69-2	23.9±1.0	17.6±0.7	2.60±0.03	2.02±0.06	2.31±0.02
BFRP-12-4D-69-2	28.0±1.2	15.5±0.7	2.78±0.06	2.06±0.07	2.42±0.07
BFRP-12-5D-69-2	31.7±1.0	14.0±0.4	2.94±0.07	2.24±0.06	2.59±0.07
BFRP-12-6D-69-2	35.0±1.3	12.9±0.5	3.15±0.05	2.31±0.09	2.73±0.07
BFRP-12-7D-69-2	35.1±1.6	11.1±0.5	3.35±0.13	2.29±0.01	2.82±0.07
BFRP-12-5D-15-2	16.5±0.6	7.3±0.3	1.90±0.08	1.10±0.06	1.50±0.01
BFRP-12-5D-25-2	21.3±1.3	9.4±0.6	2.13±0.13	1.31±0.07	1.72±0.10
BFRP-12-5D-35-2	25.3±1.3	11.2±0.6	2.47±0.06	1.59±0.06	2.03±0.06
BFRP-12-5D-45-2	28.7±0.6	12.7±0.3	2.81±0.10	1.81±0.07	2.31±0.08

1. BFRP 筋锚固长度对拉拔力、黏结应力和滑移的影响

在 BFRP 筋锚固长度为 3*D*～10*D* 范围内时，随着 BFRP 筋锚固长度的增加，BFRP 筋与 Eco-HDCC 间的峰值拉拔力和峰值滑移逐渐增加，而峰值黏结应力

呈降低趋势，如图 4.16 所示。这与梁式拉拔法测试结果一致，具体机理解释可参考梁式拉拔法。

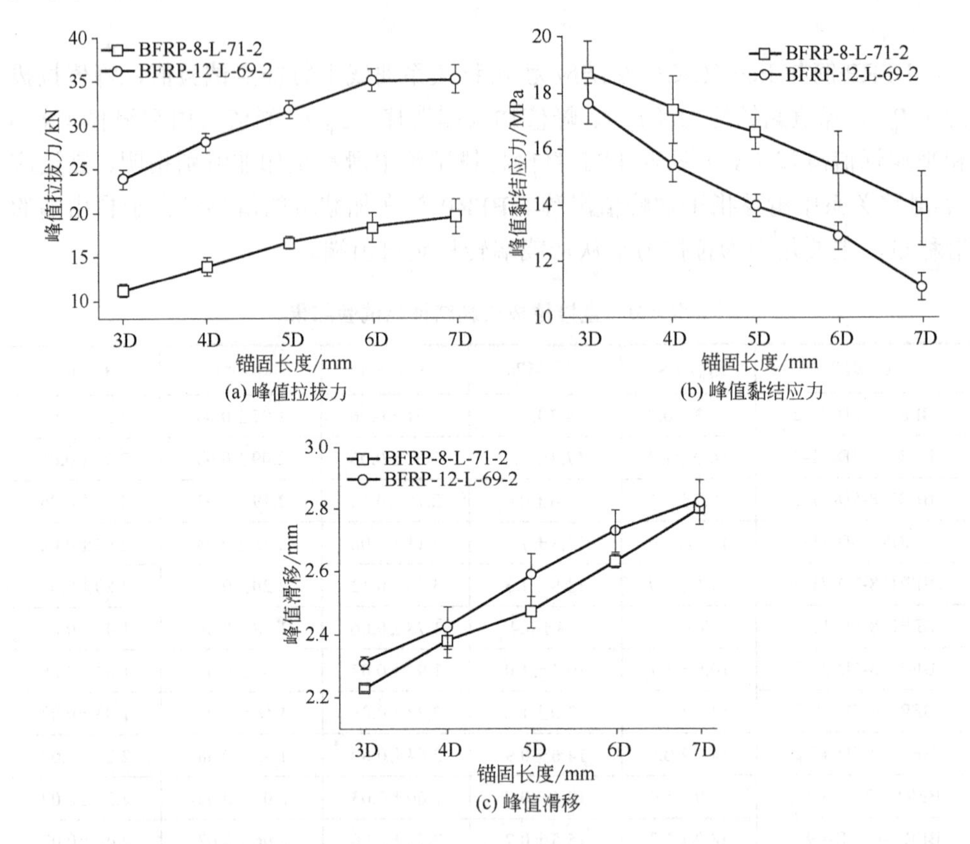

(a) 峰值拉拔力

(b) 峰值黏结应力

(c) 峰值滑移

图 4.16 直接拉拔法下 BFRP 筋的锚固长度对黏结性能结果的影响

2. BFRP 筋保护层厚度对拉拔力、黏结应力和滑移的影响

在 BFRP 筋保护层厚度为 15mm～71mm 范围内，随着保护层厚度的增加，BFRP 筋与 Eco-HDCC 间的峰值拉拔力、峰值黏结应力和峰值滑移逐渐增加，如图 4.17 所示。这与梁式拉拔法测试结果一致，说明加载方式对 BFRP 筋保护层厚度与黏结性能特征点的关系无影响。具体机理解释可参考梁式拉拔法。

当保护层厚度大于 45mm 时，峰值拉拔力、峰值黏结应力和峰值滑移的增加趋势逐渐变缓。保护层厚度的设置可以为 BFRP 筋提供充分的约束力，当保护层厚度大于 45mm 时，保护层厚度对 BFRP 筋的约束力影响不大，导致峰值拉拔力、峰值黏结应力和峰值滑移的增加趋势逐渐变缓。

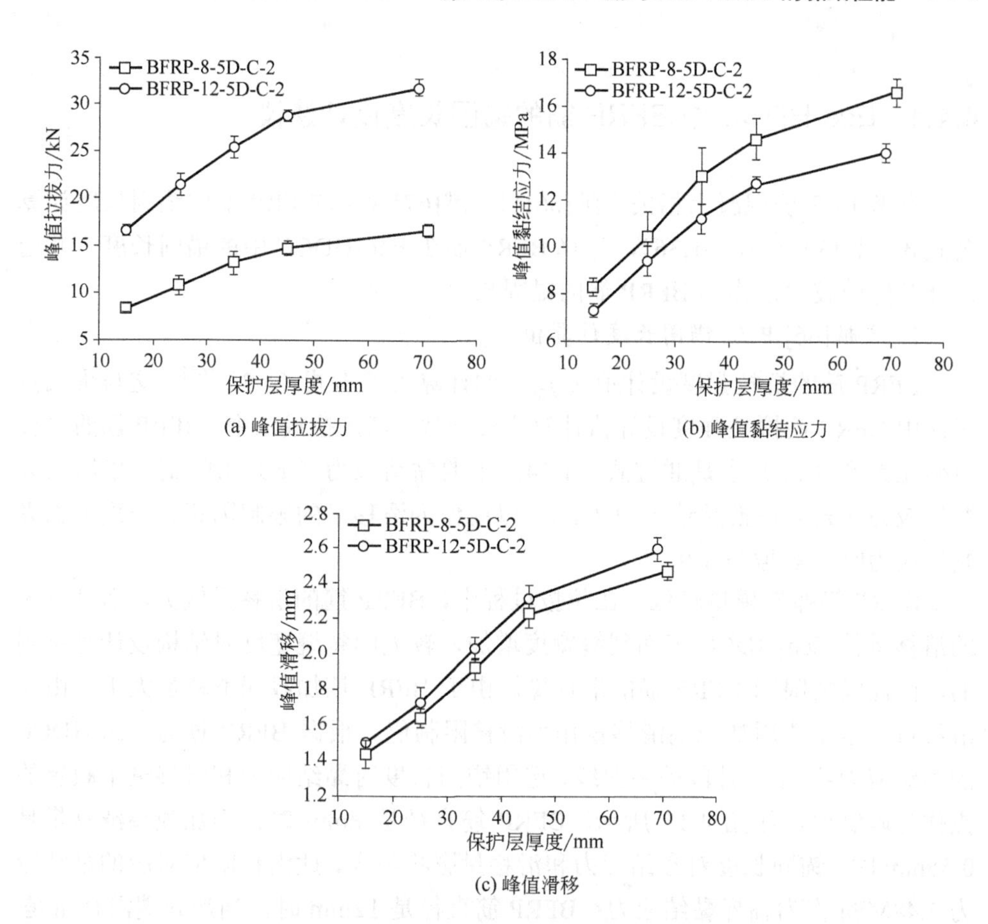

(a) 峰值拉拔力

(b) 峰值黏结应力

(c) 峰值滑移

图 4.17 直接拉拔法下 BFRP 筋的保护层厚度对黏结性能结果的影响

3. 峰值黏结应力和峰值滑移的建议公式

参考式（1.32）～式（1.33），根据表 4.9 中试验数据，可得到 BFRP 筋与 Eco-HDCC 的峰值黏结应力（τ_u）和峰值滑移（s_u）与 BFRP 筋直径（D）、保护层厚度（C）、锚固长度（L）和 Eco-HDCC 的抗拉强度（f_t）的关系式，计算式（4.4）～式（4.5），Eco-HDCC 的设计极限抗拉强度采用冻融-碳化交互 15 次后的极限抗拉强度值 3.80MPa，式（4.4）～式（4.5）中相关拟合系数分别是 0.91 和 0.87。

$$\tau_u = \left(14.36 \times \frac{D}{L} + 0.46 \times \frac{C}{D} - 0.98 \times \frac{D}{L} \times \frac{C}{D} - 0.86\right) \times f_t \tag{4.4}$$

$$s_u = \left(-0.29 \times \frac{D}{L} + 0.02 \times \frac{C}{D} - 0.005 \times \frac{D}{L} \times \frac{C}{D} + 0.17\right) \times D \tag{4.5}$$

4.4.4 Eco-HDCC 中 BFRP 筋的锚固长度设计建议

参考 FRP 筋混凝土相关文献[66]和文献[67]规定的 FRP 筋的锚固长度计算公式式（1.35）～式（1.36），计算 BFRP 筋在 Eco-HDCC 中的锚固长度，并选取计算值中较大值作为 BFRP 筋的锚固长度。

1. 文献[66]中 L_{e1} 锚固长度计算值

BFRP 筋的抗拉强度设计值（ f_{fd} ）的计算可参考式（4.3）[67]，这与梁式拉拔法中 BFRP 筋抗拉强度设计值计算方法一致。直接拉拔法中，BFRP 筋的滑移量修正系数（ k_s ）也是通过式（1.34）中的黏结应力（ τ ）来限制，采用临界黏结应力（ τ_c ）替换黏结应力（ τ ），以此作为滑移量的限制因素。当采用临界黏结应力时， k_s 取值 1.0。

BFRP 筋弹性模量较低，在拉拔过程中，BFRP 筋的滑移量较大，而且较大的滑移量使 Eco-HDCC 表面裂缝宽度增加，较大的裂缝宽度对结构设计是不利的，因此需要限制 BFRP 筋的滑移量。由于 BFRP 筋加载端滑移量大于自由端滑移量，本章选用加载端滑移量作为滑移限制值。根据 BFRP 筋与 Eco-HDCC 的黏结应力-滑移上升段关系曲线，选用锚固长度对黏结应力和滑移量不敏感的点作为限制值，如图 4.18 所示。BFRP 筋直径是 8mm 时，当加载端滑移量是 0.55mm 时，锚固长度对黏结应力和滑移量影响不大，此滑移限值对应的黏结应力 5.48MPa 作为临界黏结应力；BFRP 筋直径是 12mm 时，当加载端滑移量是

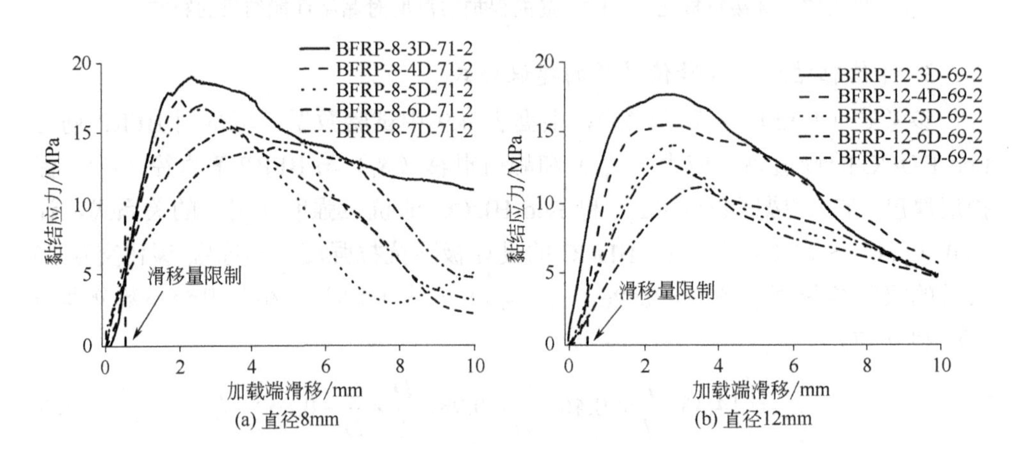

图 4.18　直接拉拔法下 BFRP 筋与 Eco-HDCC 的黏结滑移量限制值

0.53mm 时，锚固长度对黏结应力和滑移量影响不大，此滑移限值对应的黏结应力 3.94MPa 作为临界黏结应力。相比 BFRP 筋与 Eco-HDCC 间的峰值黏结应力，临界黏结应力很小，对应的 Eco-HDCC 表面裂缝较小，而且 BFRP 筋是耐蚀筋材，不存在裂缝会引起钢筋锈蚀问题。

与梁式拉拔法类似，当 BFRP 筋保护层厚度大于等于 25mm 时，BFRP 筋的保护层厚度修正系数 k_c 取值为 1.0，BFRP 筋的配筋位置修正系数 k_p 取为 1.0。

参考式（1.35）以及各修正因子的取值，确定 L_{e1} 锚固长度见表 4.10。

表 4.10　直接拉拔法下 BFRP 筋锚固长度设计值

D/ mm	f_{fd} / MPa	τ_c / MPa	L_{eb} / mm	L_{e1} / mm	L_{e2} / mm	L_e / mm
8（$C \geqslant 25mm$）	284.8	5.48	104	104	75	110（14D）
12（$C \geqslant 25mm$）	298.4	3.94	227	227	118	230（20D）

注：C 为保护层厚度；D 为 BFRP 筋直径；f_{fd} 为 BFRP 筋抗拉强度设计值；τ_c 为临界黏结应力；L_{eb} 为基本锚固长度；L_{e1} 为参考文献[66]计算的锚固长度；L_{e2} 为参考文献[67]计算的锚固长度；L_e 为锚固长度建议值。

2. 文献[67]中 L_{e2} 锚固长度计算值

参考 FRP 筋混凝土相关规范[67]规定的 FRP 筋的锚固长度计算公式式（1.36），锚固长度计算仅与 BFRP 筋抗拉强度、Eco-HDCC 的抗拉强度和 BFRP 筋直径有关，BFRP 筋锚固长度计算值见表 4.10。

选取 L_{e1} 和 L_{e2} 中较大值作为 BFRP 筋的锚固长度设计值 L_e，见表 4.10。

4.4.5　黏结应力-滑移模型

与梁式拉拔法中拟合的 BFRP 筋与 Eco-HDCC 间的黏结应力-滑移本构关系模型类似，参考已有文献[60]、文献[65]、文献[68]至文献[70]中提出的筋材与混凝土的黏结应力-滑移本构关系模型，确定直接拉拔法中 BFRP 筋与 Eco-HDCC 间的黏结应力-滑移关系曲线上升段采用 CMR 模型[68]中建议的式（1.51）进行拟合，下降段关系曲线的拟合可采用 GB 50010—2010[65]中建议的式（1.46），残余段关系曲线采用郝庆多[70]提出的式（1.57）。

BFRP 筋与 Eco-HDCC 间的黏结应力-滑移本构关系拟合参数（a_1、b_1、k_j、c_1、ξ、w、c_2）和拟合相关度（R^2），见表 4.11。

表 4.11 直接拉拔法下 BFRP 筋与 Eco-HDCC 间的黏结应力-滑移本构关系拟合结果

试件编号	上升段			下降段		残余段				
	a_1	b_1	R^2	k_j	R^2	c_1	ξ	w	c_2	R^2
BFRP-8-3D-71-2	0.57	1.94	0.993	−2.11	0.960	2.01	−0.04	−0.57	8.98	0.988
BFRP-8-4D-71-2	0.32	71.7	0.986	−2.09	0.986	1.21	0.02	−0.67	4.89	0.975
BFRP-8-5D-71-2	0.52	2.20	0.993	−2.47	0.989	1.87	-0.05	−0.82	4.46	0.986
BFRP-8-6D-71-2	0.84	0.80	0.994	−1.52	0.882	1.53	0.004	−0.69	−28.87	0.957
BFRP-8-7D-71-2	0.80	0.91	0.989	−1.94	0.974	1.65	-0.16	−0.80	3.21	0.972
BFRP-8-5D-15-2	0.23	6.77	0.997	−1.14	0.952	−1.61	0.11	−0.35	5.43	0.935
BFRP-8-5D-25-2	0.27	8.49	0.996	−1.63	0.924	−1.03	0.32	−0.42	1.42	0.963
BFRP-8-5D-35-2	0.35	4.04	0.995	−2.76	0.929	0.29	0.02	−1.06	0.59	0.829
BFRP-8-5D-45-2	0.54	1.01	0.998	−1.48	0.980	1.04	0.03	−0.50	−9.63	0.986
BFRP-12-3D-69-2	0.46	1.00	0.998	−1.80	0.981	1.40	−0.04	−0.67	−7.06	0.993
BFRP-12-4D-69-2	0.34	3.70	0.998	−1.24	0.982	2.92	−0.21	−0.53	4.97	0.960
BFRP-12-5D-69-2	0.56	5.03	0.992	−1.30	0.872	−2.82	−0.30	0.22	7.43	0.951
BFRP-12-6D-69-2	0.78	1.89	0.990	−0.80	0.896	1.68	−0.87	−0.34	1.47	0.621
BFRP-12-7D-69-2	0.81	1.64	0.992	−0.86	0.993	−0.52	−1.01	0.24	0.68	0.973
BFRP-12-5D-15-2	0.37	8.06	0.996	−1.36	0.50	—	—	—	—	—
BFRP-12-5D-25-2	0.43	1.32	0.992	−1.15	0.984	0.53	0.06	−0.77	0.19	0.893
BFRP-12-5D-35-2	0.53	1.03	0.990	−1.26	0.976	0.65	−0.03	−0.66	0.570	0.702
BFRP-12-5D-45-2	0.48	3.16	0.998	−0.95	0.975	0.36	0.004	−0.55	−22.08	0.663

BFRP 筋与 Eco-HDCC 的黏结应力-应变关系拟合曲线和试验曲线如图 4.19 所示，拟合曲线与试验曲线的拟合度较好，采用的拟合公式是合理的。

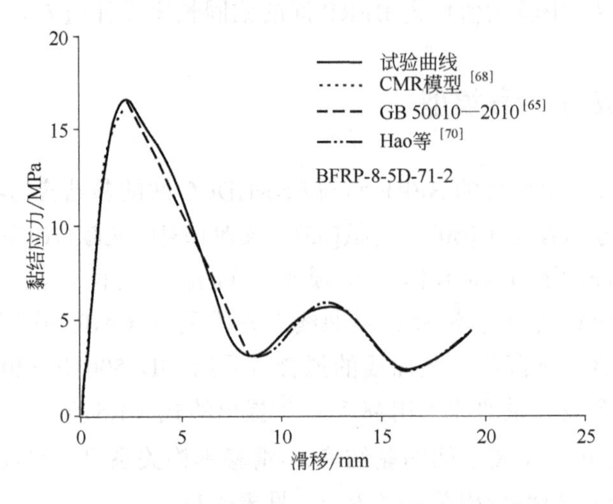

图 4.19 直接拉拔法下 BFRP 筋与 Eco-HDCC 黏结性能拟合曲线和试验曲线的比较

4.5 梁式拉拔与直接拉拔试验结果比较

4.5.1 试件破坏形态的比较

采用梁式拉拔法和直接拉拔法测试的 BFRP 筋与 Eco-HDCC 的黏结破坏形态比较见表 4.12。在拉拔试验中，BFRP 筋逐渐被拔出，当 BFRP 筋直径为 8mm 且保护层厚度为 15mm 以及 BFRP 筋直径是 12mm 时，梁式拉拔法下构件破坏形态为平行于 BFRP 筋方向的纵向裂缝和垂直于纵向的裂缝，而直接拉拔法下构件破坏形态仅为平行于 BFRP 筋方向的纵向裂缝，说明梁式拉拔法构件破坏形态更为严重。当 BFRP 筋直径是 8mm 且保护层厚度较大时，梁式拉拔法和直接拉拔法对构件的破坏形态无影响。

梁式拉拔法和直接拉拔法对构件破坏形态的影响主要取决于构件表面受力状态。梁式拉拔法中，当 BFRP 筋拔出时，Eco-HDCC 表面受拉，直接拉拔法中，当 BFRP 筋拔出时，Eco-HDCC 受垫块挤压，构件表面受压。由于 Eco-HDCC 在受拉状态下的破坏形态比受压状态下的破坏形态严重，因此当 BFRP 筋直径较大而保护层厚度不足时，梁式拉拔法中构件表面裂缝由加载端向自由端扩展，形成平行于 BFRP 筋的纵向裂缝，而且由于 BFRP 筋肋对 Eco-HDCC 的挤压作用，导致 Eco-HDCC 环向受拉，Eco-HDCC 构件表面出现垂直于纵向裂缝的劈裂裂缝。直接拉拔法中，Eco-HDCC 表面受压，BFRP 筋肋使加载端产生环向裂缝，裂缝由 BFRP 筋肋表面向构件表面传递，当保护层厚度较小时，在拉拔过程中，加载端裂缝向自由端扩展，在加载端和自由端均出现劈裂裂缝，当保护层厚度较大时，裂缝仅出现在加载端。当 Eco-HDCC 保护层为 BFRP 筋提供足够的约束力时，保护层厚度为径向裂缝提供充分的路径，加载方式对构件表面裂缝基本无影响。

桥面无缝连接板位于桥梁负弯矩区，主要承受弯拉作用，BFRP 筋和 Eco-HDCC 承受拉应力，由于二者拉伸弹性模量的差异性，BFRP 筋从 Eco-HDCC 中滑移。在 BFRP 筋滑移过程中，Eco-HDCC 表面受拉，类似于采用梁式拉拔法测试的构件受力状态。因此，在结构设计中采用梁式拉拔法测试的试验结果更接近于实际工程的受力情况，考虑 Eco-HDCC 表面的裂缝发展情况，合理设计 BFRP 筋直径和保护层厚度是必要的。

表 4.12 梁式拉拔法与直接拉拔法下构件的破坏形态比较

梁式拉拔法		直接拉拔法	
试件编号	梁式拉拔构件破坏形态	试件编号	直接拉拔构件破坏形态
BFRP-8-5D-15-1	BFRP 筋拔出，加载端到自由端的纵向裂缝，垂直于纵向的劈裂裂缝	BFRP-8-5D-15-2	BFRP 筋拔出，加载端到自由端的纵向裂缝
BFRP-8-5D-25-1	BFRP 筋拔出，加载端到自由端的纵向裂缝	BFRP-8-5D-25-2	BFRP 筋拔出，加载端到自由端的纵向裂缝
BFRP-8-5D-35-1	BFRP 筋拔出，构件表面完整	BFRP-8-5D-35-2	BFRP 筋拔出，构件表面完整
BFRP-12-5D-15-1	BFRP 筋拔出，加载端到自由端的纵向裂缝，垂直于纵向的劈裂裂缝	BFRP-12-5D-15-2	BFRP 筋拔出，加载端到自由端的纵向裂缝
BFRP-12-5D-25-1	BFRP 筋拔出，加载端到自由端的纵向裂缝，垂直于纵向的劈裂裂缝	BFRP-12-5D-25-2	BFRP 筋拔出，加载端到自由端的纵向裂缝
BFRP-12-5D-35-1	BFRP 筋拔出，加载端到自由端的纵向裂缝，垂直于纵向的劈裂裂缝	BFRP-12-5D-35-2	BFRP 筋拔出，仅在加载端出现裂缝

4.5.2 黏结应力-滑移关系

采用梁式拉拔法和直接拉拔法测试的 BFRP 筋与 Eco-HDCC 的黏结应力-滑移关系曲线如图 4.20 所示，采用两种方法测试得到的黏结应力-滑移关系曲线

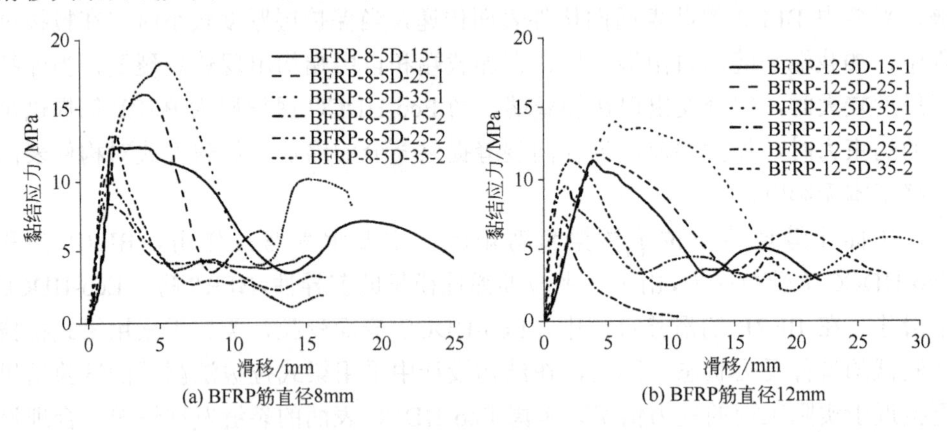

图 4.20 梁式拉拔法与直接拉拔法下 BFRP 筋与 Eco-HDCC 的黏结应力-滑移

均呈现出四阶段：线性段、非线性段、下降段和残余段；梁式拉拔法测得的上升段和下降段曲线均比直接拉拔法测得的曲线平缓。梁式拉拔法半梁长度比直接拉拔法构件长度大，虽然两种拉拔法中 BFRP 筋的锚固长度相同，但直接拉拔法测试构件属于短锚构件，直接拉拔过程中的能量耗散不如梁式拉拔过程中能量耗散均匀[139]，因此，采用梁式拉拔法测得的曲线比较平缓。

4.5.3　拉拔力、黏结应力和滑移的比较

采用梁式拉拔法测得的峰值拉拔力、峰值黏结应力和峰值自由端滑移量均大于直接拉拔法测试得到的结果，如图 4.21 所示。梁式拉拔法中 BFRP 筋的锚固区受支座反力作用，支座反力增大了 BFRP 筋与 Eco-HDCC 的界面摩阻力，使构件的峰值拉拔力和峰值黏结应力增加，而较大的峰值拉拔力使峰值自由端滑移量增加。

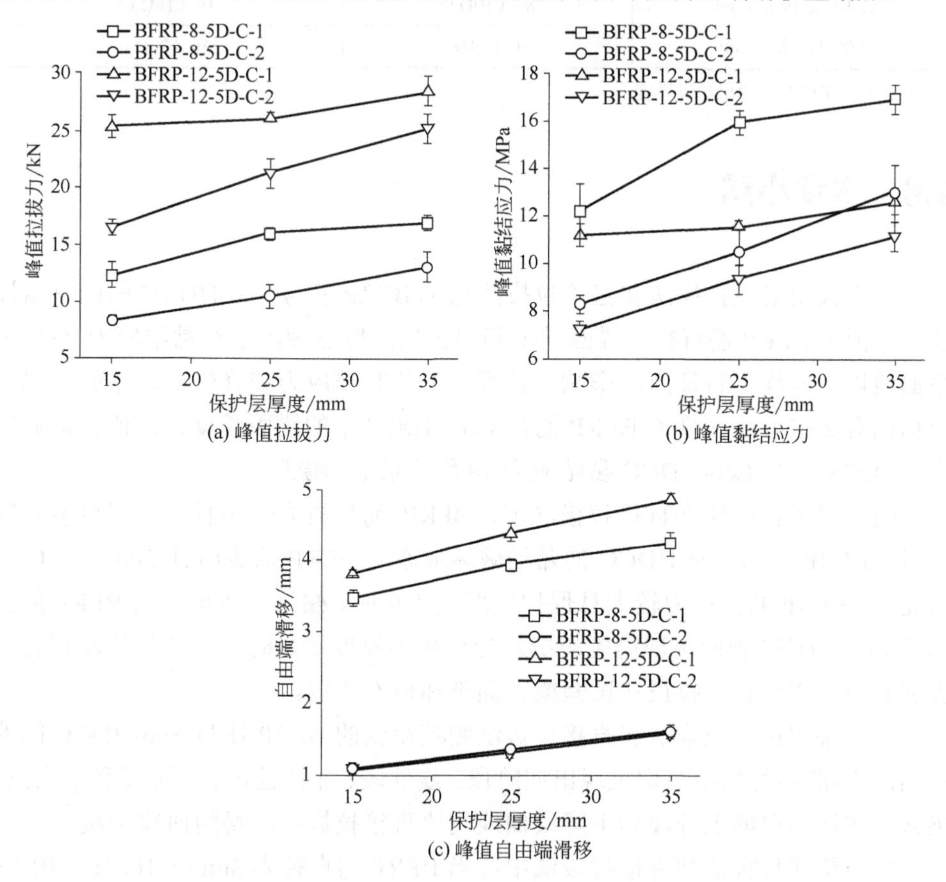

图 4.21　梁式拉拔法与直接拉拔法下 BFRP 筋与 Eco-HDCC 的黏结性能结果

4.5.4 Eco-HDCC 中 BFRP 筋的锚固长度设计值比较

采用梁式拉拔法和直接拉拔法计算的 BFRP 筋在 Eco-HDCC 中的锚固长度设计值见表 4.13，梁式拉拔法计算得到的 BFRP 筋设计锚固长度值小于直接拉拔法测得的结果。BFRP 筋的设计锚固长度与临界黏结应力成反比，梁式拉拔法测得的临界黏结应力较大，计算得到的 BFRP 筋的设计锚固长度较小。但考虑梁式拉拔法更接近桥面无缝连接板受力情况，采用此方法得到 BFRP 筋在 Eco-HDCC 中黏结锚固长度设计值。

表 4.13　BFRP 筋的设计锚固长度比较值

设计锚固长度	8（$C \geqslant 25mm$）	12（$C \geqslant 25mm$）
梁式拉拔法 L_e / mm	80（10D）	19（16D）
直接拉拔法 L_e / mm	110（14D）	230（20D）

注：C 为 BFRP 筋的保护层厚度。

4.6 本章小结

本章采用梁式拉拔法和直接拉拔法测试 BFRP 筋与 Eco-HDCC 间的黏结性能，分析了 BFRP 筋直径、锚固长度和保护层厚度三种因素对黏结应力-滑移关系曲线以及曲线上特征点的影响；计算了峰值黏结应力和峰值滑移量的公式；根据已有文献方法计算了 BFRP 筋在 Eco-HDCC 中的锚固长度设计值；最后提出了 BFRP 筋与 Eco-HDCC 黏结应力-滑移关系本构模型。

（1）梁式拉拔法和直接拉拔法下，BFRP 筋拉拔力较小且保护层厚度足够大时，BFRP 筋与 Eco-HDCC 的黏结破坏形态为 BFRP 筋拔出且 Eco-HDCC 表面完整；BFRP 筋拉拔力较大且保护层厚度较小时，黏结破坏形态为 BFRP 筋拔出且 Eco-HDCC 表面出现劈裂裂缝。当保护层厚度不足时，梁式拉拔法试验梁表面破坏形态比直接拉拔法试验梁表面破坏形态严重。

（2）采用梁式拉拔法和直接拉拔法测试得到的 BFRP 筋与 Eco-HDCC 间的黏结应力-滑移关系曲线均呈现出四阶段：线性段、非线性段、下降段和残余段；梁式拉拔法测得的上升段和下降段曲线均比直接拉拔法测得的曲线平缓。

（3）梁式拉拔法和直接拉拔法中，当 BFRP 筋直径为 8mm～16mm，BFRP 筋锚固长度为 3D～10D（D 为 BFRP 筋直径）时，随着 BFRP 筋直径或锚固长度的增加，构件峰值拉拔力和峰值滑移逐渐增加，而峰值黏结应力呈现降低趋势；当 BFRP 筋保护层厚度为 15mm～45mm 时，随着保护层厚度的增加，构件峰值拉拔力、峰值黏结应力和峰值滑移均呈现增加趋势。采用梁式拉拔法测得的构件峰值拉拔力、峰值黏结应力和峰值自由端滑移量均大于直接拉拔法测得的结果。

（4）基于梁式拉拔法和直接拉拔法黏结性能试验结果和已有文献中有关黏结应力-滑移本构关系模型的研究，确定 BFRP 筋与 Eco-HDCC 间的黏结应力-滑移关系曲线上升段采用 CMR 模型[68]中建议的式（1.51）进行拟合，下降段关系曲线的拟合可采用 GB 50010—2010[65]中建议的式（1.46），残余段关系曲线采用郝庆多[70]提出的式（1.57）。

（5）BFRP 筋增强 Eco-HDCC 桥面无缝连接板位于桥梁的负弯矩区，承受弯拉作用，采用梁式拉拔法测得的黏结性能更符合实际工程受力情况，设计保护层厚度至少为 25mm，考虑 BFRP 筋的滑移量限制值、保护层厚度和 BFRP 筋位置修正因子，确定 BFRP 筋在 Eco-HDCC 中的黏结锚固长度设计值，为桥面无缝连接板的设计提供黏结锚固参数。

第5章 BFRP 筋增强 Eco-HDCC 构件的断裂性能

5.1 引言

桥面无缝连接板位于桥梁结构的负弯矩区，承受弯拉作用时，Eco-HDCC 表现为多缝开裂的特点，BFRP 筋承担拉应力可限制 Eco-HDCC 中裂缝的扩展。BFRP 筋增强 Eco-HDCC 构件的受力特性与裂缝的扩展密切相关，研究裂缝扩展规律对结构中裂缝稳定性检测及预测具有重要意义。断裂力学方法可以用来研究 BFRP 筋增强 Eco-HDCC 构件中裂缝的扩展规律，为 BFRP 筋位置的确定提供依据，为桥面无缝连接板的设计提供技术支持。

本章采用三点弯曲梁法测试 BFRP 筋增强 Eco-HDCC 构件的断裂性能，研究 BFRP 筋直径和保护层厚度两种因素对断裂荷载-CMOD（裂缝口张开位移）和断裂荷载-挠度的影响；采用应变片测试了 BFRP 筋增强 Eco-HDCC 构件的起裂断裂荷载和裂缝路径；最后根据断裂性能试验结果得到了 BFRP 筋增强 Eco-HDCC 桥面无缝连接板的设计参数。BFRP 筋增强 Eco-HDCC 构件断裂性能的研究路线如图 5.1 所示。

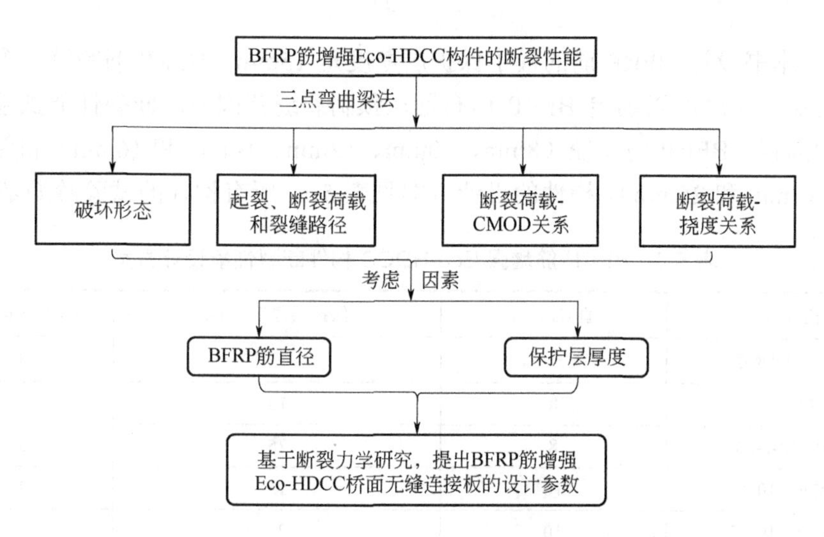

图 5.1　BFRP 筋增强 Eco-HDCC 构件断裂性能研究路线

5.2 试验方案

5.2.1 试件设计方案

参考《水工混凝土断裂试验规程》（DL/T 5332—2005）[140]，设计 BFRP 筋增强 Eco-HDCC 梁进行断裂性能测试，梁式试件尺寸是 100mm×100mm×500mm，初始缝高比是 0.4，预制裂缝高度 40mm，预制裂缝宽度是 3mm。另外，在预制裂缝范围内布置单根 BFRP 筋，试件形式如图 5.2 所示。

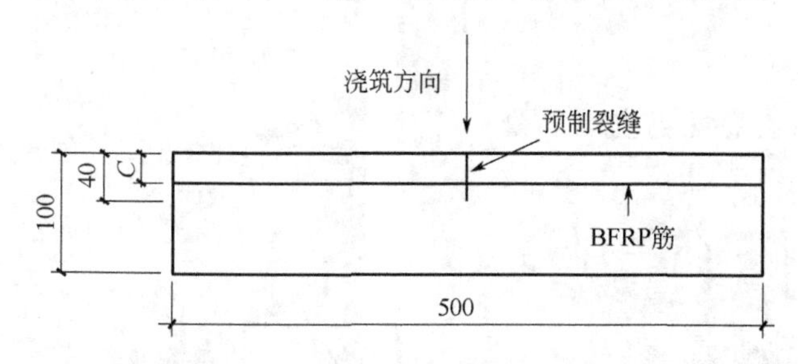

图 5.2　BFRP 筋增强 Eco-HDCC 试件设计形式（单位：mm）

《混凝土结构设计规范》（GB 50010—2010）[65]规定板的最小保护层厚度是

15mm，本书设计 BFRP 筋的最小保护层厚度是 15mm。BFRP 筋跨缝布置，设计不同保护层厚度以确定 BFRP 筋布置在预制裂缝范围内。断裂性能试验考虑了两种因素：BFRP 筋直径（8mm、10mm、12mm、14mm 和 16mm）和保护层厚度（15mm 和 25mm），构件的设计方案见表 5.1，所有构件的试验龄期是 28d。

表 5.1 BFRP 筋增强 Eco-HDCC 构件断裂性能设计方案

构件编号	直径/ mm	保护层厚度/ mm	构件数量/个
Eco-HDCC	—	—	3
BFRP-8-15	8	15	3
BFRP-8-25	8	25	3
BFRP-10-15	10	15	3
BFRP-10-25	10	25	3
BFRP-12-15	12	15	3
BFRP-12-25	12	25	3
BFRP-14-15	14	15	3
BFRP-16-15	16	15	3

注：构件编号中第二部分数字是 BFRP 筋直径，第三部分数字是保护层厚度。

5.2.2 加载方案

采用 INSTRON 8802 设备测试 BFRP 筋增强 Eco-HDCC 构件的断裂性能，其测试装置如图 5.3 所示。采用三点弯曲加载方式，梁的跨长是 400mm。构件底部设置两个设备自带的高精度 LVDT 测试加载过程中构件的 CMOD；在构

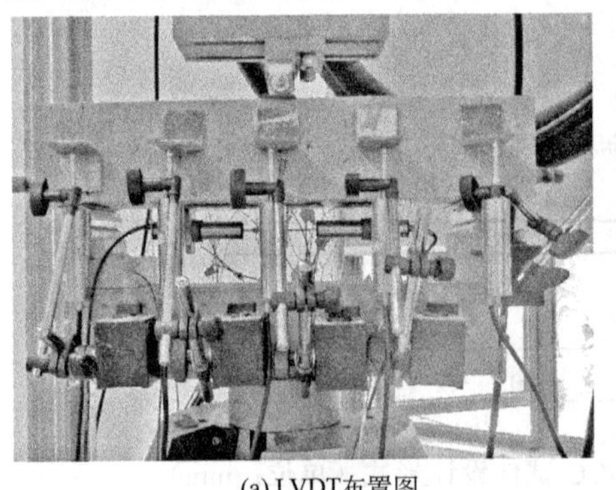

(a) LVDT布置图

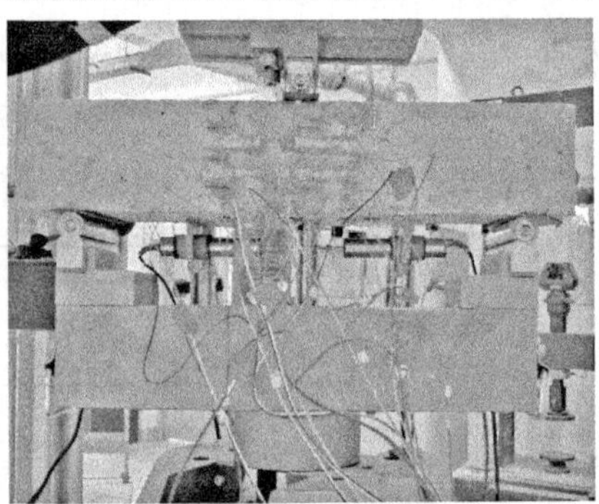

(b) 应变片布置图

图 5.3 构件断裂性能试验的加载装置

件一侧设置 5 个 LVDT 来测试构件不同位置处的挠度，LVDT 布置间距是 100mm，如图 5.4（a）所示；在构件另一侧布置 13 个应变片测试加载过程中构件的应变变化趋势，如图 5.4（b）所示，应变片 1～6 用来测试裂缝路径，应变片 7～9 用来测试构件的起裂断裂荷载，应变片 10～13 用来测试预制裂缝区 Eco-HDCC 构件的表面应变变化趋势。构件表面粘贴的应变片型号是 BX120-20AA，预制裂缝区应变片沿梁高度布置的间距是 20mm，非预制裂缝区应变片沿梁高度布置间距是 30mm。

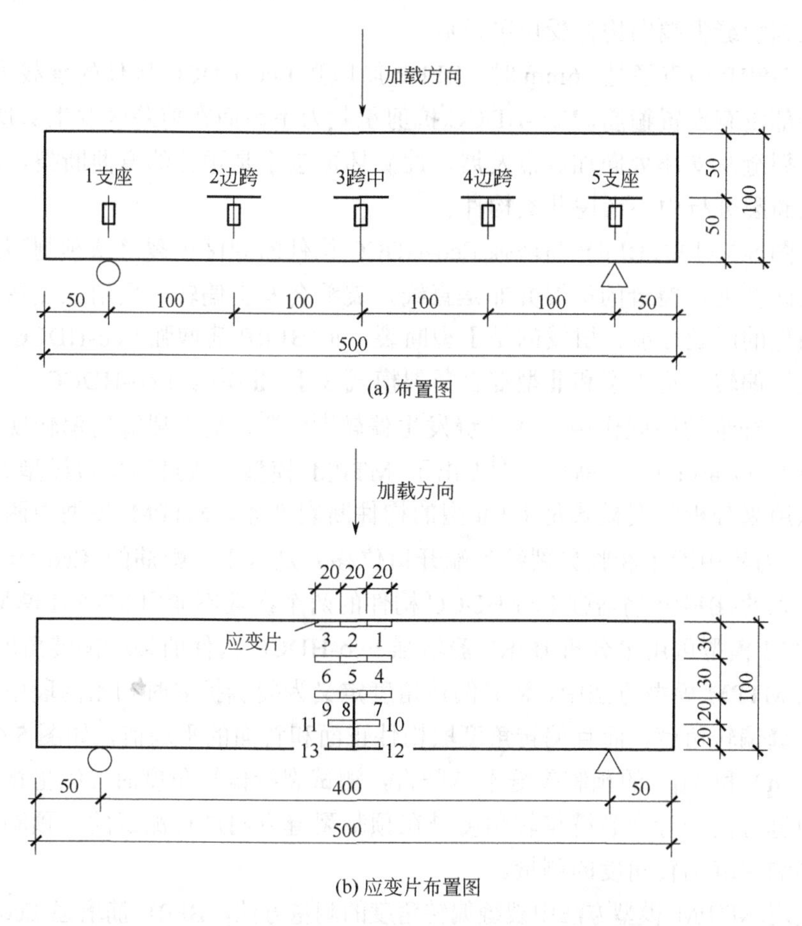

图 5.4　构件断裂性能试验的加载示意图（单位：mm）

BFRP 筋增强 Eco-HDCC 构件的加载制度：构件首先进行单调加载，待下降段曲线上荷载降低至峰值荷载的 95%时，构件卸载至荷载为 0，然后构件再重新加载至破坏[141-144]。构件加载、卸载和再加载速度是 0.2mm/min。

5.3 破坏形态

BFRP 筋增强 Eco-HDCC 构件的断裂破坏形态如图 5.5 所示，BFRP 直径为 16mm 的构件破坏时裂缝出现在剪跨区，主裂缝从支座处发展至加载点处；BFRP 筋直径为 8mm～14mm 时，构件破坏时断裂区发生在预制裂缝上面的区域，裂缝从预制裂缝尖端向构件受压区发展。

当 BFRP 筋直径是 16mm 时，BFRP 筋增强 Eco-HDCC 构件的承载力最大，构件内部没有设置箍筋，Eco-HDCC 抗剪承载力不足而在剪跨区发生剪切破坏，剪跨区裂缝从支座处向加载点发展，此破坏形态不是预计的弯曲断裂，在后续构件的断裂分析中不考虑此类构件。

从图 5.5 可知，BFRP 筋增强 Eco-HDCC 构件断裂区内裂缝从预制裂缝尖端向受压区扩展，裂缝的扩展并非是直线，裂缝会发生偏转。采用三点弯曲梁法测试构件的断裂性能，引发的是 Ⅰ 型断裂，但 BFRP 筋增强 Eco-HDCC 构件断裂时裂缝偏转，是 Ⅰ 型和 Ⅱ 型混合断裂模式（Ⅰ+Ⅱ 型）。Eco-HDCC 中纤维乱向分布，纤维的桥联作用导致裂缝发生偏转[145-146]。基于裂缝的偏转现象，卡平特里亚（Carpinteri）等[141-144]提出了 MTPM 模型（改进两参数模型），此模型可以用来分析断裂模式是 Ⅰ+Ⅱ 型的构件断裂性能。MTPM 模型中两个参数（临界应力集中因子和临界裂缝尖端开口位移）是基于不配筋的 Eco-HDCC 构件提出来的，BFRP 筋增强 Eco-HDCC 构件的两个参数不能用 MTPM 模型计算，但 MTPM 模型可用来分析 BFRP 筋增强 Eco-HDCC 构件的裂缝偏转角度。

在 MTPM 模型方法中，裂缝偏转角度定义为裂缝扩展时初始两段中最长的一段裂缝偏转角度，而且偏转角度取构件正面和背面的平均值，如图 5.6 所示。图 5.5（h）和（q）的预制裂缝不是竖直，测试裂缝偏转角度时，纵坐标方向与预制裂缝方向平行，裂缝偏转角度是在预制裂缝方向进行测试的，预制裂缝方向不影响裂缝偏转角度的测量。

采用 MTPM 模型方法中裂缝偏转角度的测量方法，BFRP 筋增强 Eco-HDCC 构件的裂缝偏转角度计算值见表 5.2，BFRP 筋增强 Eco-HDCC 构件的裂缝偏转角度小于其裂缝偏转角度；在 BFRP 筋直径为 8mm～14mm 范围内，随着 BFRP 筋直径的增加，BFRP 筋增强 Eco-HDCC 构件的裂缝偏转角度逐渐减小，BFRP 筋直径是 10mm、12mm 和 14mm 时，裂缝偏转角度降低幅度基本一致；在 BFRP 筋保护层厚度较大（15mm～25mm）时，BFRP 筋增强 Eco-HDCC 构件的裂缝偏转角度较大。

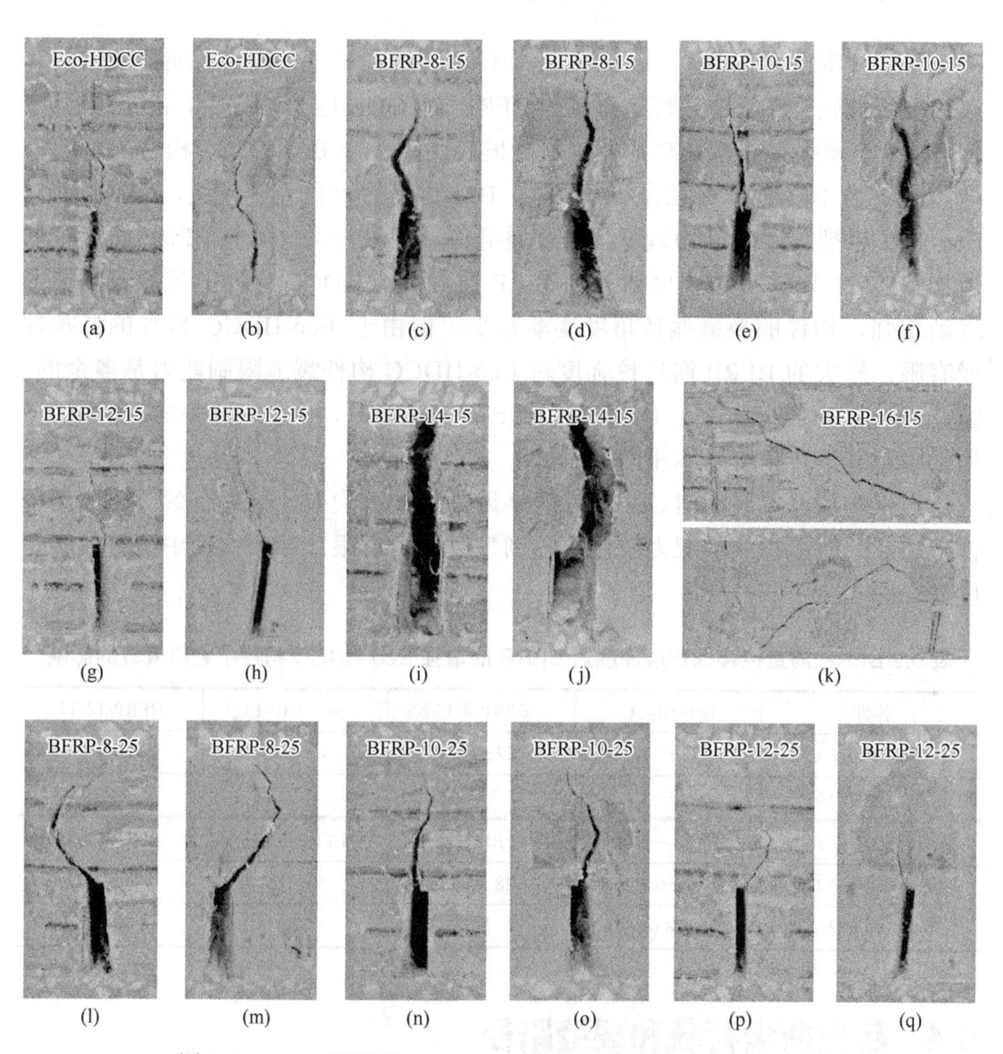

图 5.5　BFRP 筋增强 Eco-HDCC 构件的断裂区正面和背面图

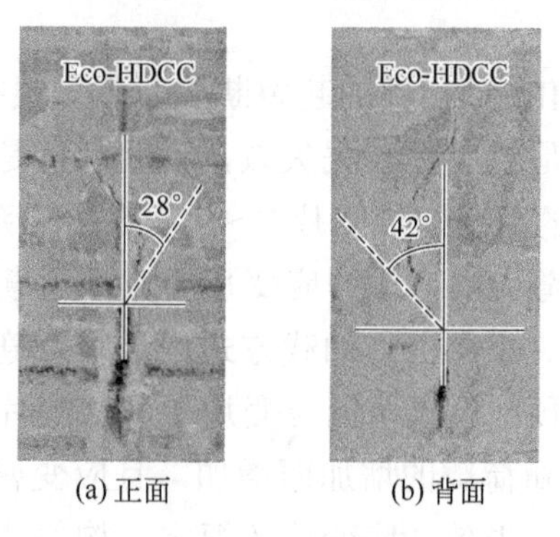

图 5.6　Eco-HDCC 构件的偏转角度测量方法

由于纤维桥联作用，Eco-HDCC 构件的裂缝在扩展过程中有明显的偏转。在构件裂缝张开过程中，跨缝布置的 BFRP 筋承担拉应力，限制了裂缝的扩展，使 BFRP 筋增强 Eco-HDCC 构件的裂缝偏转角度小于 Eco-HDCC 构件的裂缝偏转角度。当 BFRP 筋直径是 8mm 时，BFRP 筋的抗拉强度较低，BFRP 筋对 Eco-HDCC 裂缝限制能力较低，导致裂缝偏转角度较大。随着 BFRP 筋直径的增加，BFRP 筋的抗拉强度增加，BFRP 筋对 Eco-HDCC 构件中裂缝限制能力逐渐增强，构件的裂缝偏转角度逐渐减小。但由于 Eco-HDCC 构件的抗拉性能有限，较大的 BFRP 筋抗拉强度对 Eco-HDCC 构件裂缝限制能力是多余的，因此，当 BFRP 筋直径是 10mm、12mm 和 14mm 时，BFRP 筋增强 Eco-HDCC 构件中裂缝偏转角度基本相同。

当保护层厚度较大时，BFRP 筋靠近预制裂缝尖端，构件有效截面高度降低，BFRP 筋承担的拉应力较低，限制裂缝能力有限，导致构件中裂缝偏转角度较大。

表 5.2 BFRP 筋直径和保护层厚度对 BFRP 筋增强 Eco-HDCC 构件中裂缝偏转的影响

构件	Eco-HDCC	BFRP-8-15	BFRP-10-15	BFRP-12-15
裂缝偏转角度/（°）	35±1.4	22±0.7	4.5±0.7	5±0.7
减小幅度/ %	—	37.1	87.1	85.7
构件	BFRP-14-15	BFRP-8-25	BFRP-10-25	BFRP-12-25
裂缝偏转角度/（°）	4±0.7	28±4.2	10±1.7	11±1.4
减小幅度/ %	88.6	20	71.4	68.6

5.4 起裂断裂荷载和裂缝路径

BFRP 筋增强 Eco-HDCC 构件的起裂断裂荷载是根据应变片 7～9 读数变化确定的，所有构件中都是应变片 8 先失效，说明裂缝是从预制裂缝尖端开始扩展的。Eco-HDCC 试块的荷载与应变片 7～9 读数的关系曲线如图 5.7 所示，随着荷载的增加，预制裂缝尖端部位的应变片 8 读数逐渐增加，应变片 7 和应变片 9 的读数基本无变化。采用三点加载方式，预制裂缝尖端应变片 8 位置处所承担的弯曲应力最大，预制裂缝两侧应变片 7 和应变片 9 位置处所承受弯曲应力很小。应变片 8 读数随荷载的增加而增加，且应变属于拉应变，待预制裂缝尖端处开裂时，应变片 8 失效，应变读数恒定，构件能量释放，应变片 7 和应变片 9 回缩，由于在加载过程中应变片 7 和应变片 9 读数基本无变化，待构件开裂时，应变片 7 和应变片 9 回缩现象不明显。应变片 8 开裂时读数恒定点作为构件的起裂荷载。

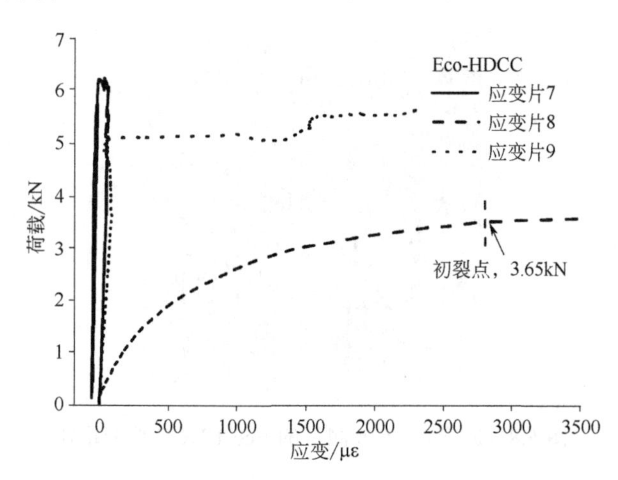

图 5.7 BFRP 筋增强 Eco-HDCC 构件的荷载-应变（应变片 7～应变片 9）关系曲线

BFRP 筋增强 Eco-HDCC 构件的起裂断裂荷载见表 5.3，在 BFRP 筋直径为 8mm～14mm 范围内，随着 BFRP 筋直径的增加，构件的起裂断裂荷载逐渐增加；在 BFRP 筋保护层厚度为 15mm～25mm 范围内，当 BFRP 筋的保护层厚度较大时，构件的起裂断裂荷载较小。

随着 BFRP 筋直径的增加，BFRP 筋的抗拉强度逐渐增加，在初始加载过程中，BFRP 筋承担的拉应力较大，直径较大的 BFRP 筋对 BFRP 筋增强 Eco-HDCC 构件的初裂荷载增强作用较大。随着 BFRP 筋保护层厚度的增加，构件的截面有效高度较小，BFRP 筋提供的抗拉应力较小，导致构件的初裂荷载较小。

表 5.3 BFRP 筋直径和保护层厚度对 BFRP 筋增强 Eco-HDCC 构件起裂荷载的影响

构件	Eco-HDCC	BFRP-8-15	BFRP-10-15	BFRP-12-15
起裂荷载/ kN	3.65±0.24	4.60±0.13 （26.0%）	5.56±0.16 （52.3%）	7.43±0.06 （103.6%）
构件	BFRP-14-15	BFRP-8-25	BFRP-10-25	BFRP-12-25
起裂荷载/ kN	8.04±0.14 （120.3%）	4.07±0.21 （11.5%）	4.94±0.22 （35.3%）	6.20±0.66 （69.9%）

注：括号中数值是 BFRP 筋增强 Eco-HDCC 构件相比 Eco-HDCC 荷载的增加幅度。

应变片 1～6 粘贴在预制裂缝上部区域，用来测试裂缝发展的路径。应变片长度是 20mm，随着荷载的增加，应变片 2 和应变片 5 失效，说明裂缝路径范围是（-10mm，10mm），如图 5.8 所示。尽管 BFRP 筋增强 Eco-HDCC 构件的裂缝在扩展中会发生偏转，裂缝偏转范围为（-10mm，10mm）。

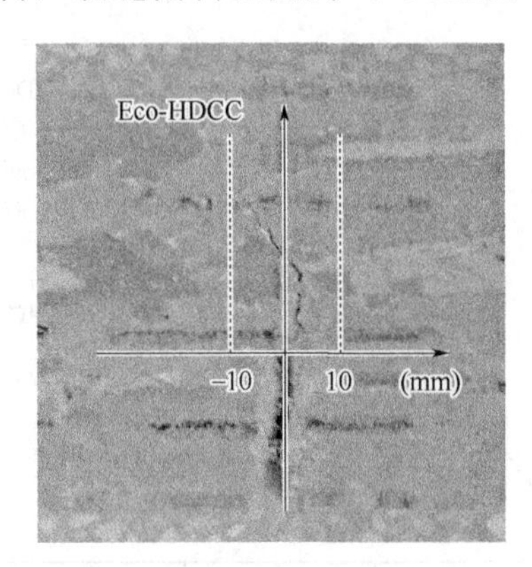

图 5.8　应变片 1～6 测量的 Eco-HDCC 裂缝路径

应变片 10～13 粘贴在 BFRP 筋增强 Eco-HDCC 构件预制裂缝两侧，在加载过程中应变片读数很小，待构件达到峰值荷载后，应变片读数最大值大约为 300με。应变片 10～13 测量的是预制裂缝张开过程中构件两侧变形。构件预制裂缝两侧并不承受拉力，两侧拉应变很小。此外，BFRP 筋承受拉应力，但由于 Eco-HDCC 构件表面粘贴应变片位置距离 BFRP 筋很远，BFRP 筋变形对 Eco-HDCC 构件表面应变几乎无影响。因此，构件表面粘贴的应变片 10～13 读数很小。

5.5　断裂荷载-CMOD 关系

BFRP 筋增强 Eco-HDCC 构件的断裂荷载-CMOD 关系曲线如图 5.9 所示，曲线包含一个“滞回环”，由卸载和再加载曲线构成。当构件卸载时，在较低荷载水平下 CMOD 恢复速度比较快；当构件完全卸载时，CMOD 并不为 0；再加载曲线的斜率低于第一次加载曲线斜率，待超过共同点后，再加载曲线斜率降低。

BFRP 筋增强 Eco-HDCC 构件卸载时，CMOD 恢复滞后，即在较低荷载水平时 CMOD 恢复速度较快，因为荷载较低时裂缝才能闭合；当构件完全卸载时，CMOD 存在残余值，加载过程中构件裂缝张开，裂缝不可恢复，而且纤维从基体中拔出，拔出过程也是不可恢复的，导致构件卸载时存在残余的 CMOD 值；第一次加载时构件内部存在损伤，构件刚度降低，使再加载曲线斜率降低，待超过共同点后，构件内部已有损伤逐渐恶化，新裂缝出现，导致曲线斜率明显降低。

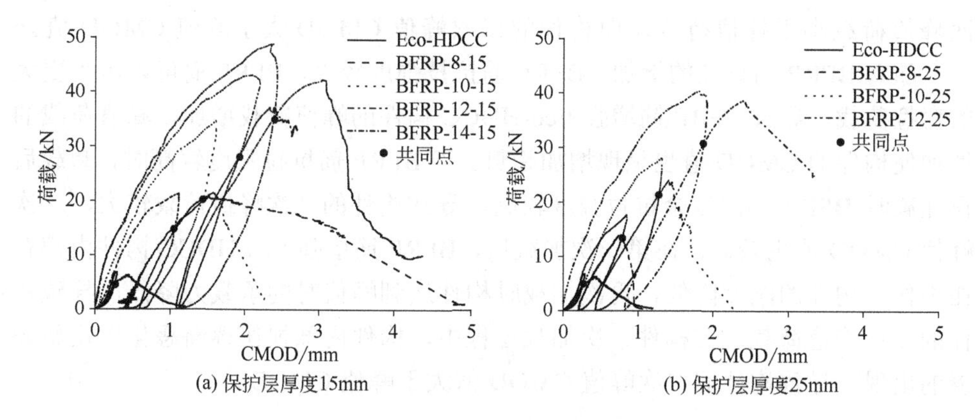

图 5.9　BFRP 筋增强 Eco-HDCC 构件的断裂荷载-CMOD 关系曲线

BFRP 筋增强 Eco-HDCC 构件的峰值断裂荷载、峰值 CMOD、二次峰值断裂荷载和二次峰值 CMOD 见表 5.4。

表 5.4　BFRP 筋增强 Eco-HDCC 构件的荷载和 CMOD 值

试件编号	峰值荷载/ kN	峰值 CMOD/ mm	二次峰值荷载/ kN	二次峰值 CMOD/ mm
Eco-HDCC	6.71±0.18	0.30±0.02	6.20±0.12	0.43±0.02
BFRP-8-15	20.98±1.03	1.12±0.13	20.55±0.62	1.52±0.03
BFRP-8-25	17.37±0.42	0.86±0.01	13.69±2.48	0.76±0.03
BFRP-10-15	34.15±1.32	1.62±0.04	21.11±0.28	1.58±0.06
BFRP-10-25	26.91±1.05	1.32±0.14	23.72±1.46	1.42±0.10
BFRP-12-15	42.45±1.61	2.09±0.08	36.64±1.01	2.42±0.06
BFRP-12-25	39.75±1.45	1.82±0.07	38.05±1.42	2.40±0.04
BFRP-14-15	48.08±0.57	2.39±0.06	41.63±1.75	3.08±0.06

5.5.1　BFRP 筋直径对荷载-CMOD 关系的影响

由表 5.4 可知，BFRP 筋对 Eco-HDCC 构件的峰值荷载、峰值 CMOD、二次峰值荷载和二次峰值 CMOD 具有明显增强作用，不同直径的 BFRP 筋对 Eco-HDCC 构件断裂性能的增强作用见表 5.5。由表 5.4 和表 5.5 可知，在 BFRP 筋直径为 8mm～14mm 范围内，随着 BFRP 筋直径的增加，构件的峰值荷载、峰值 CMOD、二次峰值荷载和二次峰值 CMOD 均呈现增加趋势，构件的二次峰值荷载小于峰值荷载，而构件的二次峰值 CMOD 大于峰值 CMOD 值。

随着 BFRP 筋直径的增加，BFRP 筋抗拉强度较高，BFRP 筋可以承受更大的弯拉荷载，导致 BFRP 筋增强 Eco-HDCC 构件的峰值荷载增加，峰值荷载的增加使构件的 CMOD 值也呈现增加趋势。当 BFRP 筋抗拉强度较高时，卸载后再加载时 BFRP 筋的残余抗拉强度较高，导致构件的二次峰值荷载较大，二次峰值 CMOD 值也较高。在第一次加载后，BFRP 筋增强 Eco-HDCC 构件内部存在损伤，构件的刚度降低，再次加载时构件达到峰值时的承载力降低，导致构件的二次峰值荷载。在构件二次加载过程中，构件内部损伤逐渐恶化以及新裂缝的出现，导致构件的二次峰值 CMOD 值大于峰值 CMOD。

表 5.5　BFRP 筋直径对 BFRP 筋增强 Eco-HDCC 构件荷载和 CMOD 的增强效应

试件编号	峰值荷载的增幅/ %	峰值 CMOD 的增幅/ %	二次峰值荷载的增幅/ %	二次峰值 CMOD 的增幅/ %
Eco-HDCC	—	—	—	—
BFRP-8-15	212.7	273.3	231.5	253.5
BFRP-8-25	158.9	186.7	120.8	76.7
BFRP-10-15	408.9	440.0	240.5	267.4
BFRP-10-25	301.1	340.0	282.6	230.3
BFRP-12-15	532.6	596.7	491.0	462.8
BFRP-12-25	492.4	506.7	513.7	458.1
BFRP-14-15	616.5	696.7	571.5	616.3

5.5.2　保护层厚度对荷载-CMOD 关系的影响

BFRP 筋保护层厚度对 BFRP 筋增强 Eco-HDCC 构件断裂性能结果的影响见表 5.6，在 BFRP 筋保护层厚度为 15mm～25mm 范围内，当 BFRP 筋保护层厚度较大时，构件的峰值荷载和峰值 CMOD 值较低；当 BFRP 筋直径是 8mm 且保护层厚度较大时，构件的二次峰值荷载和二次峰值 CMOD 值较小，当 BFRP 筋直径是 10mm 和 12mm 时且保护层厚度较大时，构件的二次峰值荷载较大而二次峰值 CMOD 较低。

表 5.6　BFRP 筋保护层厚度对 BFRP 筋增强 Eco-HDCC 构件荷载和 CMOD 的影响

单位：%

试件编号	峰值荷载的增幅	峰值 CMOD 的增幅	二次峰值荷载的增幅	二次峰值 CMOD 的增幅
BFRP-8-15	—	—	—	—
BFRP-8-25	-17.2	-23.2	-33.4	-50.0
BFRP-10-15	—	—	—	—
BFRP-10-25	-21.2	-18.5	**12.4**	**-10.1**
BFRP-12-15	—	—	—	—
BFRP-12-25	-6.4	-12.9	**3.8**	**-0.8**

当 BFRP 筋保护层厚度较大时，BFRP 筋增强 Eco-HDCC 构件的截面有效高度较低，BFRP 筋承担拉应力较小，构件的承载力较低，导致构件的峰值荷载和峰值 CMOD 较低。

BFRP 筋增强 Eco-HDCC 构件的二次峰值荷载和二次峰值 CMOD 与 BFRP 筋的残余抗拉强度和截面有效高度有关。当 BFRP 筋直径是 8mm，BFRP 筋抗拉强度较低，截面有效高度是影响构件承载力的主要因素，保护层厚度是 25mm 时，构件截面有效高度较低，构件的二次峰值荷载和二次峰值 CMOD 较低。当 BFRP 筋直径是 10mm 和 12mm 时，BFRP 筋抗拉强度较高，当保护层厚度较大时，构件的有效截面高度较低，BFRP 筋承受拉应力较小，BFRP 筋残余抗拉强度较高，再加载时构件的二次峰值荷载较大。虽然保护层厚度较大时，BFRP 筋增强 Eco-HDCC 构件的二次峰值荷载较大，但构件在卸载时残余 CMOD 值较小，导致构件的二次峰值 CMOD 值较小。

5.6　断裂荷载-挠度关系

BFRP 筋增强 Eco-HDCC 构件的荷载-挠度关系曲线如图 5.10 所示，与构件的断裂荷载-CMOD 关系曲线类似，构件的荷载-挠度关系曲线包含一个“滞回环”，由卸载和再加载曲线构成；当构件卸载时，荷载-挠度关系曲线出现挠度滞后特点和残余挠度；构件的再加载曲线斜率低于第一次加载曲线斜率；构件跨中挠度大于边跨和支座处的挠度；BFRP 筋增强 Eco-HDCC 构件的荷载-挠度曲线在破坏后呈现突然下降的特点，Eco-HDCC 构件的荷载-挠度曲线在破坏后的下降段比较平缓。

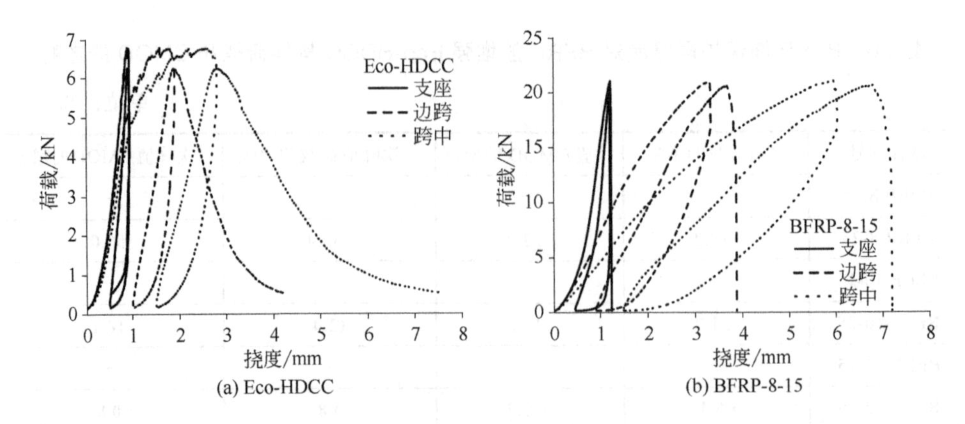

图 5.10 BFRP 筋增强 Eco-HDCC 构件的断裂荷载-挠度关系曲线

当 BFRP 筋增强 Eco-HDCC 构件卸载时，挠度恢复滞后，即在较低荷载水平时挠度恢复速度比较快，当构件完全卸载时，构件中已存在裂缝不可恢复，而且纤维从基体中拔出，拔出过程也是不可恢复的，导致挠度存在残余值。第一次加载时构件内部存在损伤，使构件刚度降低，再加载曲线斜率降低。构件加载采用三点弯曲加载方式，跨中所承受的荷载最大，边跨所承受的荷载较小，导致跨中挠度大于边跨挠度值，支座处构件受支座制约，其挠度值很小。Eco-HDCC 构件所承受的荷载较小，构件断裂时释放能量较小，曲线呈现出缓慢下降的特点，BFRP 筋增强 Eco-HDCC 构件承载力较高，构件断裂时释放能量较大，而且 BFRP 筋是脆性筋材，构件破坏时曲线呈现突然下降的特点。

5.6.1 BFRP 筋直径对荷载-挠度关系的影响

BFRP 筋直径对 BFRP 筋增强 Eco-HDCC 构件的峰值挠度影响如图 5.11 所示，BFRP 筋对 BFRP 筋增强 Eco-HDCC 构件有明显的增强作用，在 BFRP 筋直径为 8mm～14mm 范围内，随着 BFRP 筋直径的增加，构件的峰值挠度增加率逐渐提高，构件跨中峰值挠度的增加率大于边跨和支座处峰值挠度的增加率。

构件跨中所承受的荷载最大，BFRP 筋在跨中提供的弯拉应力最大，随着 BFRP 筋直径的增加，BFRP 筋的抗拉强度较高，BFRP 筋增强 Eco-HDCC 构件的峰值荷载增加，导致构件的峰值挠度呈增加趋势，构件跨中峰值挠度的增加程度最大。考虑 BFRP 筋对构件不同位置处峰值挠度有明显的增强作用，在弯拉构件配筋时 BFRP 筋不需要弯折，可直接配筋。

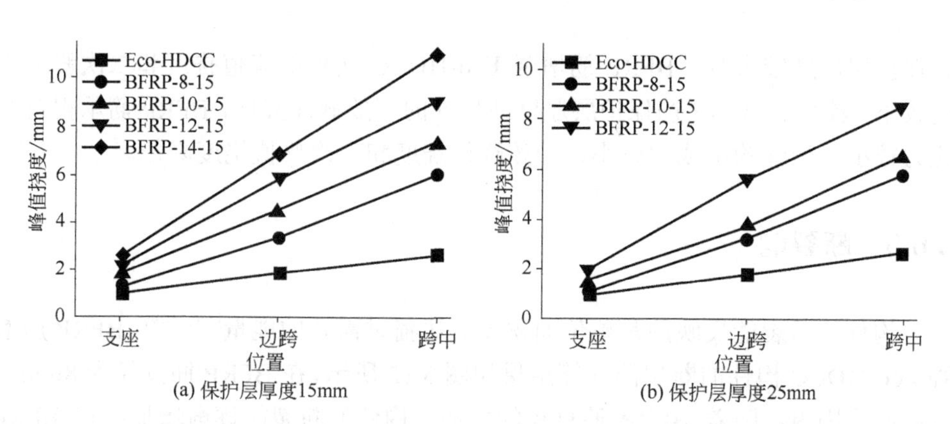

图 5.11　BFRP 筋直径对 BFRP 筋增强 Eco-HDCC 构件不同位置处峰值挠度的影响

BFRP 筋增强 Eco-HDCC 构件跨中峰值挠度和二次峰值挠度如表 5.7 所示，在 BFRP 筋直径为 8mm～14mm 范围内，随着 BFRP 筋直径的增加，构件的峰值挠度和二次峰值挠度逐渐增加；构件的二次峰值挠度大于峰值挠度。

当 BFRP 筋直径增加时，BFRP 筋抗拉强度较大，卸载时 BFRP 筋的残余抗拉强度较大，构件的二次峰值挠度呈增加趋势。在再加载过程中，构件内部损伤恶化以及新裂缝出现，导致构件的裂缝张开口增加，构件的二次峰值 CMOD 大于峰值 CMOD，构件的二次峰值挠度也大于峰值挠度。

表 5.7　BFRP 筋增强 Eco-HDCC 构件跨中挠度

试件编号	峰值挠度/ mm	峰值挠度的增加幅度/ %	二次峰值挠度/ mm	二次峰值挠度的增加幅度/ %
Eco-HDCC	2.61±0.01	—	2.82±0.02	—
BFRP-8-15	5.96±0.08	128.4	6.86±0.10	143.3
BFRP-8-25	5.72±0.13	119.2	5.70±0.14	102.1
BFRP-10-15	7.33±0.13	180.8	9.36±0.18	231.9
BFRP-10-25	6.61±0.48	153.3	6.34±0.41	124.8
BFRP-12-15	9.05±0.14	246.7	11.40±0.18	304.3
BFRP-12-25	8.48±0.11	224.9	9.39±0.33	233.0
BFRP-14-15	11.04±0.44	323.0	13.42±0.35	375.9

5.6.2　保护层厚度对荷载-挠度关系的影响

由表 5.7 可知，在 BFRP 筋保护层厚度为 15mm～25mm 范围内，当 BFRP

筋保护层厚度较大时，BFRP 筋增强 Eco-HDCC 构件的峰值挠度和二次峰值挠度较小。较大的 BFRP 筋保护层厚度使构件的有效截面降低，BFRP 筋承担弯拉应力较小，构件的承载力较小，导致峰值挠度和二次峰值挠度降低。

5.6.3 断裂能

构件的断裂能反映的是单位面积裂缝传播时需要的能量[147-149]。BFRP 筋增强 Eco-HDCC 构件的断裂能计算结果如图 5.12 所示，在 BFRP 筋直径为 8mm～14mm 范围内，随着 BFRP 筋直径的增加，构件的断裂能逐渐增加；在 BFRP 筋保护层厚度为 15mm～25mm 范围内，当 BFRP 筋保护层厚度较大时，构件的断裂能较小。

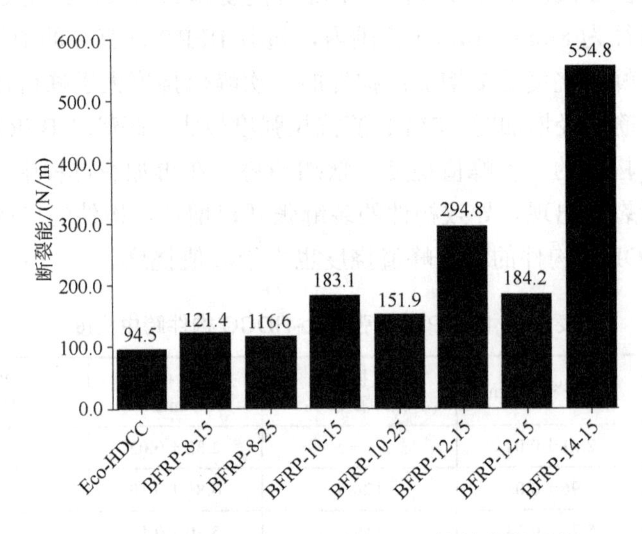

图 5.12　BFRP 筋增强 Eco-HDCC 构件的断裂能

BFRP 筋增强 Eco-HDCC 构件的断裂能与构件的荷载、挠度和质量有关[147-149]。构件的质量基本没有区别，荷载和挠度是影响构件断裂能的主要因素。如前文讨论，随着 BFRP 筋直径的增加，BFRP 筋增强 Eco-HDCC 构件的峰值荷载和峰值挠度逐渐增加，导致构件破坏时需要的能量较大，构件断裂能随 BFRP 筋直径的增加呈现增加趋势。当 BFRP 筋保护层厚度较大时，BFRP 筋增强 Eco-HDCC 构件的峰值荷载和峰值挠度较小，构件破坏时需要的能量较小，构件断裂能较小。

当 BFRP 筋增强 Eco-HDCC 构件的断裂能较大时，裂缝扩展需要更高的能量，从断裂能方面考虑，较大的 BFRP 筋直径和较小的保护层厚度设计可以抵抗结构中裂缝的扩展。在 BFRP 筋增强 Eco-HDCC 桥面无缝连接板设计中，BFRP 筋直径和保护层厚度的选择需要基于多方面因素考虑。

5.7　设计参数建议

在 BFRP 筋直径为 8mm～14mm 范围内，随着 BFRP 筋直径的增加，BFRP 筋增强 Eco-HDCC 构件的起裂荷载、峰值荷载、峰值 CMOD、峰值挠度、二次峰值荷载、二次峰值 CMOD 和二次峰值挠度均呈现增加趋势。随着 BFRP 筋直径的增加，构件的裂缝偏转角度降低；当 BFRP 筋直径是 10mm、12mm 和 14mm 时，构件裂缝偏转角度降低幅度更加明显，但这三种直径下，构件裂缝偏转角度基本相同。基于 BFRP 筋直径对构件荷载、变形和裂缝偏转角度的影响，建议采用 BFRP 筋直径为 10mm～14mm 作为 BFRP 筋增强 Eco-HDCC 桥面无缝连接板设计配筋。

在 BFRP 筋保护层厚度为 15mm～25mm 范围内，BFRP 筋保护层厚度较小时，BFRP 筋增强 Eco-HDCC 构件的峰值荷载、峰值 CMOD 和峰值挠度较大。考虑 Eco-HDCC 构件的浇筑质量，当 BFRP 筋的保护层厚度为 15mm 时，Eco-HDCC 保护层有很多缺陷，影响保护层性能的发挥。因此，建议 BFRP 筋增强 Eco-HDCC 桥面无缝连接板中 BFRP 筋保护层厚度为 25mm。

基于 BFRP 筋增强 Eco-HDCC 构件断裂性能分析结果，在桥面无缝连接板设计中，建议采用 BFRP 筋直径为 10mm、12mm 和 14mm，保护层厚度为 25mm。

5.8　本章小结

采用三点弯曲梁法测试不同 BFRP 筋直径和保护层厚度对 BFRP 筋增强 Eco-HDCC 构件断裂性能的影响。首先，采用 MTPM 方法测量构件的裂缝偏转角度；其次，采用应变片确定构件的起裂断裂荷载和裂缝路径；然后分析构件的断裂荷载-CMOD 关系曲线以及断裂荷载-挠度关系曲线；最后根据试验结果得到了 BFRP 筋增强 Eco-HDCC 桥面无缝连接板的设计参数。

（1）当 BFRP 筋直径为 8mm～14mm 时，BFRP 筋增强 Eco-HDCC 构件断裂区内裂缝偏转；在 BFRP 筋直径为 8mm～14mm 范围内，随着 BFRP 筋直径的增加，构件的裂缝偏转角度逐渐减小，BFRP 筋直径是 10mm、12mm 和 14mm 时，裂缝偏转角度降低幅度基本一致；在 BFRP 筋保护层厚度为 15mm～25mm 范围内，保护层厚度较大时，BFRP 筋增强 Eco-HDCC 构件的裂缝偏转角度较大。

（2）在 BFRP 筋直径为 8mm～14mm 范围内，随着 BFRP 筋直径的增加，BFRP 筋增强 Eco-HDCC 构件的起裂断裂荷载逐渐增加；在 BFRP 筋保护层厚度为 15mm～25mm 范围内，当 BFRP 筋的保护层厚度较大时，构件的起裂断裂荷载较小。BFRP 筋增强 Eco-HDCC 构件裂缝偏转范围为-10mm～10mm。

（3）BFRP 筋增强 Eco-HDCC 构件的荷载-CMOD 和荷载-挠度关系曲线均包含一个“滞回环”，由卸载和再加载曲线构成。当构件卸载时，在较低荷载水平下 CMOD 和挠度恢复速度比较快；当构件完全卸载时，CMOD 和挠度并不为 0；再加载曲线的斜率低于第一次加载曲线斜率，待超过共同点后，再加载曲线斜率降低。构件跨中挠度大于边跨和支座处的挠度。

（4）在 BFRP 筋直径为 8mm～14mm 范围内，随着 BFRP 筋直径的增加，BFRP 筋增强 Eco-HDCC 构件的峰值荷载和峰值 CMOD 均呈现增加趋势；在 BFRP 筋保护层厚度为 15mm～25mm 范围内，当 BFRP 筋保护层厚度较大时，构件的峰值荷载和峰值 CMOD 值较低。

（5）在 BFRP 筋直径为 8mm～14mm 范围内，随着 BFRP 筋直径的增加，BFRP 筋增强 Eco-HDCC 构件的峰值挠度增加率逐渐增加，构件跨中峰值挠度的增加率大于边跨和支座处峰值挠度的增加率，构件的断裂能逐渐增加。在 BFRP 筋保护层厚度为 15mm～25mm 范围内，当 BFRP 筋保护层厚度较大时，BFRP 筋增强 Eco-HDCC 构件的峰值挠度较小，构件的断裂能较小。

（6）基于 BFRP 筋增强 Eco-HDCC 构件断裂性能分析结果，在桥面无缝连接板设计中，建议采用 BFRP 筋直径为 10mm、12mm 和 14mm，保护层厚度为 25mm。

第 6 章

BFRP 筋增强 Eco-HDCC 构件的抗弯设计方法

6.1 引言

桥面无缝连接板位于桥梁结构的负弯矩区，BFRP 筋增强 Eco-HDCC 桥面无缝连接板属于受弯构件。在桥面无缝连接板结构设计时，行车方向按照受弯构件梁进行配筋设计，横向方向（垂直于行车方向）参考混凝土结构设计规范进行构造分析。参考已有文献中 FRP 筋混凝土的抗弯设计方法，进行 BFRP 筋增强 Eco-HDCC 构件的抗弯性能研究，为桥面无缝连接板设计提供理论方法。

本章设计超筋配筋梁，测试了 BFRP 筋直径和保护层厚度对 BFRP 筋增强 Eco-HDCC 梁抗弯性能的影响。首先，分析了 BFRP 筋增强 Eco-HDCC 梁的破坏形态；其次，分析了荷载-挠度关系、荷载-BFRP 筋应变关系和荷载-Eco-HDCC 应变关系；提出了 BFRP 筋增强 Eco-HDCC 受弯构件的正截面受弯承载力计算方法，并与试验结果进行比较，验证正截面受弯承载力计算方法的可行性；基于国内外 FRP 筋混凝土规范中受弯梁最大裂缝宽度和峰值挠度变形计算公式，结合本章试验结果，提出了适用于 BFRP 筋增强 Eco-HDCC 梁的裂缝和变形计算方法；最后提出了 BFRP 筋增强 Eco-HDCC 构件的抗弯设计方法（图 6.1）。

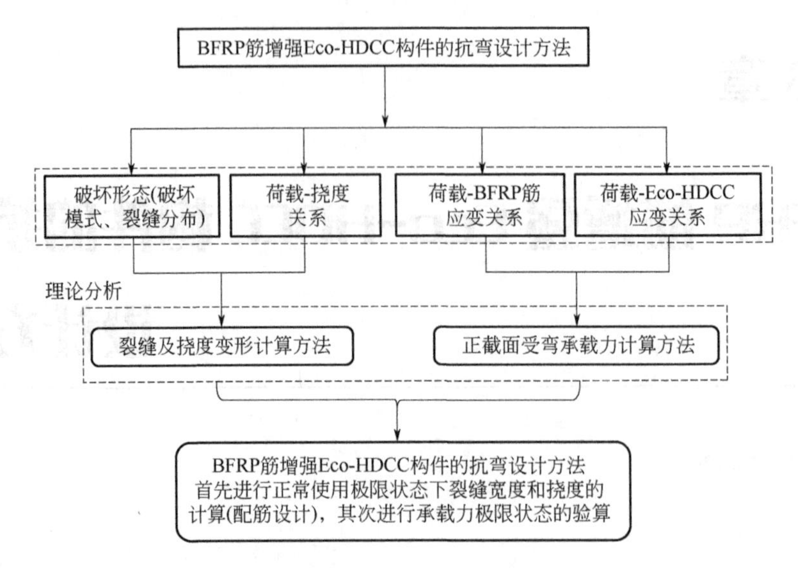

图 6.1 BFRP 筋增强 Eco-HDCC 构件的抗弯设计方法研究路线

6.2 试验方案

6.2.1 试验梁设计方案

考虑实验室设备条件，选用 BFRP 筋增强 Eco-HDCC 试验梁尺寸为 100mm×100mm×700mm，在试验梁底部布置单根 BFRP 筋。本章研究 BFRP 筋增强 Eco-HDCC 梁的抗弯性能，主要设计了三个因素：BFRP 直径（8mm、10mm、12mm、14mm 和 16mm），保护层厚度（15mm、25mm、35mm）和加载方式（单调加载和重复加载），并设置不配筋 Eco-HDCC 作为对比梁。参考已有 FRP 筋混凝土梁的平衡配筋率计算公式，梁的设计破坏模式为超筋，即设计破坏形态为受压区 Eco-HDCC 压碎而非受拉区 BFRP 筋断裂。试验梁设计方案见表 6.1。

表 6.1 BFRP 筋增强 Eco-HDCC 梁抗弯性能设计方案

试件编号	直径 / mm	保护层厚度 / mm	配筋率 / %	设计破坏模式	加载方式	数量/个
Eco-HDCC	—	—	—	—	单调加载	3
BFRP-8-15	8	15	0.62	超筋/Eco-HDCC 压碎	单调加载	3

续表

试件编号	直径 / mm	保护层厚度 / mm	配筋率 / %	设计破坏模式	加载方式	数量/个
BFRP-8-25	8	25	0.71	超筋/Eco-HDCC 压碎	单调加载	3
BFRP-8-35	8	35	0.82	超筋/Eco-HDCC 压碎	单调加载	3
BFRP-10-15	10	15	0.98	超筋/Eco-HDCC 压碎	单调加载	3
BFRP-10-25	10	25	1.12	超筋/Eco-HDCC 压碎	单调加载	3
BFRP-10-35	10	35	1.31	超筋/Eco-HDCC 压碎	单调加载	3
BFRP-12-15	12	15	1.43	超筋/Eco-HDCC 压碎	单调加载	3
BFRP-12-25	12	25	1.64	超筋/Eco-HDCC 压碎	单调加载	3
BFRP-12-35	12	35	1.92	超筋/Eco-HDCC 压碎	单调加载	3
BFRP-14-15	14	15	1.97	超筋/Eco-HDCC 压碎	单调加载	3
BFRP-14-25	14	25	2.26	超筋/Eco-HDCC 压碎	单调加载	3
BFRP-14-35	14	35	2.65	超筋/Eco-HDCC 压碎	单调加载	3
BFRP-16-15	16	15	2.61	超筋/Eco-HDCC 压碎	单调加载	3
BFRP-16-25	16	25	3.00	超筋/Eco-HDCC 压碎	单调加载	3
Eco-HDCC-R	—	—	—	—	重复加载	3
BFRP-8-25-R	8	25	0.71	超筋/Eco-HDCC 压碎	重复加载	3
BFRP-10-25-R	10	25	1.12	超筋/Eco-HDCC 压碎	重复加载	3
BFRP-12-25-R	12	25	1.64	超筋/Eco-HDCC 压碎	重复加载	3
BFRP-14-25-R	14	25	2.26	超筋/Eco-HDCC 压碎	重复加载	3
BFRP-16-25-R	16	25	3.00	超筋/Eco-HDCC 压碎	重复加载	3

注：试件编号中第二部分数字是 BFRP 筋直径，第三部分数字是保护层厚度，R 表示重复加载。

6.2.2　加载方案

BFRP 筋增强 Eco-HDCC 试验梁采用四点加载方式，有效跨度是 600mm，加载点距离是 100mm，即梁纯弯段是 100mm。

在 BFRP 筋增强 Eco-HDCC 试验梁一侧不同位置（支座、边跨和跨中）布置 4 个 LVDT 测试梁的挠度，由于支座位移较小，只设置一个 LVDT，在两侧边跨处设置两个 LVDT，其 LVDT 布置如图 6.2 所示。

为验证 BFRP 筋增强 Eco-HDCC 梁平截面假定，测试在加载过程中梁不同高度处的应变，沿梁高度等间距粘贴 5 个应变片，型号为 BX120-100AA，应变片间距是 20mm，如图 6.3 所示。

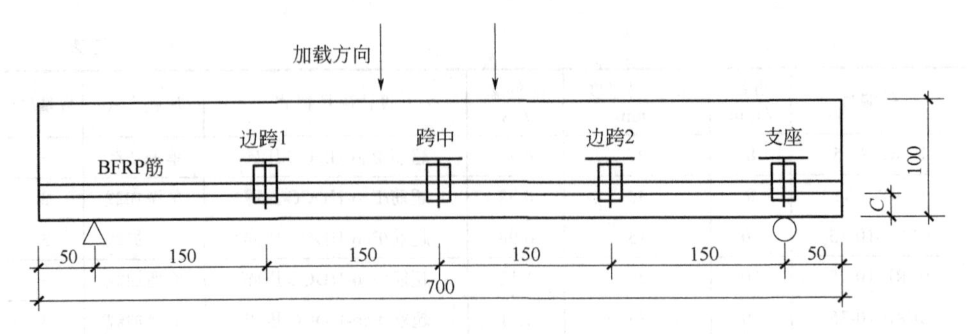

图 6.2 BFRP 筋增强 Eco-HDCC 试验梁 LVDT 测点布置（单位：mm）

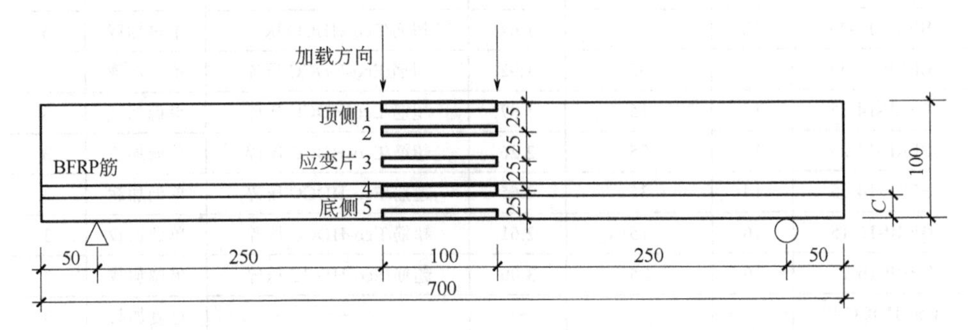

图 6.3 BFRP 筋增强 Eco-HDCC 梁侧面应变片测点布置（单位：mm）

为了测试加载过程中试验梁内部 BFRP 筋的应变与同重心高度处 Eco-HDCC 表面应变，在梁式构件浇筑前的纯弯段 BFRP 筋预埋 5 个应变片，型号为BX120-3AA；在同截面高度处Eco-HDCC表面对应位置粘贴5个应变片，型号为 BX120-10AA，如图 6.4 所示。

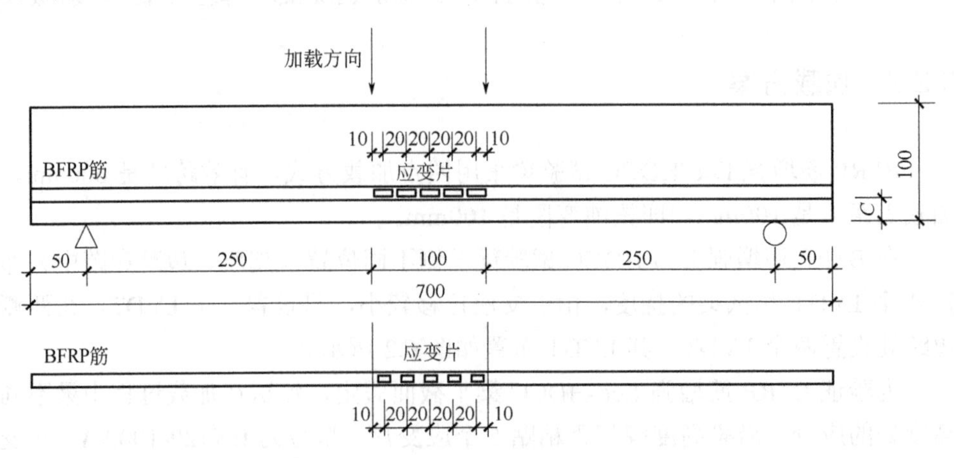

图 6.4 BFRP 筋增强 Eco-HDCC 试验梁中 BFRP 筋和 Eco-HDCC 表面应变片测点布置（单位：mm）

为测试 BFRP 筋增强 Eco-HDCC 试验梁底面的开裂荷载，在梁底面纯弯段连续粘贴 5 个应变片，型号为 BX120-20AA，当梁底开裂后，若裂缝出现在粘贴的应变片内，应变片数据突然增加，若裂缝出现在应变片外，应变片数据回缩。根据应变片数据变化，来确定试验梁的开裂荷载，如图 6.5 所示。

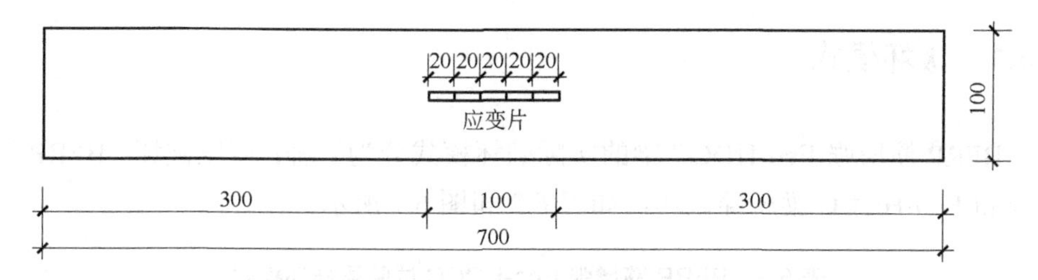

图 6.5　BFRP 筋增强 Eco-HDCC 试验梁底面应变片测点布置（单位：mm）

为测试试验梁中 BFRP 筋重心水平处构件侧表面拉伸变形，在与 BFRP 筋同重心高度处布置 LVDT，标距是 100mm，LVDT 布置如图 6.6 所示。

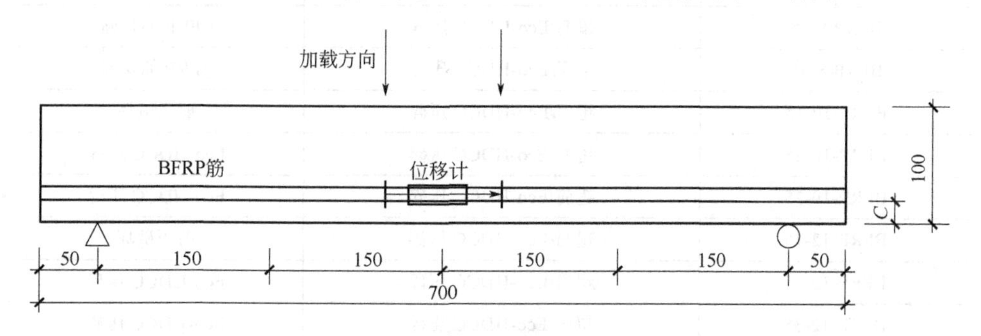

图 6.6　BFRP 筋增强 Eco-HDCC 试验梁侧面底部 LVDT 测点布置

（单位：mm）

BFRP 筋增强 Eco-HDCC 试验梁采用单调加载和重复加载两种方式，单调加载采用位移控制，加载速率为 0.5mm/min；重复加载采用等位移加卸载方式，加/卸载速率是 0.5mm/min，位移增加幅度是 1mm，卸载幅度也是 1mm，设置加载程序如下：加载到 1mm—卸载到 0mm—加载到 2mm—卸载到 1mm—加载到 3mm—卸载到 2mm—加载到 30mm—卸载到 29mm—单调加载至破坏。

加载过程中 BFRP 筋增强 Eco-HDCC 试验梁的裂缝宽度很难测定，故裂缝宽度的测量是在试验梁加载后，测试试验梁中 BFRP 筋同重心水平处的试件表面裂缝宽度以及梁底面裂缝宽度，采用便携式万向架数码电子显微镜测量裂缝宽度，放大倍数是 500 万倍。

6.3 破坏形态

6.3.1 破坏模式

BFRP 筋增强 Eco-HDCC 梁的实际破坏模式分为三种：剪压破坏、BFRP 筋拉断和 Eco-HDCC 梁压碎破坏，如表 6.2 和图 6.7 所示。

表 6.2 BFRP 筋增强 Eco-HDCC 试验梁破坏模式

试块编号	设计破坏模式	实际破坏模式
Eco-HDCC	—	弯曲破坏
BFRP-8-15	超筋/Eco-HDCC 压碎	剪压破坏
BFRP-8-25	超筋/Eco-HDCC 压碎	BFRP 筋拉断
BFRP-8-35	超筋/Eco-HDCC 压碎	BFRP 筋拉断
BFRP-10-15	超筋/Eco-HDCC 压碎	剪压破坏
BFRP-10-25	超筋/Eco-HDCC 压碎	Eco-HDCC 压碎
BFRP-10-35	超筋/Eco-HDCC 压碎	Eco-HDCC 压碎
BFRP-12-15	超筋/Eco-HDCC 压碎	剪压破坏
BFRP-12-25	超筋/Eco-HDCC 压碎	Eco-HDCC 压碎
BFRP-12-35	超筋/Eco-HDCC 压碎	Eco-HDCC 压碎
BFRP-14-15	超筋/Eco-HDCC 压碎	剪压破坏
BFRP-14-25	超筋/Eco-HDCC 压碎	Eco-HDCC 压碎
BFRP-14-35	超筋/Eco-HDCC 压碎	Eco-HDCC 压碎
BFRP-16-15	超筋/Eco-HDCC 压碎	剪压破坏
BFRP-16-25	超筋/Eco-HDCC 压碎	Eco-HDCC 压碎
Eco-HDCC-R	超筋/Eco-HDCC 压碎	弯曲破坏
BFRP-8-25-R	超筋/Eco-HDCC 压碎	BFRP 筋拉断
BFRP-10-25-R	超筋/Eco-HDCC 压碎	Eco-HDCC 压碎
BFRP-12-25-R	超筋/Eco-HDCC 压碎	Eco-HDCC 压碎
BFRP-14-25-R	超筋/Eco-HDCC 压碎	Eco-HDCC 压碎
BFRP-16-25-R	超筋/Eco-HDCC 压碎	Eco-HDCC 压碎

当 BFRP 筋保护层厚度是 15mm 时，BFRP 筋增强 Eco-HDCC 试验梁剪跨比较小，梁破坏形态是剪压破坏，如图 6.7（a）所示。虽然梁设计破坏模式是超筋破坏，但由于剪跨比较小时，梁受拱作用影响较大，破坏主要由斜裂缝为主。梁首先在纯弯段受拉区出现垂直裂缝，随着荷载的增加，剪弯段受拉区也出现垂直裂缝和斜裂缝，待荷载增加到一定程度时，在剪弯段靠近支座处到加载点出现一条主斜裂缝，斜裂缝顶端压区的 Eco-HDCC 试验梁在剪应力和压应力共同作用下被压碎。

当 BFRP 筋直径是 8mm，保护层厚度是 25mm 和 35mm 时，试验梁破坏模式是少筋破坏，即 BFRP 筋拉断，如图 6.7（b）所示。当试验梁底部 Eco-HDCC 受拉区开裂后，BFRP 筋承担拉力，但由于本书给出的 BFRP 筋极限拉应变是按照 BFRP 筋标距内平均变形得到的，是平均值，而试验梁加载过程中由于加载速度快，直径 8mm 的 BFRP 筋由于抗拉强度低而突然局部断裂，Eco-HDCC 受压区未达到极限压应变，受压区未发生破坏。在加载过程中，纯弯段试验梁一侧先出现垂直裂缝（4 条～5 条），随后剪弯段也出现垂直裂缝（5 条～8 条），试件在开裂过程中伴随着清脆的 BFRP 筋断裂声音，BFRP 筋拉断。

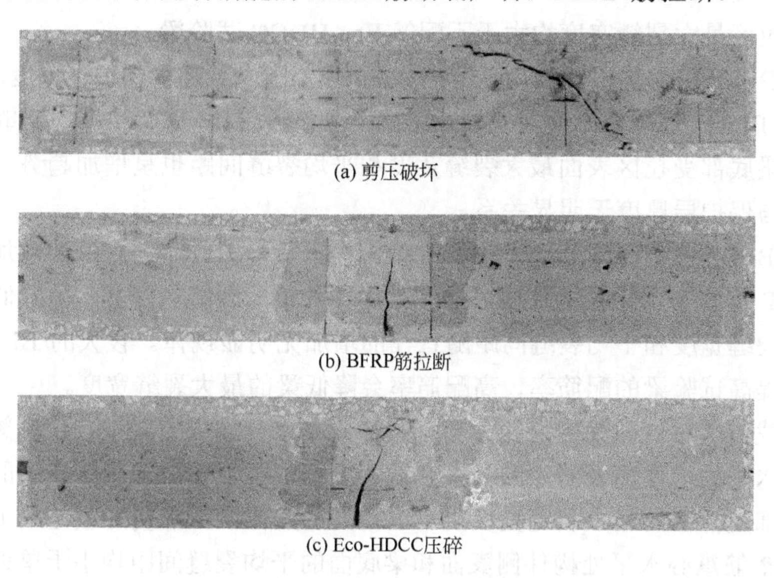

(a) 剪压破坏

(b) BFRP筋拉断

(c) Eco-HDCC压碎

图 6.7　BFRP 筋增强 Eco-HDCC 试验梁破坏形态

当 BFRP 筋直径大于 8mm，保护层厚度大于 15mm 时，试验梁破坏模式是超筋破坏，即 Eco-HDCC 受压区被压碎，如图 6.7（c）所示。在加载过程中，试验梁一侧纯弯段出现垂直裂缝（5 条～8 条），随后剪弯段也出现垂直裂缝（5

条～12 条)。随着荷载的增加，梁底裂缝向受压区延伸，中和轴高度不断上移，受压区压应变增加，同时受拉区 BFRP 筋承担拉应力也增加，试件纯弯段主裂缝宽度逐渐增加。试验梁设计为超筋梁，受拉区 BFRP 筋可以提供足够拉应力，Eco-HDCC 压应变有限，梁破坏时 Eco-HDCC 受压区被压碎。

6.3.2 裂缝分布

本书设计 BFRP 筋增强 Eco-HDCC 梁的目的是获得受弯构件的正截面承载力极限状态计算公式和正常使用极限状态下的裂缝和挠度变形计算公式。由于保护层厚度为 15mm 的试验梁破坏模式是剪压破坏，跟试验设计破坏模式不同，所以在后续试验结果分析中不考虑此类破坏模式。

根据试验梁破坏后裂缝分布情况，测量了跨度 600mm 范围内 BFRP 筋重心水平处 Eco-HDCC 构件侧表面的裂缝宽度和条数，并测试了梁底面受拉区的裂缝宽度和条数，统计结果见表 6.3。所有 BFRP 筋增强 Eco-HDCC 试验梁底部最大裂缝宽度均大于 BFRP 筋重心水平处构件侧表面上的最大裂缝宽度，试验梁底面受拉区最大裂缝宽度均大于不配筋 Eco-HDCC 试验梁。

在 BFRP 筋保护层厚度为 25mm～35mm 范围内，随着保护层厚度的增加，试验梁 BFRP 筋重心水平处构件侧表面上的最大裂缝宽度和平均裂缝间距增加，而梁底部受拉区表面最大裂缝宽度和平均裂缝间距也呈增加趋势，平均裂缝宽度与保护层厚度无明显关系。

在 BFRP 筋直径为 8mm～16mm 范围内，随着 BFRP 筋直径的增加，试验梁 BFRP 筋重心水平处构件侧表面和梁底面的最大裂缝宽度基本呈降低趋势，但平均裂缝宽度和平均裂缝间距随直径的增加无明显规律。较大的 BFRP 筋直径可以提高试验梁的配筋率，高配筋率会降低梁的最大裂缝宽度。

加载方式对试验梁的裂缝分布有影响，在重复加载方式下，试验梁 BFRP 筋重心水平处构件侧表面上的最大裂缝宽度基本小于单调加载方式下的裂缝宽度，底部受拉区的最大裂缝宽度也呈现相同的规律；在重复加载方式下，试验梁 BFRP 筋重心水平处构件侧表面和梁底面的平均裂缝间距均小于单调加载方式下的平均裂缝间距。在重复加载方式下，试验梁应力重新分布，加载过程中裂缝出现，卸载时裂缝闭合，重新加载时裂缝重新张开，同时新裂缝出现，避免主裂缝宽度的恶化，导致主裂缝的最大宽度减小；另外新裂缝的出现导致试件上总裂缝数量增加，平均裂缝间距减小。

从 BFRP 筋增强 Eco-HDCC 梁的破坏形态角度分析，梁的保护层厚度为

15mm 时，梁因抗剪能力不足而发生剪压破坏，当保护层厚度较大时，梁的最大裂缝宽度增加，通过最大裂缝宽度限制 BFRP 筋直径和保护层厚度。设计 BFRP 筋的保护层厚度为 25mm；BFRP 筋直径是 8mm 时，BFRP 筋的抗拉强度较低，梁的破坏形态是 BFRP 筋拉断，因此，可设计梁中 BFRP 筋直径至少为 10mm。

表 6.3 BFRP 筋增强 Eco-HDCC 梁的裂缝宽度，间距和数量

试件编号	BFRP 筋重心水平处构件侧表面				梁底部受拉区			
	最大裂缝宽度 / mm	平均裂缝宽度/ mm	裂缝数量/条	平均间距 / mm	最大裂缝宽度/ mm	平均裂缝宽度/ mm	裂缝数量/条	平均间距 / mm
Eco-HDCC	—	—	—	—	1.69	0.14	22	27.27
BFRP-8-25	4.11	0.28	13	46.15	5.05	0.25	36	16.67
BFRP-8-35	5.56	0.53	9	66.67	5.77	0.18	30	20.00
BFRP-10-25	4.02	0.34	14	42.86	4.40	0.37	28	21.43
BFRP-10-35	4.81	0.49	12	50.00	5.11	0.38	22	27.27
BFRP-12-25	3.35	0.59	13	46.15	4.06	0.27	34	17.65
BFRP-12-35	4.30	0.38	10	60.00	4.86	0.29	22	27.27
BFRP-14-25	3.12	0.39	15	40.00	3.76	0.19	38	15.79
BFRP-14-35	3.35	0.20	13	46.15	4.27	0.21	24	25.00
BFRP-16-25	2.15	0.14	10	60.00	2.93	0.10	26	23.08
Eco-HDCC-R	—	—	—	—	2.11	0.13	33	18.18
BFRP-8-25-R	3.88	0.30	16	37.50	4.94	0.21	41	14.63
BFRP-10-25-R	3.52	0.60	18	33.33	3.88	0.43	30	20.00
BFRP-12-25-R	3.26	0.55	15	40.00	3.81	0.21	38	15.79
BFRP-14-25-R	3.15	0.61	19	31.58	3.61	0.30	40	15.00
BFRP-16-25-R	2.09	0.35	12	50.00	3.30	0.19	29	20.69

6.4 荷载-挠度关系

6.4.1 荷载-挠度关系曲线

BFRP 筋增强 Eco-HDCC 梁试验加载方案中设置 4 个 LVDT 测试加载过程

中试验梁的挠度，采用两个边跨 LVDT 和一个跨中 LVDT 减去支座处 LVDT 可得到边跨和跨中位置的挠度。

BFRP 筋增强 Eco-HDCC 梁在两个边跨和跨中位置处的荷载-挠度关系曲线如图 6.8 所示，梁跨中挠度最大，两侧边跨挠度不同。跨中所受的弯曲荷载最大，挠度变形也最大；随着荷载的增加，裂缝出现，裂缝位置的随机性，导致梁两侧挠度变形不同。

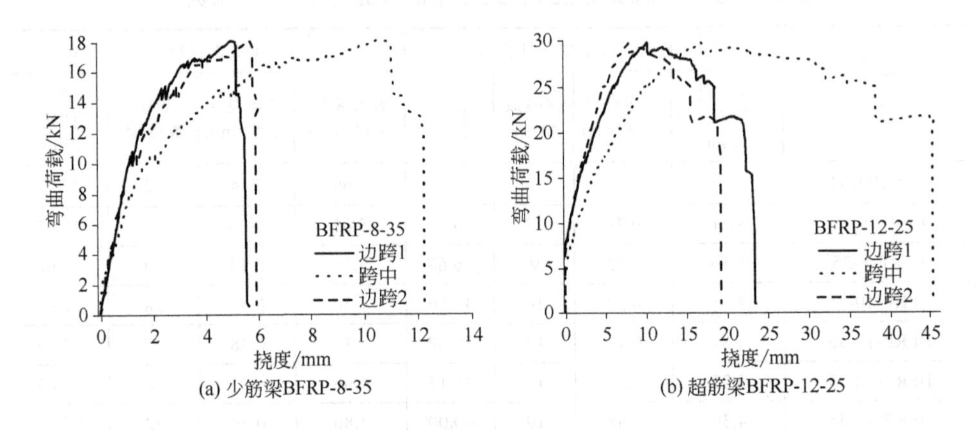

图 6.8 试验梁不同位置的荷载-挠度关系曲线

BFRP 筋增强 Eco-HDCC 梁跨中挠度最大，研究不同加载方式对试验梁的荷载-跨中挠度关系曲线的影响如图 6.9 所示。单调加载方式和重复加载方式下，试验梁的荷载-跨中挠度曲线基本呈现以下两个特点：①上升段曲线分为线性和挠度硬化两个阶段，初始加载点到初裂点为第一线性阶段，初裂点到峰值点曲线呈现挠度硬化特点；②曲线下降段最后都是承载力突然降低，少筋梁达到峰值荷载后，荷载突然下降，而超筋梁达到峰值荷载后，下降段先缓慢下降，再突然降低。重复加载方式下荷载-挠度关系曲线的外包络线与单调加载方式下的曲线趋势一致。随着 BFRP 筋直径的增加，上升段曲线斜率逐渐减小，下降段最后都表现为承载力的突降。

单调加载和重复加载方式下，BFRP 筋增强 Eco-HDCC 试验梁上升段曲线两阶段分界点是初裂点，在开裂前，试验梁的主要承载力由 Eco-HDCC 提供，荷载-跨中挠度关系曲线呈现线性特点；梁底 Eco-HDCC 开裂后，裂缝由底部向上发展，BFRP 筋和 Eco-HDCC 共同承担拉力，由于 Eco-HDCC 的应变硬化特性，试件表现为多缝开裂，在此阶段 BFRP 筋和 Eco-HDCC 承担拉应力，曲线呈现挠度硬化特点。达到峰值荷载后，8mm 直径的 BFRP 筋由于承载力低而被拉断，曲线突然下降，其余梁破坏模式是受压区 Eco-HDCC 被压碎。相比少筋梁的脆性破坏，超筋梁的破坏在承载力下降前期还有缓冲段，所以超筋设计可以防止试件突然脆性破坏。梁的荷载-挠度关系曲线呈现出线性和挠度硬化特点，这是 BFRP 筋增强 Eco-HDCC 梁的本质特征，与加载方式无关，重复加载方式下荷载-挠度关系曲线的外包络线与单调加载方式下的曲线趋势一致。

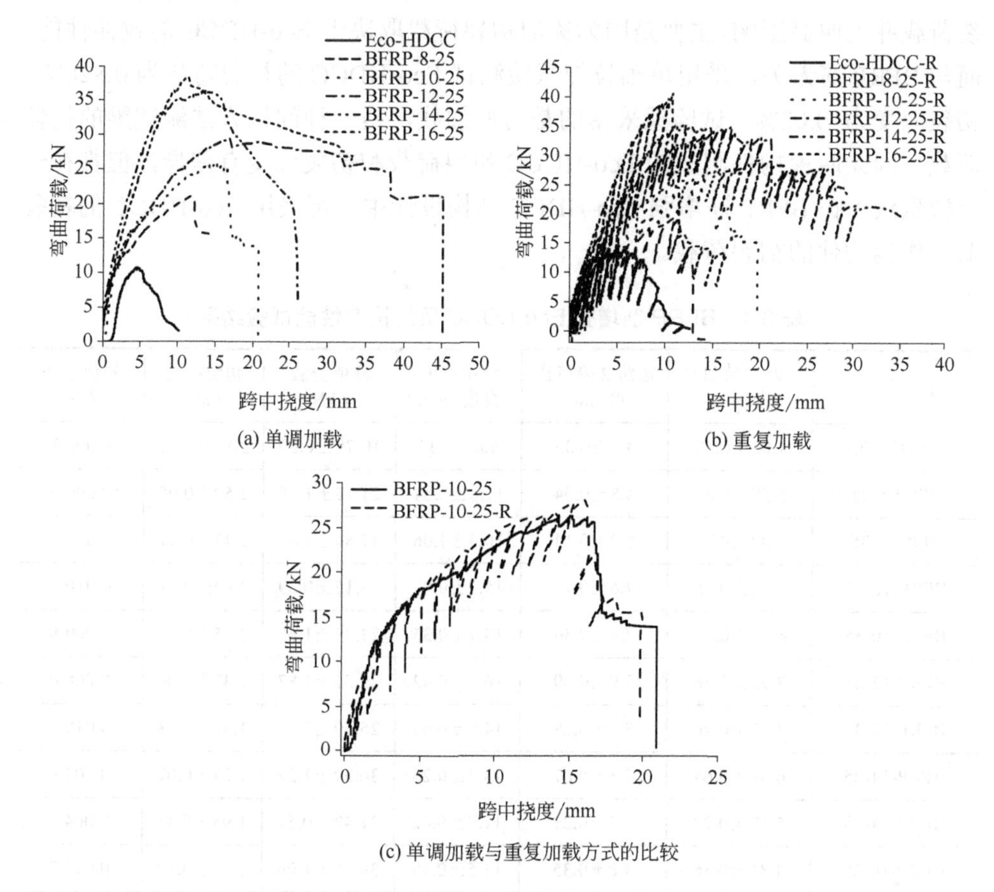

图 6.9 BFRP 筋增强 Eco-HDCC 梁的荷载与跨中挠度关系曲线

BFRP 筋直径的增加有助于提高试验梁的配筋率，高配筋率使梁的刚度增加，上升段斜率降低。除了直径 8mm 的 BFRP 筋试验梁是脆断破坏，其余试验梁都是超筋破坏，破坏形式是受压区 Eco-HDCC 被压碎，所以曲线下降段特点都相同。

6.4.2 初裂荷载

根据 BFRP 筋增强 Eco-HDCC 梁底应变片的数据变化，确定试验梁的初裂荷载和初裂应变，见表 6.4。梁的初裂荷载为 0.82kN～2.91kN，初裂应变为 0.003 7%～0.011 4%。保护层厚度、BFRP 筋直径和加载方式对试验梁的初裂荷载并无明显影响，主要是因为梁的初裂荷载取决于 Eco-HDCC 的拉伸性能，而与 BFRP 筋无关。采用单轴拉伸试验测试 Eco-HDCC 的初裂荷载为 0.82kN，初裂应变为 0.02%。试验梁采用的是弯曲加载，是一种间接方法测试梁的拉伸荷载，因此两种构件测试的 Eco-HDCC 初裂荷载和初裂应变有差异，但都在一个数量级。在 BFRP 筋增强 Eco-HDCC 结构设计中，可采用 Eco-HDCC 的初裂荷载作为构件的初裂荷载。

表 6.4 BFRP 筋增强 Eco-HDCC 梁的抗弯性能试验结果

试件编号	边跨 1 峰值挠度/ mm	边跨 2 峰值挠度/ mm	跨中峰值挠度/ mm	峰值荷载 / kN	初裂荷载 / kN	初裂应变 / %
Eco-HDCC	4.03±0.39	3.1±0.35	4.6±0.35	10.79±0.39	2.83±0.54	0.008 7
BFRP-8-25	5.58±0.66	4.8±0.94	11.8±2.54	21.15±1.98	2.59±0.05	0.006 9
BFRP-8-35	5.02±0.25	5.7±0.14	10.6±1.06	17.84±1.07	2.47±0.47	0.011 4
BFRP-10-25	7.22±0.85	7.6±0.42	15.2±0.92	26.15±0.39	2.42±0.11	0.010 1
BFRP-10-35	6.61±0.27	7.4±0.56	13.7±0.35	23.79±1.67	2.15±0.19	0.009 8
BFRP-12-25	7.75±0.46	7.9±0.49	16.9±0.42	29.55±1.87	1.43±0.06	0.008 0
BFRP-12-35	7.43±0.76	8.7±0.28	14.8±0.64	25.59±1.36	1.66±0.23	0.010 8
BFRP-14-25	6.41±0.64	7.3±0.07	13.7±0.28	36.39±1.22	1.24±0.07	0.004 4
BFRP-14-35	5.57±0.27	6.5±0.21	11.7±0.42	31.42±0.54	1.95±0.41	0.004 1
BFRP-16-25	4.81±0.56	4.8±0.35	11.5±0.49	38.40±1.06	1.45±0.59	0.006 7
Eco-HDCC-R	3.03±0.39	2.7±0.28	5.1±0.56	14.70±3.12	1.40±0.07	0.005 5
BFRP-8-25-R	5.27±0.29	5.8±0.14	11.1±1.84	19.59±1.18	2.30±0.08	0.009 2
BFRP-10-25-R	8.04±0.54	8.2±0.49	16.0±0.99	27.85±1.96	2.91±0.02	0.004 1
BFRP-12-25-R	7.98±0.12	7.6±0.49	17.1±0.54	29.45±3.91	0.82±0.56	0.005 5
BFRP-14-25-R	5.76±0.30	7.7±0.28	12.2±1.20	35.27±2.46	2.25±0.53	0.009 0
BFRP-16-25-R	4.61±0.36	6.6±0.42	10.8±0.92	40.58±1.40	0.93±0.08	0.003 7

6.4.3　峰值荷载和峰值挠度

BFRP 筋增强 Eco-HDCC 梁的峰值荷载和峰值挠度如表 6.4 和图 6.10 所示。BFRP 筋增强 Eco-HDCC 梁的峰值荷载和峰值挠度大于素 Eco-HDCC 梁的峰值荷载和峰值挠度；在 BFRP 筋直径为 8mm～16mm 范围内，随着 BFRP 筋直径的增大，梁的峰值荷载随之增加，但挠度呈现先增加后降低的趋势；保护层厚度为 35mm 时的峰值荷载和峰值挠度小于保护层厚度为 25mm 时的峰值荷载和峰值挠度；加载方式对峰值荷载和峰值挠度无明显影响规律，两种加载方式下梁的峰值荷载和峰值挠度变化不大。

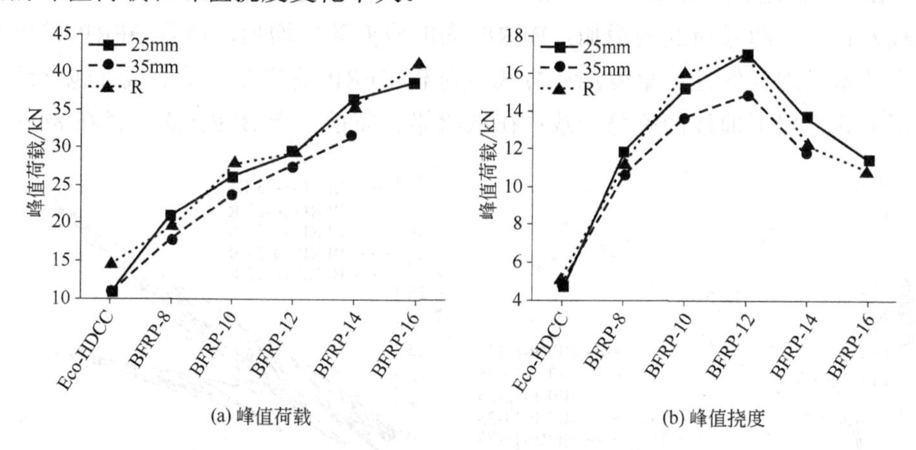

图 6.10　BFRP 筋增强 Eco-HDCC 梁的峰值荷载和峰值挠度

BFRP 筋承担拉应力，可以提高梁的承载能力和峰值挠度，随着 BFRP 筋直径的增大，梁中配筋率随之增加，梁的峰值荷载增加，承载力的增加导致梁的峰值挠度增加，但当 BFRP 筋直径为 14mm 和 16mm 时，梁的刚度较大，峰值挠度变形能力降低，故而梁的峰值挠度在 BFRP 筋直径为 14mm 时开始降低。当梁的保护层厚度较大时，梁的有效截面高度降低，BFRP 筋承担拉应力较小，降低了梁的峰值荷载和峰值挠度。加载方式使梁内部应力重分布，但对梁的峰值荷载和峰值挠度无明显影响。

从 BFRP 筋增强 Eco-HDCC 梁的峰值挠度变形角度考虑，较低的配筋率使梁刚度降低，梁的峰值挠度变形能力较大。在桥梁结构中，简支梁跨中承受车辆荷载作用，在梁端引起转角，使桥面无缝连接板承担弯拉应力，连接板优越的弯拉变形能力可使其自由变形，减少连接板开裂风险。桥面无缝连接板的刚度决定了其弯拉变形能力，刚度较大时，连接板变形能力较差。基于 BFRP 筋增强 Eco-HDCC 桥面无缝连接板的弯拉变形能力需求，应该采用较低的 BFRP 筋配筋率。

6.5 荷载-BFRP 筋应变关系和荷载-Eco-HDCC 应变关系

6.5.1 荷载-BFRP 筋应变关系

BFRP 筋增强 Eco-HDCC 梁的荷载-BFRP 筋应变关系如图 6.11 所示。两种加载方式下，随着荷载的增加，BFRP 筋的应变随之增加，荷载-BFRP 筋应变关系基本呈现双线性；重复加载方式下荷载-BFRP 筋应变关系曲线外包络线与单调加载方式下曲线的趋势一致；在试验梁初裂前，当 BFRP 筋直径在 8mm～

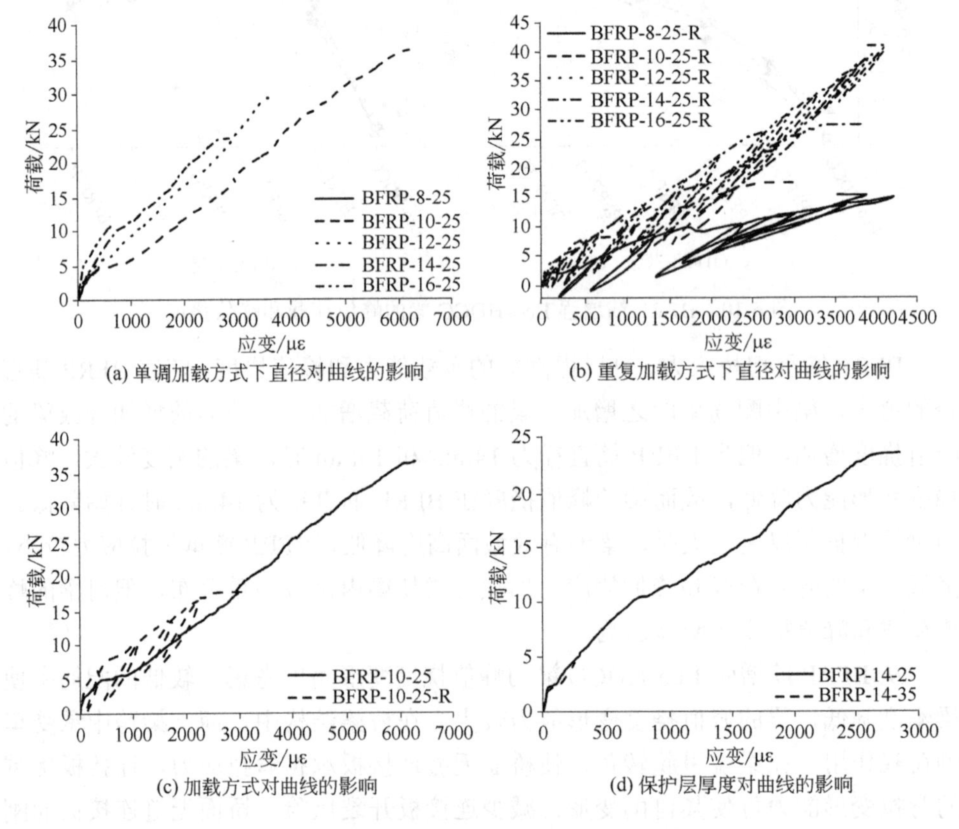

(a) 单调加载方式下直径对曲线的影响

(b) 重复加载方式下直径对曲线的影响

(c) 加载方式对曲线的影响

(d) 保护层厚度对曲线的影响

图 6.11 试验梁的荷载与 BFRP 应变关系曲线

16mm 范围内，BFRP 筋保护层厚度在 25mm～35mm 范围内时，BFRP 筋直径和保护层厚度基本对应变无影响；在超过初裂点后，相同荷载下，直径较大的 BFRP 筋所受应变较小，保护层厚度较大时，相同荷载下 BFRP 筋所受应变稍大。

随着荷载的增加，BFRP 筋承担的应力增加，其拉应变也随之增加。在加载初期试验梁未开裂前，试验梁由底部受拉区 Eco-HDCC 承担，BFRP 筋承担荷载很小，直径和保护层厚度对 BFRP 筋应变基本无影响，在此阶段荷载与 BFRP 筋应变呈线性关系；但随着荷载的增加，BFRP 筋承担拉应力，直径较大的试验梁刚度较大，而变形较小，故直径较大的 BFRP 筋承担的拉应变较小，由于 BFRP 筋是线弹性材料，故而开裂后试验梁的荷载-BFRP 筋应变基本呈现线性关系。梁的荷载-BFRP 筋应变呈现双线性特点主要与 BFRP 筋的线弹性特点有关，与加载方式无关，因此重复加载方式下荷载-BFRP 筋应变曲线的外包络线与单调加载方式下的曲线趋势一致。

当保护层厚度较大时，梁截面有效高度较低，BFRP 筋承担拉应力和拉应变较小。在相同荷载下，保护层厚度较大的 BFRP 筋需承担更大的拉应力和拉应变。

6.5.2 荷载-梁顶部 Eco-HDCC 压应变关系

BFRP 筋增强 Eco-HDCC 梁的荷载-顶部受压区 Eco-HDCC 压应变关系如图 6.12 所示。在单调加载方式和重复加载方式下，随着荷载的增加，梁中受压区 Eco-HDCC 压应变逐渐增加，荷载与受压区 Eco-HDCC 压应变上升段关系曲线分为线性段和应变硬化段；重复加载方式下荷载-顶部受压区 Eco-HDCC 压应变关系曲线外包络线与单调加载方式下的曲线一致；在梁初裂前，当 BFRP 筋直径在 8mm～16mm 范围内，BFRP 筋保护层厚度在 25mm～35mm 范围内时，BFRP 筋直径和保护层厚度基本对 Eco-HDCC 压应变无影响；在梁开裂后，相同荷载下，配筋直径较大的梁中 Eco-HDCC 压应变较小，保护层厚度对 Eco-HDCC 压应变基本无影响；超筋梁（BFRP 筋直径大于 8mm）被破坏时的峰值压应变数值基本相同。

随着荷载的增加，梁受拉区开裂，中和轴不断上移，受压区高度减小，受压区 Eco-HDCC 应变增加。在梁开裂前，荷载与顶部受压区 Eco-HDCC 压应变呈现线性关系，压应变与梁底部拉应变成正比，由于 Eco-HDCC 初裂拉应变很小，Eco-HDCC 压应变数值很小，且基本不受直径和保护层厚度的影响；在梁开裂后，随着荷载的增加，梁出现多缝开裂特点，曲线上表现为多个荷载下降—上升抖动点，荷载与受压区 Eco-HDCC 压应变呈现多缝开裂特点。曲线上线性段和多缝开裂特点取决于 Eco-HDCC 的制作材料，与加载方式无关，因此重复加载方式下荷载-顶部受压区 Eco-HDCC 压应变关系曲线外包络线与单调加载方式下的曲线一致。

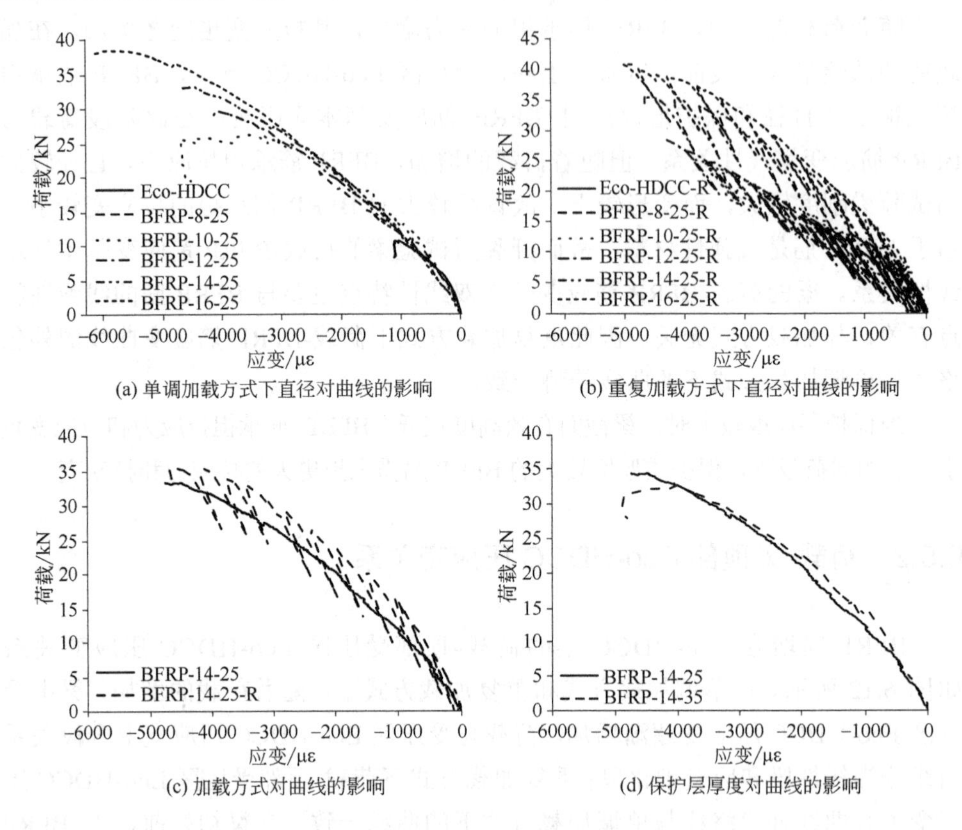

(a) 单调加载方式下直径对曲线的影响

(b) 重复加载方式下直径对曲线的影响

(c) 加载方式对曲线的影响

(d) 保护层厚度对曲线的影响

图 6.12　试验梁的荷载与 Eco-HDCC 压应变关系曲线

当 BFRP 筋直径增加时，梁中配筋率增加，梁的刚度增大，在相同荷载下，梁的变形能力降低，受压区 Eco-HDCC 压应变减小。梁中保护层厚度增加时，梁有效截面高度降低，承载力降低；为了获得相同承载力，保护层厚度较小的梁所承担的变形较大，理论上梁受压区的应变较大，但梁受压区粘贴的应变片测量的是纯弯段的平均变形，两种保护层厚度下 Eco-HDCC 平均压应变基本相同，具体受压区压应变与保护层厚度的关系还有待研究。

当 BFRP 筋直径为 8mm 时，梁的破坏模式是 BFRP 筋断裂，受压区未达到极限压应变，故压应变较小。当直径大于 8mm 时，梁的破坏模式是受压区 Eco-HDCC 被压碎，虽然直径较大的 BFRP 筋可以提高梁的承载力，受压区应变应该增加，但由于受压区 Eco-HDCC 被压碎时达到极限压应变，故不同直径的超筋梁破坏时的压应变数值基本相同。

6.5.3　荷载-BFRP 筋重心水平处构件侧表面拉伸变形关系

BFRP 筋增强 Eco-HDCC 梁的荷载-BFRP 筋重心水平处构件侧表面拉伸变形关系如图 6.13 所示，由于位移计精度较低，拉伸变形很小，故试验测得的数值有波动。在单调加载方式和重复加载方式下，在 BFRP 筋直径为 8mm～16mm 范围内，随 BFRP 筋直径的增加，BFRP 筋重心水平处构件侧表面最大拉伸变形先增加后降低，当 BFRP 筋直径小于 14mm 时，最大变形随直径的增加而增加，但当 BFRP 筋直径大于等于 14mm 时，最大拉伸变形随直径的增加而降低；在 BFRP 筋保护层厚度为 25mm～35mm 范围内，保护层厚度增加时，BFRP 筋重心水平处构件侧表面最大拉伸变形较小；加载方式基本对 BFRP 筋重心水平处构件侧表面最大拉伸变形无影响。

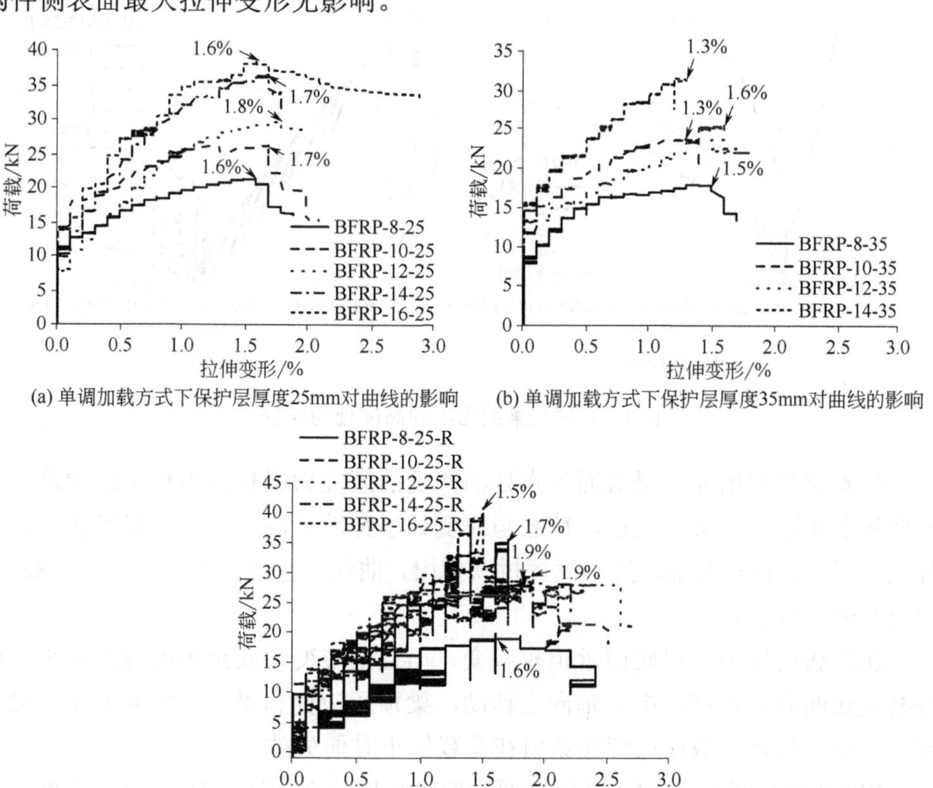

图 6.13　试验梁的荷载与 BFRP 筋重心水平处构件侧表面拉伸变形关系曲线

随着 BFRP 筋直径的增加，梁的承载力增加，梁受拉区变形较大，但当 BFRP 筋直径大于等于 14mm 时，梁的刚度较大，梁受拉区变形较小；当 BFRP 筋的保护层厚度增加时，BFRP 筋重心水平处离截面中和轴位置较近，导致 BFRP 筋重心水平处构件侧表面拉伸变形较小；重复加载使应力重分布，但对梁受拉区的变形基本无影响。

6.5.4 平截面假定验证

BFRP 筋增强 Eco-HDCC 试验梁截面不同高度处的应变如图 6.14 所示，随着荷载的增加，梁截面不同高度处的应变也随之增加，荷载与应变关系上升段呈现两阶段，线性段和应变硬化段；梁截面从底面到顶面，相同荷载下梁所承担的拉应变减小；加载方式对截面高度处应变的发展规律无影响。

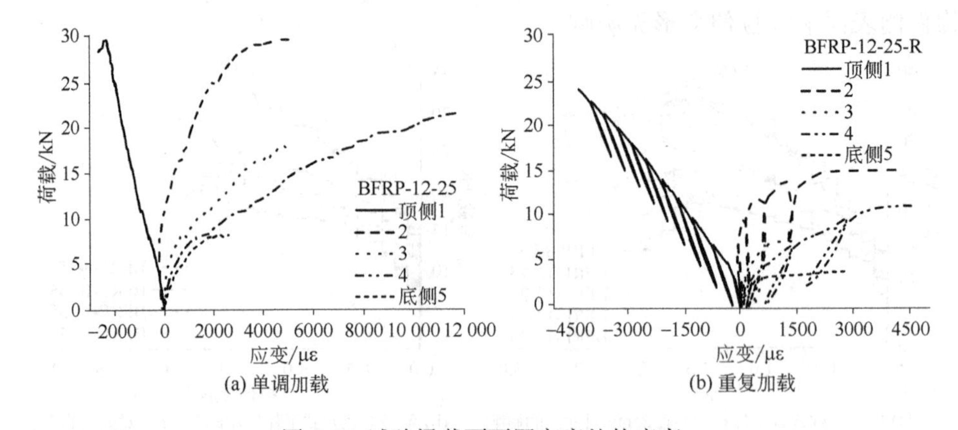

图 6.14 试验梁截面不同高度处的应变

随着荷载的增加，梁截面各点处的所受的压应力或拉应力均呈增加趋势，应变随之增加。在梁开裂前，荷载与应变处于弹性阶段，二者呈现线性关系；待梁开裂后，荷载降低，纤维发挥桥联作用，曲线上呈现“下降—上升”特点，即应变硬化现象。

在加载过程中，梁底面承担拉应变，而且拉应变从底到顶面逐渐减小，梁裂缝从底面向上发展，中和轴向上移动，梁顶压应变和梁底拉应变增加，梁开裂后应变片失效，故梁底应变数值在荷载较小时便失效。

BFRP 筋增强 Eco-HDCC 梁截面应变沿高度分布如图 6.15 所示，在单调加载和重复加载方式下，梁截面应变沿高度基本呈线性变化；随着荷载的增加，中和轴不断上移，受压区高度减小。由此分析，在 BFRP 筋增强 Eco-HDCC 梁受弯承载力理论分析中，考虑梁应变平截面假定是合理的。

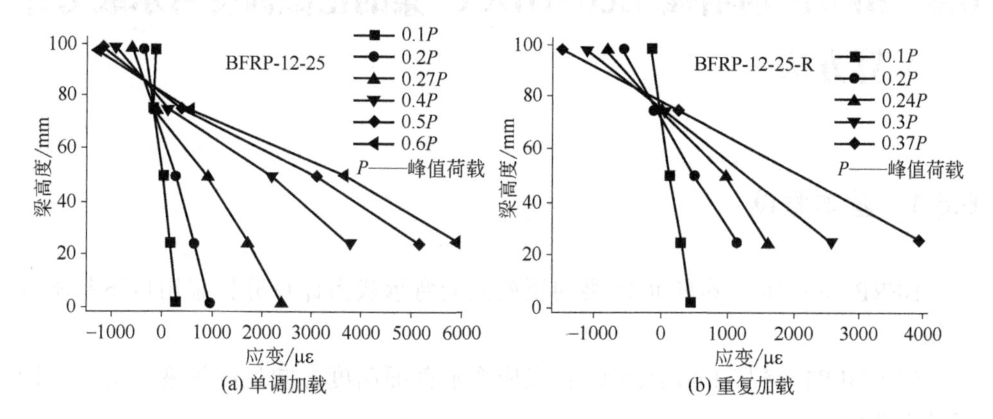

图 6.15　试验梁截面应变沿梁高的分布

6.5.5　BFRP 筋与 Eco-HDCC 协同变形验证

BFRP 筋增强 Eco-HDCC 梁的 BFRP 筋拉应变和 BFRP 筋重心水平处构件侧表面 Eco-HDCC 拉应变如图 6.16 所示。在梁开裂前，BFRP 筋和同截面高度的 Eco-HDCC 变形一致；当梁开裂后，梁表面部分应变片因为开裂而失效，未失效的 Eco-HDCC 应变片数据与 BFRP 筋应变变形一致。由于 Eco-HDCC 优越的拉伸延性，待 Eco-HDCC 开裂后，Eco-HDCC 仍可与 BFRP 筋继续承载。由于二者弹性模量的差异，Eco-HDCC 与 BFRP 筋拉伸变形不同，产生滑移，但二者拉伸变形曲线比较接近，说明滑移量小。因此，在 BFRP 筋增强 Eco-HDCC 梁的正截面受弯承载力理论分析中，考虑 BFRP 筋与 Eco-HDCC 协同变形是合理的。

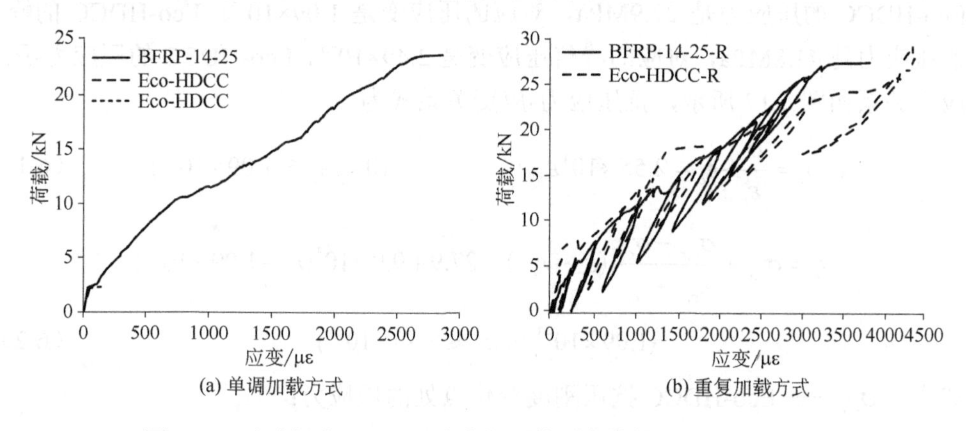

图 6.16　试验梁中 BFRP 筋应变与同截面高度的 Eco-HDCC 应变

6.6 BFRP 筋增强 Eco-HDCC 梁的正截面受弯承载力计算方法

6.6.1 基本假设

BFRP 筋增强 Eco-HDCC 梁的正截面受弯承载力计算分析采用以下基本假定如下。

（1）BFRP 筋与 Eco-HDCC 各点应变沿截面高度方向呈线性变化关系，即平截面假定；

（2）BFRP 筋与 Eco-HDCC 变形协调，不考虑二者的滑移；

（3）受拉区 Eco-HDCC 不退出工作，抗拉本构关系等效为双线性，Eco-HDCC 抗压本构关系等效为双线性；

（4）BFRP 筋的抗拉应力-应变为线弹性关系，设计中拉应力不超过其抗拉强度设计值。

6.6.2 材料的本构关系

1. Eco-HDCC 抗压应力-应变关系

Eco-HDCC 抗压应力-应变关系上升段采用双线性[109,150]，根据上升段曲线特点，选择峰值应力的 2/3 处为抗压刚度变化点，$\sigma_{c,e}/\sigma_{c,r}=2/3$。刚度变化点 Eco-HDCC 的压应力是 27.9MPa，对应的压应变是 1.09×10^{-3}；Eco-HDCC 的峰值压应力是 41.8MPa，对应的峰值压应变是 2.49×10^{-3}。Eco-HDCC 的压应力-压应变关系如图 6.17 所示，抗压应力-应变关系式为

$$\sigma_c=\frac{\sigma_{c,e}}{\varepsilon_{c,e}}\varepsilon_c=2.55\times10^4\varepsilon_c \qquad (0\leqslant\varepsilon_c\leqslant1.09\times10^{-3}) \tag{6.1}$$

$$\sigma_c=\sigma_{c,e}+\frac{\sigma_{c,r}-\sigma_{c,e}}{\varepsilon_{c,r}-\varepsilon_{c,e}}(\varepsilon_c-\varepsilon_{c,e})=27.9+9.9\times10^3(\varepsilon_c-1.09\times10^{-3})$$

$$(1.09\times10^{-3}\leqslant\varepsilon_c\leqslant2.49\times10^{-3}) \tag{6.2}$$

式中，$\sigma_{c,e}$ ——Eco-HDCC 抗压刚度变化点处的压应力；

$\varepsilon_{c,e}$ ——Eco-HDCC 抗压刚度变化点处的压应变；

σ_c ——Eco-HDCC 的压应力；

ε_c ——Eco-HDCC 的压应变。

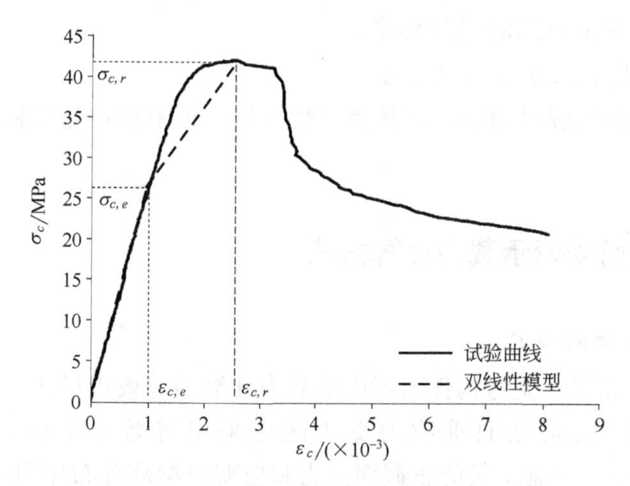

图 6.17　Eco-HDCC 抗压应力-应变设计关系曲线

2. Eco-HDCC 抗拉应力-应变关系

为简化计算，将 Eco-HDCC 抗拉应力-应变关系简化为线性段和直线段，如图 6.18 所示，初裂延伸率为 0.02%，初裂抗拉强度为 2.12MPa，极限延伸率为 2.02%，极限抗拉强度是 4.57MPa。Eco-HDCC 的抗拉应变-应变关系式为

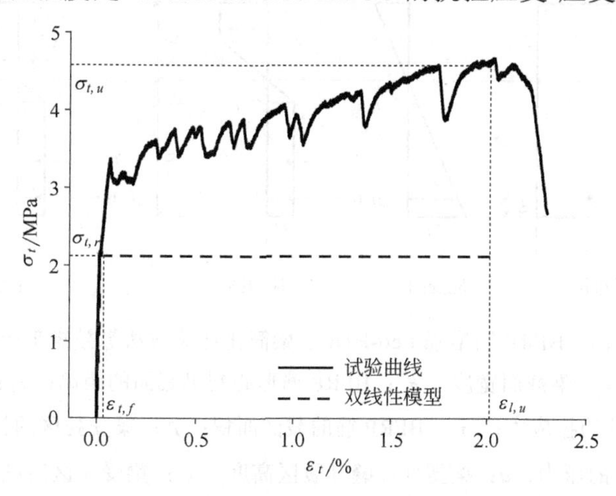

图 6.18　Eco-HDCC 抗拉应力-应变设计关系曲线

$$\sigma_t = \frac{\sigma_{t,f}}{\varepsilon_{t,f}}\varepsilon_t = 11.5\times10^3\varepsilon_t \qquad (\varepsilon_t \leqslant 0.02\%) \tag{6.3}$$

$$\sigma_t = \sigma_{t,f} = 2.12 \qquad (0.02\% < \varepsilon_t \leqslant 2.02\%) \tag{6.4}$$

式中，σ_t ——Eco-HDCC 的拉应力；

ε_t ——Eco-HDCC 的延伸率。

3. BFRP 筋抗拉应力-应变关系

BFRP 筋为线弹性材料，其抗拉弹性模量、极限抗拉强度和极限拉应变见表 4.4。

6.6.3 正截面受弯承载力计算方法

1. 等效参数的确定

参考钢筋混凝土受弯构件正截面承载力计算的等效矩形法[65]，BFRP 筋增强 Eco-HDCC 梁正截面承载力受压区也采用等效矩形法，受拉区考虑 Eco-HDCC 的抗拉贡献，梁的正截面应力和应变沿梁高分布如图 6.19 所示。“等效矩形应力图法”是指受压区 Eco-HDCC 的实际应力图形用一个等效的矩形应力图代替，这个两个应力图中，合压力大小相等，弯矩相等。在等效矩形应力图中，引入两个等效参数，α_1 和 β_1。α_1 为等效应力参数，β_1 为受压区高度等效参数。

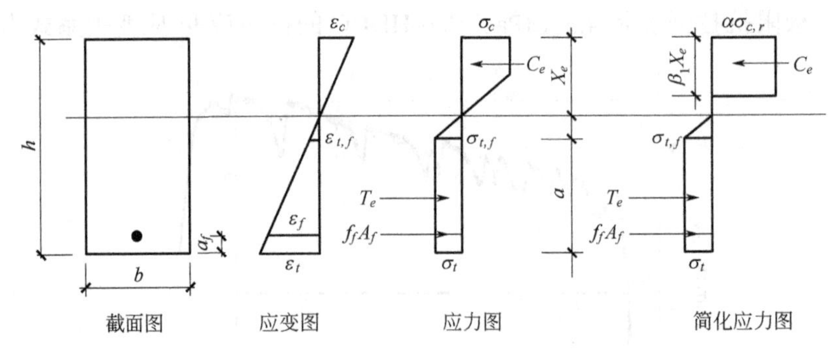

图 6.19 BFRP 筋增强 Eco-HDCC 梁简化计算方法等效矩形应力图

h：梁截面高度；*b*：梁截面宽度；a_f：BFRP 筋形心到梁底面的距离；ε_f：BFRP 筋的拉应变；f_f：BFRP 筋的拉应力；A_f：BFRP 筋的截面面积；T_e：梁受拉区的拉力；：梁受压区的压力；*a*：梁塑性多缝开裂区高度；x_e：梁受压区高度

当 Eco-HDCC 抗压应力-应变关系处于第一段线性段时，

$$\beta_1 = \frac{2}{3} \tag{6.5}$$

$$\alpha_1\beta_1=\frac{\sigma_{c,e}\varepsilon_c}{2\sigma_{c,r}\varepsilon_{c,e}} \tag{6.6}$$

当 Eco-HDCC 抗压应力-应变关系处于第二段线性段时，

$$\alpha_1\beta_1=\frac{\sigma_{c,e}}{\sigma_{c,r}}\left(1-\frac{\varepsilon_{c,e}}{2\varepsilon_c}\right)+\left(1-\frac{\sigma_{c,e}}{\sigma_{c,r}}\right)\frac{\left(\varepsilon_c-\varepsilon_{c,e}\right)^2}{2\varepsilon_c\left(\varepsilon_{c,r}-\varepsilon_{c,e}\right)} \tag{6.7}$$

$$\beta_1=\frac{\sigma_{c,e}\left(1-\frac{\varepsilon_{c,e}}{\varepsilon_c}+\frac{\varepsilon_{c,e}^2}{3\varepsilon_c^2}\right)+\frac{\sigma_{c,r}-\sigma_{c,e}}{\varepsilon_{c,r}-\varepsilon_{c,e}}\left(\frac{\varepsilon_c}{3}-\varepsilon_{c,e}+\frac{\varepsilon_{c,e}^2}{\varepsilon_c}-\frac{\varepsilon_{c,e}^3}{3\varepsilon_c^2}\right)}{\sigma_{c,e}\left(1-\frac{\varepsilon_{c,e}}{2\varepsilon_c}\right)+\frac{\sigma_{c,r}-\sigma_{c,e}}{\varepsilon_{c,r}-\varepsilon_{c,e}}\left(\frac{\varepsilon_c}{2}-\varepsilon_{c,e}+\frac{\varepsilon_{c,e}^2}{2\varepsilon_c}\right)} \tag{6.8}$$

根据式（6.5）～式（6.8），得到等效矩形应力图中的两个等效参数，见表 6.5。

表 6.5　Eco-HDCC 受压区等效矩形应力图形中的等效参数

$\varepsilon_c/\times10^{-3}$	0.1	0.2	0.3	0.4	0.5	0.6	0.7	0.8	0.9
α_1	0.046	0.092	0.138	0.184	0.230	0.275	0.321	0.367	0.413
β_1	0.667	0.667	0.667	0.667	0.667	0.667	0.667	0.667	0.667
$\varepsilon_c/\times10^{-3}$	1.0	**1.09**	1.2	1.3	1.4	1.5	1.6	1.7	1.8
α_1	0.459	**0.500**	0.546	0.580	0.609	0.635	0.659	0.682	0.703
β_1	0.667	**0.667**	0.670	0.676	0.683	0.690	0.697	0.703	0.709
$\varepsilon_c/\times10^{-3}$	1.9	2.0	2.1	2.2	2.3	2.4	**2.49**		
α_1	0.724	0.743	0.763	0.781	0.800	0.818	**0.835**		
β_1	0.715	0.719	0.724	0.728	0.731	0.734	**0.737**		

根据配筋率的不同，BFRP 筋增强 Eco-HDCC 梁分为少筋梁、平衡配筋梁和超筋梁。基于正截面受弯承载力的基本假定条件，可得这三种梁的承载力计算公式。

2. 少筋梁

少筋梁的破坏形式是 BFRP 筋拉断，即 BFRP 筋达到极限拉应变而受压区 Eco-HDCC 未达到峰值压应变。

（1）初裂前，由平截面假定，可得

$$\frac{\varepsilon_t}{\varepsilon_c}=\frac{h-x_c}{x_c} \tag{6.9}$$

$$\frac{\varepsilon_f}{\varepsilon_t}=\frac{h-x_c-a_f}{h-x_c} \tag{6.10}$$

$$\frac{\varepsilon_f}{\varepsilon_c}=\frac{h-x_c-a_f}{x_c} \tag{6.11}$$

$$\alpha_1\sigma_{c,r}b\beta_1x_c=E_fA_f\varepsilon_f+\frac{1}{2}\sigma_tb(h-x_c) \tag{6.12}$$

$$M_{\text{precrack}}=\alpha_1\sigma_{c,r}b\beta_1x_c\left(h-\frac{\beta_1x_c}{2}\right)-E_fA_f\varepsilon_fa_f-\frac{\sigma_tb}{6}(h-x_c)^2 \tag{6.13}$$

式中，E_f ——BFRP 筋的弹性模量；

M_{precrack} ——梁初裂前的弯矩值。

（2）初裂时，Eco-HDCC 受拉区边缘应变值为初裂应变 $\varepsilon_{t,f}$，但 BFRP 筋未达到极限拉应变，则

$$\frac{\varepsilon_{t,f}}{\varepsilon_c}=\frac{h-x_c}{x_c} \tag{6.14}$$

$$\frac{\varepsilon_f}{\varepsilon_{t,f}}=\frac{h-x_c-a_f}{h-x_c} \tag{6.15}$$

$$\alpha_1\sigma_{c,r}b\beta_1x_c=E_fA_f\varepsilon_f+\frac{1}{2}\sigma_{t,f}b(h-x_c) \tag{6.16}$$

$$M_{\text{crack}}=\alpha_1\sigma_{c,r}b\beta_1x_c\left(h-\frac{\beta_1x_c}{2}\right)-E_fA_f\varepsilon_fa_f-\frac{\sigma_{t,f}b}{6}(h-x_c)^2 \tag{6.17}$$

式中，M_{crack} ——梁初裂时的弯矩值。

（3）BFRP 筋断裂时，BFRP 筋达到极限拉应变 $\varepsilon_{f,u}$，得

$$\frac{\varepsilon_{t,f}}{\varepsilon_c}=\frac{h-x_c-a}{x_c} \tag{6.18}$$

$$\frac{\varepsilon_{f,u}}{\varepsilon_c}=\frac{h-x_c-a_f}{x_c} \tag{6.19}$$

$$\alpha_1\sigma_{c,r}b\beta_1x_c=E_fA_f\varepsilon_{f,u}+\frac{1}{2}\sigma_{t,f}b(h-x_c+a) \tag{6.20}$$

$$M_f=\alpha_1\sigma_{c,r}b\beta_1x_c\left(h-\frac{\beta_1x_c}{2}\right)-E_fA_f\varepsilon_{f,u}a_f-\frac{\sigma_{t,f}b}{6}\left[(h-x_c)^2+a(h-x_c)+a^2\right] \quad (6.21)$$

式中，M_f——BFRP 筋断裂时梁的弯矩值。

3. 平衡配筋梁

平衡配筋梁破坏形式是BFRP筋拉断的同时Eco-HDCC压碎，此时BFRP 筋达到极限拉应变而受压区 Eco-HDCC 达到峰值压应变，平衡配筋梁也称为界限配筋梁，相应的配筋率为平衡（界限）配筋率。

梁初裂前和初裂时，平衡配筋梁受弯承载力公式与少筋梁的计算公式相同。

平衡配筋梁破坏时，BFRP 筋达到极限拉应变$\varepsilon_{f,u}$，Eco-HDCC 受压区达到峰值压应变$\varepsilon_{c,r}$，可得

$$\frac{\varepsilon_{t,f}}{\varepsilon_{c,r}}=\frac{h-a-x_{cb}}{x_{cb}} \quad (6.22)$$

$$\frac{\varepsilon_{c,r}}{\varepsilon_{c,r}+\varepsilon_{f,u}}=\frac{x_{cb}}{h-a_f} \quad (6.23)$$

$$\frac{\varepsilon_{f,u}}{\varepsilon_t}=\frac{h-x_{cb}-a_f}{h-x_{cb}} \quad (6.24)$$

$$\alpha_1\sigma_{c,r}b\beta_1x_{cb}=E_fA_f\varepsilon_{f,u}+\frac{1}{2}\sigma_{t,f}b(h-x_{cb}+a) \quad (6.25)$$

$$M_b=\alpha_1\sigma_{c,r}b\beta_1x_{cb}\left(h-\frac{\beta_1x_{cb}}{2}\right)-E_fA_f\varepsilon_{f,u}a_f-\frac{\sigma_{t,f}b}{6}\left[(h-x_{cb})^2+a(h-x_{cb})+a^2\right] \quad (6.26)$$

式中，x_{cb}——梁受压区的界限高度；

M_b——平衡配筋梁破坏时梁的弯矩值。

4. 超筋梁

超筋梁破坏形式是 Eco-HDCC 被压碎，而 BFRP 筋未被拉断，此时 Eco-HDCC 受压区达到峰值压应变而 BFRP 筋未达到极限拉应变。

梁初裂前和初裂时，超筋梁受弯承载力公式与少筋梁的计算公式相同。

超筋梁破坏时，Eco-HDCC 受压区达到峰值压应变$\varepsilon_{c,r}$，受拉区 BFRP 筋未达到极限拉应变，得

$$\frac{\varepsilon_{t,f}}{\varepsilon_{c,r}}=\frac{h-a-x_c}{x_c} \quad (6.26)$$

$$\frac{\varepsilon_f}{\varepsilon_{c,r}}=\frac{h-x_c-a_f}{x_c} \quad (6.27)$$

$$\alpha_1\sigma_{c,r}b\beta_1x_c = E_f A_f\varepsilon_f + \frac{1}{2}\sigma_{t,f}b(h-x_c+a) \tag{6.28}$$

$$M_c = \alpha_1\sigma_{c,r}b\beta_1x_c\left(h-\frac{\beta_1x_c}{2}\right) - E_f A_f\varepsilon_f a_f - \frac{\sigma_{t,f}b}{6}\left[(h-x_c)^2 + a(h-x_c) + a^2\right] \tag{6.29}$$

式中，M_c——超筋破坏时梁的弯矩值。

5. 平衡配筋率

由平衡配筋梁的承载力计算公式，可得 BFRP 筋平衡配筋率为

$$\begin{aligned}\rho_b &= \frac{\alpha_1\beta_1\sigma_{c,r}\varepsilon_{c,r}}{(\varepsilon_{c,r}+\varepsilon_{f,u})f_{f,u}} + \frac{(2\varepsilon_{c,r}+\varepsilon_{t,f})\sigma_{t,f}}{2(\varepsilon_{c,r}+\varepsilon_{f,u})f_{f,u}} - \frac{h\sigma_{t,f}}{f_{f,u}(h-a_f)} \\ &= \frac{\alpha_1\beta_1\sigma_{c,r}\varepsilon_{c,r}}{(\varepsilon_{c,r}+\varepsilon_{f,u})f_{f,u}} - \frac{\sigma_{t,f}}{2(\varepsilon_{c,r}+\varepsilon_{f,u})f_{f,u}}\left[\frac{2h(\varepsilon_{c,r}+\varepsilon_{f,u})}{h-a_f} - 2\varepsilon_{c,r} - \varepsilon_{t,f}\right]\end{aligned} \tag{6.30}$$

BFRP 筋增强 Eco-HDCC 梁的平衡配筋率计算公式包括两项，第一项是 BFRP 筋混凝土受弯构件的平衡配筋率，第二项考虑 Eco-HDCC 的受拉性能，第一项减去第二项是 BFRP 筋增强 Eco-HDCC 梁的平衡配筋率，说明 BFRP 筋增强 Eco-HDCC 梁的平衡配筋率低于 BFRP 筋混凝土梁的平衡配筋率。

6. 最小配筋率

定义 BFRP 筋增强 Eco-HDCC 梁最小配筋时的破坏特征为：BFRP 筋断裂，梁底开裂严重，此时 BFRP 筋达到极限拉应变，而梁底部最大拉应变达到 Eco-HDCC 的极限拉应变，即 $\varepsilon_f=\varepsilon_{f,u}$，$\varepsilon_t=\varepsilon_{t,u}$。

$$\frac{\varepsilon_{t,f}}{\varepsilon_{t,u}} = \frac{h-a-x_c}{h-x_c} \tag{6.31}$$

$$\frac{\varepsilon_{f,u}}{\varepsilon_{t,u}} = \frac{h-x_c-a_f}{h-x_c} \tag{6.32}$$

$$\alpha_1\sigma_{c,r}b\beta_1x_c = E_f A_f\varepsilon_{f,u} + \frac{1}{2}\sigma_{t,f}b(h-x_c+a) \tag{6.20}$$

$$\rho_{\min 1} = \frac{\alpha_1\beta_1\sigma_{c,r}}{f_{f,u}(h-a_f)}\left(h+\frac{a_f\varepsilon_{t,u}}{\varepsilon_{f,u}-\varepsilon_{t,u}}\right) - \frac{\sigma_{t,f}(2a_f\varepsilon_{t,u}-a_f\varepsilon_{t,f})}{2f_{f,u}(h-a_f)(\varepsilon_{t,u}-\varepsilon_{f,u})\varepsilon_{t,u}} \tag{6.33}$$

$$M = (a_f\sigma_{t,f})^2 - \alpha_1\beta_1\sigma_{c,r}(h-a_f)(a_f\sigma_{t,f}\varepsilon_{t,f} - \alpha_1\beta_1\sigma_{c,r}h\varepsilon_{f,u}) \tag{6.34}$$

当 $\varepsilon_{t,u} < \dfrac{a_f\sigma_{t,f}-\sqrt{M}}{\alpha_1\beta_1\sigma_{c,r}(h-a_f)}$ 或者 $\varepsilon_{t,u} > \dfrac{a_f\sigma_{t,f}+\sqrt{M}}{\alpha_1\beta_1\sigma_{c,r}(h-a_f)}$ 时，存在最小配筋率；

当 $\dfrac{a_f\sigma_{t,f}-\sqrt{M}}{\alpha_1\beta_1\sigma_{c,r}(h-a_f)}<\varepsilon_{t,u}<\dfrac{a_f\sigma_{t,f}+\sqrt{M}}{\alpha_1\beta_1\sigma_{c,r}(h-a_f)}$ 时，不存在最小配筋率。

规范《纤维增强塑料筋混凝土桥梁技术规程》（CJJ/T 280—2018）[36]中规定 FRP 筋梁的最小配筋率为

$$\rho_{\min 2}=\frac{1.1\sigma_t}{f_{fd}} \tag{6.35}$$

BFRP 筋增强 Eco-HDCC 梁的最小配筋率取式（6.33）和式（6.35）中的较大值。

6.6.4　BFRP 筋增强 Eco-HDCC 梁的承载力理论计算验证

采用 Eco-HDCC 和 BFRP 筋材料的本构关系，根据 BFRP 筋增强 Eco-HDCC 梁正截面受弯承载力计算方法，逐渐增加 BFRP 筋增强 Eco-HDCC 梁受压区最大压应变（ε_c）的取值，计算不同构件的底部最大拉应变（ε_t）、BFRP 筋拉应变（ε_f）以及相应的荷载。此目的是为了验证理论计算公式与试验值是否吻合，理论计算值与试验值比较见表 6.6 和表 6.7。

由表 6.6 和表 6.7 可知，BFRP 筋增强 Eco-HDCC 梁正截面受弯承载力理论计算值中 BFRP 筋拉应变和 Eco-HDCC 最大拉应变均大于试验值，但峰值荷载计算值小于试验值，说明理论公式计算 BFRP 筋增强 Eco-HDCC 梁受弯构件承载力是偏保守的，这在结构设计上是安全合理的。

表 6.6　梁理论应变和荷载计算值与试验值比较

ε_c / ×10⁻³	理论计算值 BFRP-14-25（R）			试验值 BFRP-14-25			试验值 BFRP-14-25-R		
	ε_t / %	ε_f / %	荷载/ kN	ε_t / %	ε_f / %	荷载 / kN	ε_t / %	ε_f / %	荷载 / kN
0.10	0.015	0.007	2.77	0.008	0.002	1.52	0.015	0.016	3.14
0.14	0.02	0.008	3.98	0.01	0.003	2.14	0.02	0.021	3.98
0.20	0.03	0.02	5.06	0.02	0.02	3.34	0.03	0.02	4.52
0.50	0.12	0.07	9.04	—	0.05	7.15	0.14	0.07	8.85
1.09	0.38	0.22	14.46	—	0.12	12.60	—	0.19	17.22
1.80	0.67	0.40	20.43	—	0.19	18.16	—	0.31	25.91
2.49	0.92	0.55	25.36	—	0.27	36.39	—	—	35.27

表 6.7　梁理论峰值荷载计算值与试验值比较

试件编号	荷载计算值/ kN	荷载试验值/ kN	计算值与试验值比值
BFRP-8-25	18.27	21.15	0.86
BFRP-10-25	20.88	26.15	0.80
BFRP-12-25	23.36	29.55	0.79
BFRP-14-25	25.36	36.39	0.70
BFRP-16-25	27.27	38.40	0.71
BFRP-8-35	15.67	17.84	0.88
BFRP-10-35	17.66	23.79	0.74
BFRP-12-35	20.73	25.59	0.81
BFRP-14-35	20.97	31.42	0.67
BFRP-8-25-R	18.27	19.59	0.93
BFRP-10-25-R	20.88	27.85	0.75
BFRP-12-25-R	23.36	29.45	0.79
BFRP-14-25-R	25.36	35.27	0.72
BFRP-16-25-R	27.27	40.58	0.67

BFRP 筋增强 Eco-HDCC 梁底面 Eco-HDCC 最大拉应变和 BFRP 筋拉应变均随荷载的增加呈增加趋势，如图 6.20 所示。当梁所承受的荷载较小时，在梁初裂时，Eco-HDCC 最大拉应变和 BFRP 筋拉应变均较小，当 BFRP 筋直径在 8mm～16mm 范围内，BFRP 筋保护层厚度在 25mm～35mm 范围内时，保护层厚度和直径对拉应变没有影响；当梁所承受的荷载较大时，在相同荷载下，较大的保护层厚度下梁中 Eco-HDCC 最大拉应变和 BFRP 筋拉应变都较大，较大直径下梁中 Eco-HDCC 最大拉应变和 BFRP 筋拉应变均较小。

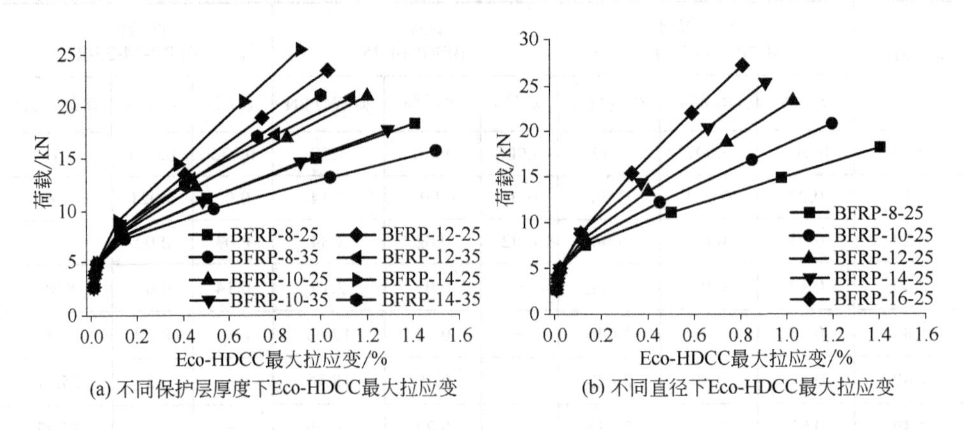

图 6.20　试验梁理论计算值

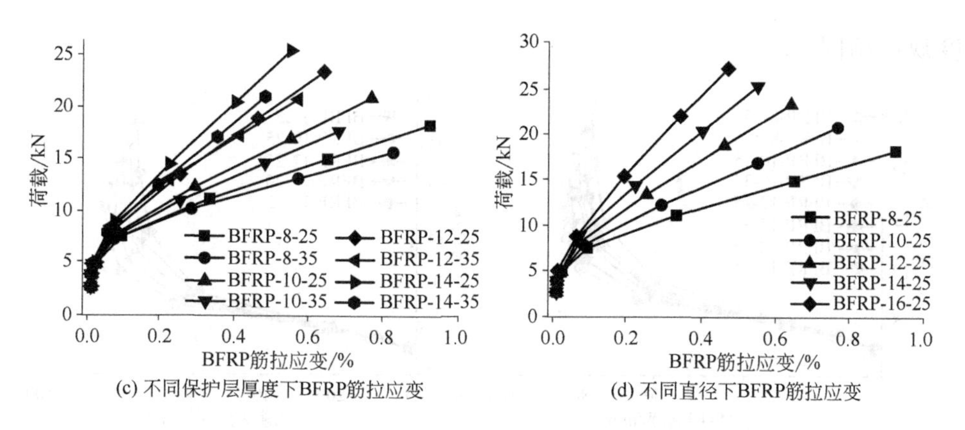

(c) 不同保护层厚度下BFRP筋拉应变　　(d) 不同直径下BFRP筋拉应变

图 6.20　试验梁理论计算值（续）

当梁中荷载较小时，梁底 Eco-HDCC 承担主要拉应变，BFRP 筋所承受的拉应力和拉应变均较小，保护层厚度和直径对 Eco-HDCC 和 BFRP 筋的拉应变无影响。随着荷载的增加，Eco-HDCC 和 BFRP 筋承担的拉应变增加，当 BFRP 筋保护层厚度增加时，梁的有效截面降低，中和轴高度增加，导致梁底面最大拉应变较大，梁的承载力降低。当梁的承载力相同时，保护层厚度较大的梁中 BFRP 筋所承担的拉应变较大。当 BFRP 筋直径增加时，梁的配筋率增加，导致梁的刚度增大。因此，当梁承担相同荷载时，刚度较大的梁中 Eco-HDCC 最大拉应变和 BFRP 筋拉应变均减小。

在 BFRP 筋增强 Eco-HDCC 梁设计中，合理地选择保护层厚度和配筋率以保证梁的承载力、Eco-HDCC 和 BFRP 筋拉应变满足设计要求。为了充分发挥 Eco-HDCC 的高延性，在 BFRP 筋增强 Eco-HDCC 梁满足裂缝宽度和挠度变形前提下，可以考虑减小配筋率。

BFRP 筋增强 Eco-HDCC 梁裂缝发展高度和裂缝高度与中和轴高度比值均随荷载的增加而增加，如图 6.21 所示。当梁荷载较大且梁所承受的荷载相同时，保护层厚度较大的梁中裂缝发展高度和裂缝高度与中和轴比值均较大；直径较大的梁中裂缝发展高度和裂缝高度与中和轴比值均较小。

当 BFRP 筋保护层厚度增加时，梁的有效截面降低，削弱了梁的承载力。当梁承载力相同时，保护层厚度较大的梁底拉应力和拉应变均较大，裂缝发展高度增加。当 BFRP 筋直径增加时，梁配筋率增加，导致梁的刚度增加，相同荷载下梁的变形减小，裂缝发展高度较低。由于 Eco-HDCC 初裂拉应变较低，梁受拉区的塑性高度远大于弹性高度区，中和轴的高度主要取决于裂缝发展高度，梁裂缝发展高度与中和轴高度比值与梁裂缝发展高度规律相同。

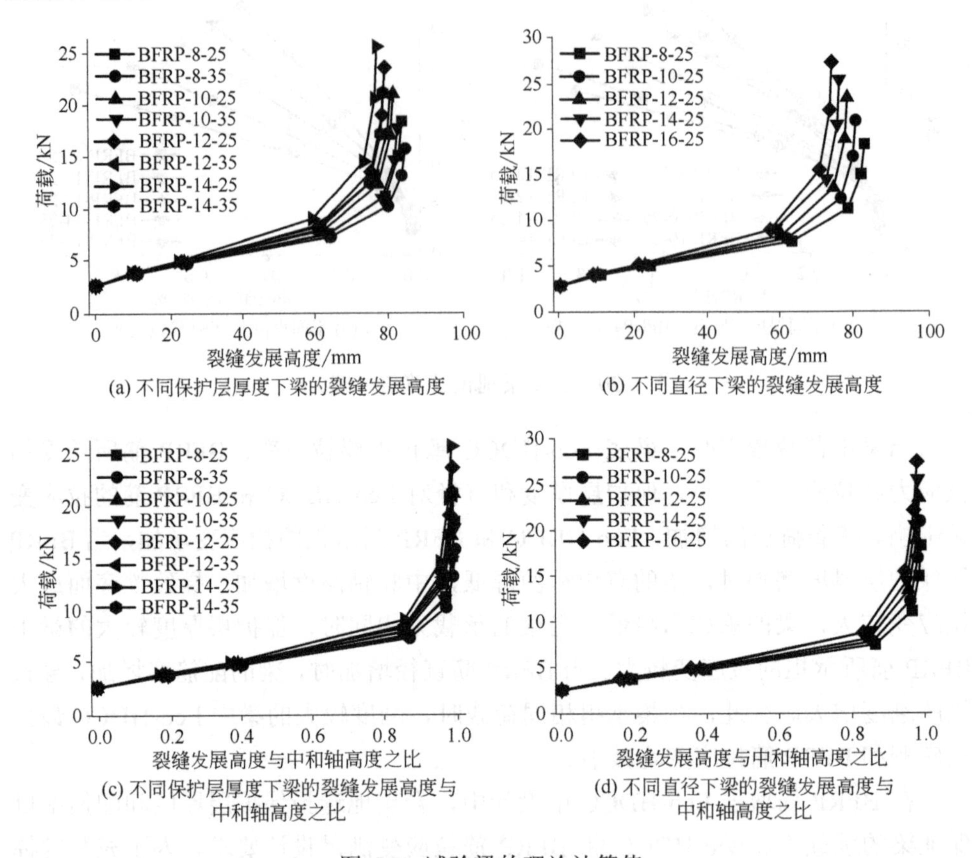

(a) 不同保护层厚度下梁的裂缝发展高度

(b) 不同直径下梁的裂缝发展高度

(c) 不同保护层厚度下梁的裂缝发展高度与中和轴高度之比

(d) 不同直径下梁的裂缝发展高度与中和轴高度之比

图 6.21 试验梁的理论计算值

由图 6.21 可知，当 BFRP 筋增强 Eco-HDCC 梁超筋破坏时，裂缝发展高度约为梁高的 80%，裂缝发展高度与中和轴高度比值约为 0.98；当梁少筋破坏时，裂缝发展高度约为梁高的 85%，而梁裂缝高度与中和轴高度比值约为 0.99。在超筋梁和少筋梁破坏时可近似认为裂缝发展高度等于中和轴高度，裂缝发展高度与中和轴高度比值接近 1.0。

6.6.5 BFRP 筋增强 Eco-HDCC 梁的配筋率建议

考虑 Eco-HDCC 和 BFRP 筋的长期性能，建议 Eco-HDCC 极限延伸率设计值为 1.00%，拉应力恒定为 2.12MPa；BFRP 筋直径为 8mm、10mm、12mm、14mm 和 16mm 时，抗拉强度设计值为 284.8MPa、292.2MPa、298.4MPa、

302.6MPa 和 306.0MPa，对应的拉应变限制值为 0.65%、0.66%、0.67%、0.67% 和 0.66%。

根据 BFRP 筋增强 Eco-HDCC 梁正截面受弯承载力计算方法，得到梁的平衡配筋率（ρ_b）和最小配筋率（$\rho_{\min}$），见表 6.8。根据配筋率（ρ）可设计梁：少筋梁（$\rho<\rho_b$）、平衡配筋梁（$\rho=\rho_b$）和超筋梁（$\rho>\rho_b$）。

表 6.8　梁的平衡配筋率和最小配筋率　　单位：%

试件编号	BFRP-8-25	BFRP-10-25	BFRP-12-25	BFRP-14-25	BFRP-16-25
平衡配筋率	1.67	1.58	1.51	1.47	1.47
最小配筋率	0.82	0.80	0.78	0.77	0.76
试件编号	BFRP-8-35	BFRP-10-35	BFRP-12-35	BFRP-14-35	
平衡配筋率	1.50	1.41	1.33	1.29	
最小配筋率	0.82	0.80	0.78	0.77	

6.7　BFRP 筋增强 Eco-HDCC 梁的正常使用极限状态计算方法

6.7.1　最大裂缝宽度计算

目前，国内外规范中建议了 FRP 筋混凝土梁的最大裂缝宽度的计算公式，国内《纤维增强塑料筋混凝土桥梁技术规程》（CJJ/T 280—2018）[36]中规定的最大裂缝宽度计算公式如式（1.1）～式（1.5）所示，ISIS-M03-07 规范[37]中规定的最大裂缝宽度计算公式如式（1.17）所示，ACI 440.1R-15 规范[40]中规定的最大裂缝宽度计算公式如式（1.29）所示，CSAS 806—2012 规范[39]中规定的最大裂缝宽度计算公式如式（1.29）所示。

参考 FRP 筋混凝土的最大裂缝计算公式预测 BFRP 筋增强 Eco-HDCC 最大裂缝宽度计算值，并与试验值比较，见表 6.9 和表 6.10。采用四种规范得到的最大裂缝宽度理论计算值基本都小于试验值。这些规范中所用的参数基于 FRP 筋混凝土正截面受弯承载力公式和黏结性能计算得到的，由于 FRP 筋混凝土与 FRP 筋 Eco-HDCC 性能差异，导致最大裂缝宽度计算公式中参数不同，理论计算值与试验值差异性明显。

考虑到已有规范中计算最大裂缝宽度值与试验值有一定偏差，本书参考BFRP筋增强Eco-HDCC正截面受弯承载力计算方法，得到裂缝截面的内力臂系数为0.85，并参考式（1.1）～式（1.5），得到建议值，而且此建议值与试验值较为接近。本书建议采用CJJ/T 280—2018[36]规范中最大裂缝宽度计算公式，采用裂缝截面内力臂系数为0.85，作为BFRP筋增强Eco-HDCC受弯构件的最大裂缝宽度计算公式。

表6.9 梁最大裂缝宽度理论计算值和建议值

单位：mm

试件编号	理论计算值				建议值
	CJJ/T 280—2018	ISIS-M 03-07	ACI 440.1R-15	CSAS 806—2012	CJJ/T 280—2018
BFRP-8-25	4.46	2.05	2.28	1.31	4.84
BFRP-8-35	5.08	2.69	2.70	1.54	5.52
BFRP-10-25	3.44	1.79	1.97	1.13	3.75
BFRP-10-35	4.44	2.34	2.33	1.33	4.74
BFRP-12-25	2.53	1.57	1.71	0.98	2.68
BFRP-12-35	3.11	2.08	2.06	1.18	3.29
BFRP-14-25	2.14	1.43	1.54	0.88	2.27
BFRP-14-35	2.66	1.87	1.84	1.05	2.81
BFRP-16-25	1.63	1.30	1.38	0.79	1.73
BFRP-8-25-R	4.64	2.05	2.28	1.31	4.92
BFRP-10-25-R	3.77	1.79	1.97	1.13	3.99
BFRP-12-25-R	2.53	1.57	1.71	0.98	2.67
BFRP-14-25-R	2.07	1.43	1.54	0.88	2.20
BFRP-16-25-R	1.72	1.30	1.38	0.79	1.83

表6.10 梁最大裂缝宽度理论计算值与试验值的比值以及建议值与试验值的比值

单位：mm

试件编号	理论计算值与试验值的比值				建议值与试验值的比值
	CJJ/T 280—2018	ISIS-M 03-07	ACI 440.1R-15	CSAS 806—2012	CJJ/T 280—2018
BFRP-8-25	1.08	0.50	0.56	0.32	1.18
BFRP-8-35	0.91	0.48	0.49	0.28	0.99
BFRP-10-25	0.86	0.45	0.49	0.28	0.92
BFRP-10-35	0.92	0.49	0.48	0.28	0.99

续表

试件编号	理论计算值与试验值的比值				建议值与试验值的比值
	CJJ/T 280—2018	ISIS-M 03-07	ACI 440.1R-15	CSAS 806—2012	CJJ/T 280—2018
BFRP-12-25	0.76	0.47	0.51	0.29	0.80
BFRP-12-35	0.72	0.48	0.48	0.27	0.77
BFRP-14-25	0.69	0.46	0.49	0.28	0.73
BFRP-14-35	0.79	0.56	0.55	0.31	0.84
BFRP-16-25	0.76	0.60	0.64	0.37	0.80
平均值	0.83	0.49	0.52	0.30	0.89
BFRP-8-25-R	1.20	0.53	0.59	0.34	1.27
BFRP-10-25-R	1.07	0.51	0.56	0.32	1.13
BFRP-12-25-R	0.77	0.48	0.52	0.30	0.82
BFRP-14-25-R	0.66	0.45	0.49	0.28	0.70
BFRP-16-25-R	0.82	0.62	0.66	0.38	0.87
平均值	0.91	0.52	0.56	0.32	0.96

6.7.2　峰值挠度计算

对于四点加载弯曲梁，受弯构件的跨中峰值挠度计算公式如下：

$$\delta=\frac{Fa}{48B}\left(3l_0^2-4a^2\right) \tag{6.36}$$

式中，δ ——受弯构件的峰值挠度；

F ——受弯构件的荷载；

a ——支座到邻近荷载加载点的距离；

l_0 ——计算跨度。

国内外规范中建议了 FRP 筋混凝土梁抗弯刚度的计算公式，国内《纤维增强塑料筋混凝土桥梁技术规程》（CJJ/T 280—2018）[36]中规定的抗弯刚度计算如式（1.6）～式（1.9）所示，ISIS-M 03-07 规范[37]中规定的抗弯刚度计算如式（1.18）～式（1.24）所示，ACI 440.1R-15 规范[40]和 CSAS 806—2012 规范[39]中规定的抗弯刚度计算如式（1.30）～式（1.31）所示。

本书采用式（6.36）和国内外规范中抗弯刚度公式计算 BFRP 筋增强 Eco-HDCC 梁的峰值挠度，并与试验值进行比较，比较结果见表 6.11 和表 6.12。

采用 CJJ/T 280—2018[36]、ISIS-M 03-07[37]、ACI 440.1R-15[40]和 CSAS 806—2012[39]规范计算的峰值挠度均小于试验值。

表 6.11 梁峰值挠度理论计算值和建议值 单位：mm

试件编号	理论计算值			建议值	试验值
	CJJ/T 280—2018	ISIS-M 03-07	ACI 440.1R-15 CSAS 806—2012	CJJ/T 280—2018	
BFRP-8-25	10.46	9.91	9.92	10.67	11.8
BFRP-8-35	12.00	11.09	11.41	12.24	10.6
BFRP-10-25	9.40	8.62	8.54	9.53	15.2
BFRP-10-35	12.00	10.68	10.71	12.07	13.7
BFRP-12-25	7.97	7.31	7.23	7.97	16.9
BFRP-12-35	9.65	8.82	8.75	9.65	14.8
BFRP-14-25	7.71	7.16	7.07	7.71	13.7
BFRP-14-35	9.42	8.69	8.59	9.42	11.7
BFRP-16-25	6.68	6.23	6.16	6.68	11.5
BFRP-8-25-R	10.62	9.18	9.19	10.62	11.1
BFRP-10-25-R	10.22	9.18	9.10	10.22	16.0
BFRP-12-25-R	7.94	7.29	7.21	7.94	17.1
BFRP-14-25-R	7.47	6.94	6.85	7.47	12.2
BFRP-16-25-R	7.06	6.58	6.51	7.06	10.8

国内规范采用刚度解析法计算 FRP 筋混凝土梁的短期刚度，在公式推导中只考虑混凝土的受压性能和 FRP 筋的抗拉性能，而 Eco-HDCC 具有优越的拉伸延性，理论计算公式中并未考虑 Eco-HDCC 的拉伸性能。而且公式中相关参数是通过 FRP 筋混凝土梁受压区应力计算的等效应力参数、受压区高度等效参数和受压区高度分析得到的，公式中参数对 BFRP 筋增强 Eco-HDCC 梁并不适用，导致最终峰值挠度计算与试验值有所偏差。

ISIS-M 03-07[37]、ACI 440.1R-15[40]和 CSA S806—2012[39]规范采用有效惯性矩计算 FRP 筋混凝土梁的有效刚度，有效惯性矩公式中开裂惯性矩的取值采用经验参数，并未考虑材料的性能，由于混凝土与 Eco-HDCC 材料的差异性，导致 FRP 筋混凝土梁的有效惯性矩与 BFRP 筋增强 Eco-HDCC 梁的有效惯性矩不同。因此 BFRP 筋增强 Eco-HDCC 梁的峰值挠度与理论计算值有偏差。

表 6.12　梁峰值挠度理论计算值与试验值的比值以及建议值与试验值的比值

试件编号	理论计算值与试验值的比值			建议值与试验值的比值
	CJJ/T 280—2018	ISIS-M 03-07	ACI 440.1R-15 CSAS806—2012	CJJ/T 280—2018
BFRP-8-25	0.89	0.84	0.84	0.90
BFRP-8-35	1.13	1.05	1.08	1.15
BFRP-10-25	0.62	0.57	0.56	0.63
BFRP-10-35	0.88	0.78	0.78	0.88
BFRP-12-25	0.47	0.43	0.43	0.47
BFRP-12-35	0.65	0.60	0.59	0.65
BFRP-14-25	0.56	0.52	0.52	0.56
BFRP-14-35	0.80	0.74	0.73	0.80
BFRP-16-25	0.58	0.54	0.54	0.58
平均值	0.73	0.67	0.67	0.74
BFRP-8-25-R	0.96	0.83	0.83	0.96
BFRP-10-25-R	0.64	0.57	0.57	0.64
BFRP-12-25-R	0.46	0.43	0.42	0.46
BFRP-14-25-R	0.61	0.57	0.56	0.61
BFRP-16-25-R	0.65	0.61	0.60	0.65
平均值	0.67	0.60	0.60	0.67

采用国内规范 CJJ/T 280—2018[36]中峰值挠度公式计算 BFRP 筋增强 Eco-HDCC 梁的挠度值与试验值比值平均值为 0.70，因此在在结构设计中可以采用国内规范预测挠度值，考虑安全系数是 0.7。即采用国内规范 CJJ/T 280—2018[36]计算峰值挠度=设计峰值挠度值×0.70。由于桥面无缝连接板设计中，车辆荷载作用在跨中使梁端引起转角，可近似认为桥梁跨中挠度与桥面无缝连接板挠度成比例，桥面无缝连接板的挠度限制可通过桥梁跨中挠度限制来确定。在 BFRP 筋增强 Eco-HDCC 桥面无缝连接板正常使用极限状态中只考虑最大裂缝宽度限制，连接板的最大挠度限制由相邻混凝土铺装层或者主梁的最大挠跨比限制来确定，在桥面无缝连接板设计中不单独考虑峰值挠度限制。

6.8　BFRP 筋增强 Eco-HDCC 梁的抗弯设计方法

本书 BFRP 筋增强 Eco-HDCC 梁抗弯设计方法主要适用于桥面无缝连接板

结构设计，首先进行正常使用极限状态下梁的最大裂缝宽度和峰值挠度计算，得到 BFRP 筋配筋率，然后再根据 BFRP 筋配筋率，进行正截面受弯承载力的验算。

1. 正常使用极限状态计算

基于 BFRP 筋增强 Eco-HDCC 梁的最大裂缝宽度限制值，根据《纤维增强塑料筋混凝土桥梁技术规程》（CJJ/T 280—2018）[36]中最大裂缝宽度计算公式，得到 BFRP 筋配筋率；BFRP 筋增强 Eco-HDCC 桥面无缝连接板中峰值挠度限制根据桥梁结构的挠跨比限制来确定，连接板设计中无需单独考虑峰值挠度限制，可通过相邻混凝土铺装层或者主梁的最大挠跨比限制来确定。

2. 承载能力极限状态验算

基于 BFRP 筋增强 Eco-HDCC 梁的正常使用极限状态计算的 BFRP 筋配筋率，进行受弯构件正截面承载能力极限状态的验算。如果正截面承载能力极限状态的验算满足要求，则按照正常使用极限状态计算的 BFRP 筋配筋率进行结构配筋设计；如果正截面承载能力极限状态的验算不满足要求，说明正常使用极限状态计算的 BFRP 筋配筋率较小，应该按照正截面承载能力极限状态进行超筋配筋设计，超筋计算的 BFRP 筋配筋率较大，无需进行正常使用极限状态的验算。

针对桥面无缝连接板结构设计，BFRP 筋增强 Eco-HDCC 抗弯设计方法的流程如图 6.22 所示。

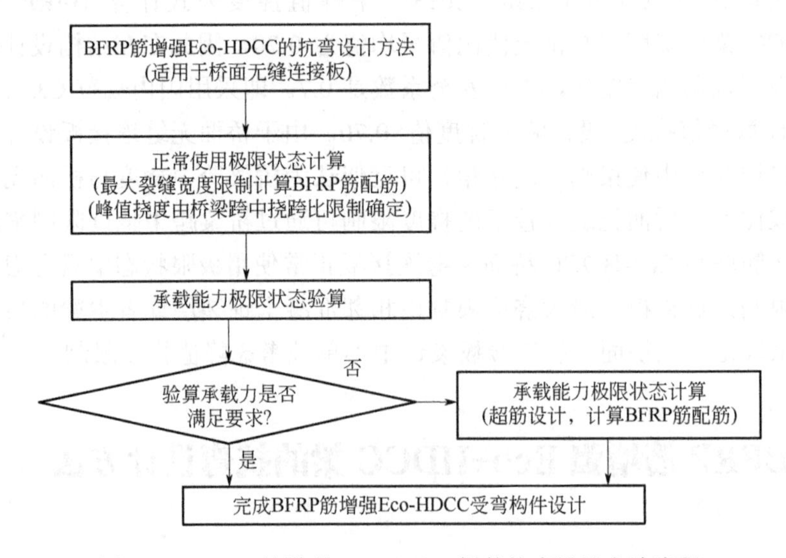

图 6.22　BFRP 筋增强 Eco-HDCC 梁的抗弯设计方法流程

6.9　本章小结

本章研究了 BFRP 筋增强 Eco-HDCC 梁的抗弯性能，主要包括两方面：抗弯性能试验结果分析，承载能力极限状态和正常使用极限状态的理论计算。首先进行裂缝宽度、挠度和荷载等试验结果分析，验证用于梁承载能力极限状态分析的平截面假定和 Eco-HDCC 与 BFRP 筋变形协调性假定；其次，考虑 Eco-HDCC 的抗拉性能，提出了 BFRP 筋增强 Eco-HDCC 梁的正截面受弯承载力计算方法，并与试验结果进行比较，验证正截面受弯承载力计算方法的可行性；然后，基于梁的最大裂缝宽度和峰值挠度试验结果，结合国内外 FRP 筋混凝土规范中梁最大裂缝宽度和峰值挠度变形计算公式，得到了适用于 BFRP 筋增强 Eco-HDCC 梁最大裂缝宽度和挠度的理论计算公式；最后，提出了适用于桥面无缝连接板设计的 BFRP 筋增强 Eco-HDCC 梁的抗弯设计方法。

（1）BFRP 筋保护层厚度为 15mm 时，梁因抗剪能力不足而发生剪压破坏；BFRP 筋直径是 8mm 且保护层厚度大于等于 25mm 时，BFRP 筋的抗拉强度较低，梁的破坏形态是 BFRP 筋断裂；BFRP 筋直径大于等于 10mm 且保护层厚度大于等于 25mm 时，梁的破坏模式是受压区 Eco-HDCC 被压碎。在 BFRP 筋保护层厚度为 25mm～35mm 范围内，随着保护层厚度的增加，梁 BFRP 筋重心水平处构件侧表面上的最大裂缝宽度增加；在 BFRP 筋直径为 8mm～16mm 范围内，随着 BFRP 筋直径的增大，梁侧表面最大裂缝宽度减小；重复加载方式下梁侧表面最大裂缝宽度小于单调加载方式下梁侧面最大裂缝宽度。

（2）单调加载方式和重复加载方式下，梁的荷载-跨中挠度曲线呈现以下特点：上升段表现为线性和挠度硬化两阶段特点，超筋梁达到峰值荷载后，下降段先缓慢下降，再突然降低。重复加载方式下外包络线曲线与单调加载方式下的曲线一致。

（3）保护层厚度、BFRP 筋直径和加载方式对梁的初裂荷载并无明显影响；在 BFRP 筋直径为 8mm～16mm 范围内，随着 BFRP 筋直径的增大，梁的峰值荷载随之增加，但峰值挠度呈现先增加后降低的趋势；在 BFRP 筋保护层厚度为 25mm～35mm 范围内，保护层厚度较大时，梁的峰值荷载和峰值挠度均较小；加载方式对梁的峰值荷载和峰值挠度无明显影响规律。

（4）加载方式对 BFRP 筋拉应变基本无影响，梁的荷载-BFRP 筋拉应变关系基本呈现双线性，直径较大时，BFRP 筋所受应力和应变较小；保护层厚度较大时，BFRP 筋所受应力和应变较大；超筋梁破坏时，受压区 Eco-HDCC 压应变基本无变化；在 BFRP 筋直径为 8mm～16mm 范围内，随着 BFRP 筋直径的增大，BFRP 筋重心水平处构件侧表面拉伸变形先增加后降低；在 BFRP 筋保护层厚度为 25mm～35mm 范围内，保护层厚度增加时，梁侧表面拉伸变形较小；梁截面应变沿高度基本呈现线性变化，梁中 BFRP 筋应变与同截面高度 Eco-HDCC 变形具有协调性。

（5）考虑 Eco-HDCC 的抗拉性能，提出 BFRP 筋增强 Eco-HDCC 少筋梁、平衡配筋梁和超筋梁的正截面受弯承载力计算公式，并与试验结果进行比较，验证正截面受弯承载力计算公式是合理的；推导出梁的平衡配筋率和最小配筋率。

（6）基于梁的侧表面最大裂缝宽度和峰值挠度试验结果，与国内外规范中相关公式比较，提出了适用于 BFRP 筋增强 Eco-HDCC 梁的侧表面最大裂缝宽度理论计算公式；考虑峰值挠度试验结果与规范中计算结果的差异性，以及考虑桥面无缝连接板抗弯构件结构设计，建议 BFRP 筋增强 Eco-HDCC 桥面无缝连接板峰值挠度可由桥面铺装层和主梁挠跨比限制控制，由此挠跨比限制值设计连接板结构，无需考虑连接板的峰值挠度限制。

（7）提出 BFRP 筋增强 Eco-HDCC 桥面无缝连接板的抗弯设计方法，首先进行正常使用极限状态计算，进行 BFRP 筋配筋计算，再进行承载能力极限状态验算；如果承载能力极限状态验算符合要求，则按照正常使用极限状态计算的 BFRP 筋配筋率进行结构配筋设计；如果承载能力极限状态的验算不满足要求，应该按照正截面承载能力极限状态进行超筋配筋设计。

第 7 章

BFRP 筋增强 Eco-HDCC 桥面无缝连接板结构的设计方法

7.1 引言

BFRP 筋增强 Eco-HDCC 桥面无缝连接板用于替换桥梁结构中的传统伸缩缝，使整个桥面连续而无缝。车辆荷载作用在简支梁跨中，使梁端引起转角，桥面无缝连接板承受梁端转角引起的负弯矩；桥面无缝连接板暴露在外界环境中，不仅承受由于季节温差在连接板内部引起的拉伸变形，还承受相邻混凝土铺装层和 Eco-HDCC 的收缩。Eco-HDCC 桥面无缝连接板在行车方向（纵向方向）可按照受弯构件进行配筋设计，在垂直于行车方向（横向方向）可参考混凝土结构设计规范进行构造设计。结合 BFRP 筋增强 Eco-HDCC 构件抗弯设计方法和有限元模拟方法，可为桥面无缝连接板结构设计方法提供依据。

以中小型两跨简支梁马林桥工程为依托，根据桥面无缝连接板承受的负弯矩、温度和收缩等特点，结合 BFRP 筋增强 Eco-HDCC 构件的抗弯设计方法，提出 BFRP 筋增强 Eco-HDCC 桥面无缝连接板的设计方法；基于 BFRP 筋初步配筋方案，以马林桥为模型，采用 Abaqus 有限元软件分析车辆荷载、季节性温差和收缩三个因素耦合作用下桥面无缝连接板和马林桥铺装层的内力，进行连接板设计方案的优选；最后提出了 BFRP 筋增强 Eco-HDCC 桥面无缝连接板的设计方法流程（图 7.1）。

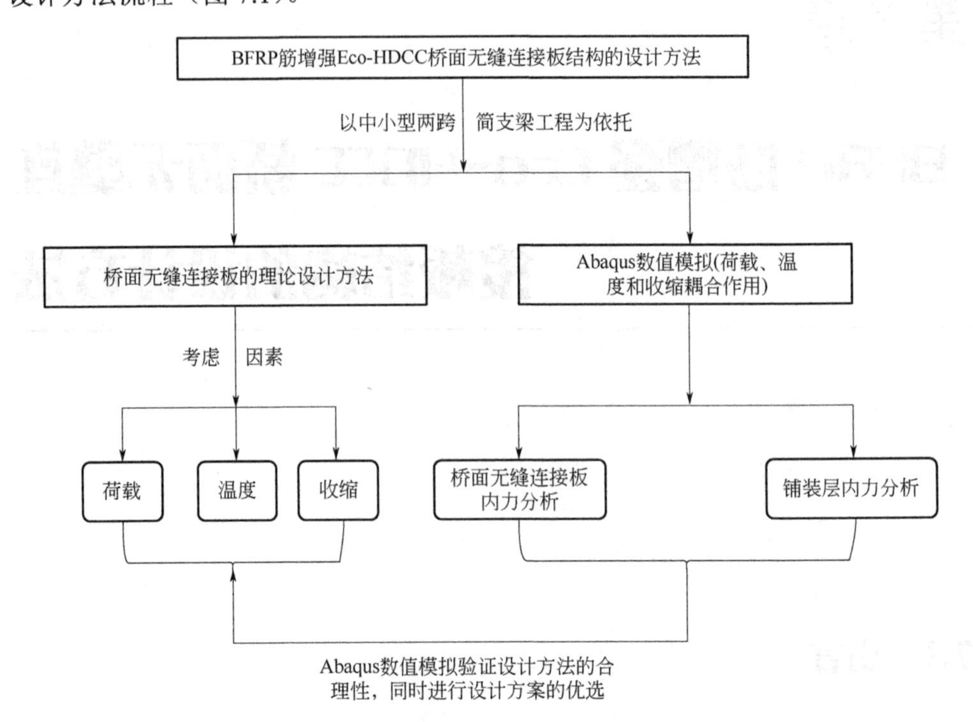

图 7.1 桥面无缝连接板设计方法的研究路线

7.2 桥面无缝连接板的工程背景

本书中 BFRP 筋增强 Eco-HDCC 桥面无缝连接板的设计主要针对中小型多跨桥梁，以福建省永安市某山区的 K5+180 马林桥工程项目为依托，马林桥所处地区最高气温 39℃，最低温度-2℃，年温差 41℃。K5+180 马林桥是一座双跨简支梁桥，原设计中桥梁由左侧桥台 7.00m+钢制伸缩缝 0.04m+钢筋混凝土简支梁 19.96m+钢制伸缩缝 0.04m+钢筋混凝简支梁 19.96m+钢制伸缩缝 0.04m+右侧桥台 7.00m，总长 54.04m。

由于钢制伸缩缝与相邻混凝土铺装层弹性模量不同，在车辆冲击荷载下，二者变形不协调，导致在车辆疲劳荷载下，伸缩缝或者伸缩缝与相邻混凝土的过渡区容易发生损坏；另外，伸缩缝的存在，容易引起桥头跳车，影响行车舒适度。因此，采用 Eco-HDCC 材料浇筑桥面无缝连接板，用以替换传统伸缩缝，桥面铺装层不预留切缝，整个桥面板连续无缝。整个桥面铺装层的变形由 Eco-HDCC 桥面无缝连接板承担。

7.3 BFRP 筋增强 Eco-HDCC 桥面无缝连接板结构的初步设计方案

7.3.1 桥面无缝连接板的理论设计方法

在 Eco-HDCC 桥面无缝连接板的理论设计方法中，主要考虑荷载、温度、混凝土铺装层和 Eco-HDCC 收缩等引起的变形。桥面无缝连接板不直接承受弯曲荷载，承受由于车辆荷载作用在主梁跨中而引起的梁端转角，而梁端转角在桥面无缝连接板中引起负弯矩。根据已有研究[151-152]，Eco-HDCC 的拉伸变形主要用来承担桥面无缝连接板以及相邻混凝土温差和自身收缩。本书以两跨钢筋混凝土简支梁 19.96m+19.96m 为例，阐述 Eco-HDCC 桥面无缝连接板的理论设计方法。

1. 桥梁概况

两跨钢筋混凝土简支梁 19.96m+19.96m，选取中板空心梁作为主梁，进行连接板的设计。中板空心梁宽 1.25m，梁高 0.95m，钢筋混凝土梁铺装层厚度 120mm，铺装层混凝土强度等级为 C50。

2. 桥面无缝连接板长度假定

连接板的长度包括脱粘区的长度和过渡区的长度，脱粘区是发挥 Eco-HDCC 材料性能的主要区域，过渡区主要起缓冲作用。在确定连接板脱粘区长度中考虑荷载、温度和 Eco-HDCC 自身收缩等因素的影响。

1）荷载

车辆轮载作用在简支梁跨中，梁端产生转角（图 7.2），如将支座作为转动中心，则由于梁高的影响，桥面连续将伸长，从而产生拉力作用，转动越大，梁越高，该作用越大。在无桥面连续的情况下，梁体自由转动，在桥面连续不破坏的情况下，梁体转动受到约束，转角会变小。

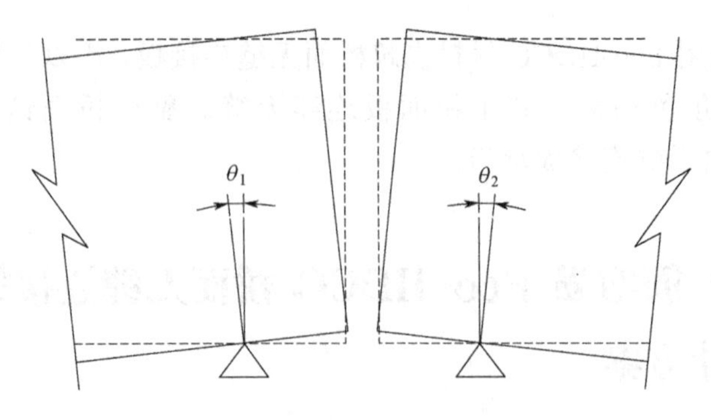

图 7.2 梁端转动示意图

根据《公路钢筋混凝土及预应力混凝土桥涵设计规范》(JTG 3362—2018)[153]规定，桥梁跨中允许的最大挠度为跨度的 1/600，得梁端转角是 $\theta_{\max} = \varDelta \cdot \frac{3}{l} = \frac{1}{600} l \cdot \frac{3}{l} = 0.005$，梁端位移是 $\varDelta_{活}=2\theta \cdot h=2\times0.005\times0.95=9.5(\mathrm{mm})$。

在考虑荷载作用时，采用最大挠度限制，是一种保守做法，实际结构设计中桥梁挠度低于限制要求。

2）温度

考虑马林桥所处地区最高气温 39℃，最低温度-2℃，年温差 41℃。对于两跨跨长为 19.96m 的结构，最不利的温度影响为：两端支座不能滑动，中间支座可以滑动，41℃的温缩变形将全由 Eco-HDCC 桥面连续来承受，如图 7.3 所示。

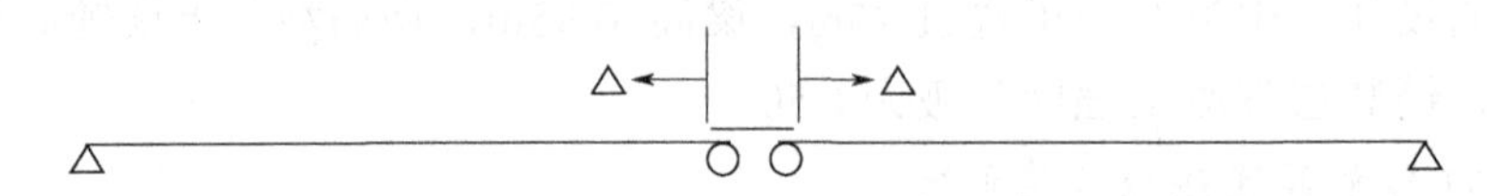

图 7.3 Eco-HDCC 桥面连接板温降情况下的变形示意图

在温差情况下，一跨主梁自由变形将伸长 $\varDelta=0.00001\times19.96\times41=8.2(\mathrm{mm})$，因此在中间桥台处引起的变形为 $\varDelta_{温}=2\times8.2=16.4(\mathrm{mm})$。

3）Eco-HDCC 收缩

由于在桥面混凝土铺装并达到一定强度后再进行桥面连接板的浇筑，而且混凝土中有粗骨料可以抑制混凝土的收缩，因此在考虑 Eco-HDCC 材料承受收缩方面，只考虑 Eco-HDCC 桥面连接板自身的收缩值。

Eco-HDCC 收缩值是 1.2×10^{-3}，当 Eco-HDCC 脱粘层长度是 l_{dz} 时，收缩量是 $\varDelta_{收缩}=1.2\times10^{-3}\times l_{dz}$。

4）Eco-HDCC 的总变形能力要求

$\Sigma\Delta=\Delta_{活}+\Delta_{温}+\Delta_{收缩}$，考虑龄期和冻融-碳化交互作用削弱 Eco-HDCC 的极限延伸率，设计工程应用中 Eco-HDCC 的极限延伸率为 1.00%。$\dfrac{\Sigma\Delta}{l_{dz}}=\dfrac{\Delta_{活}+\Delta_{温}+\Delta_{收缩}}{l_{dz}}=0.01$，则 $l_{dz}=3.0\text{m}$，所以设置 Eco-HDCC 连接板脱粘层长度是 3.0m，每侧过渡区为 0.5m，连接板总长为 4.0m。

3. 连接板毛截面惯性矩的确定（取一块空心板中板，板宽度是 1.25m）

$$I=\frac{1}{12}bt^3=\frac{1}{12}\times1.25\times0.12^3=1.8\times10^{-4}(\text{m}^4) \tag{7.1}$$

4. 连接板所受的负弯矩

$$M=\frac{2E_cI\theta_{max}}{l_{dz}}=\frac{2\times22.6\times10^3\times10^6\times1.8\times10^{-4}\times0.005}{3.0}=1.36\times10^4(\text{N}\bullet\text{m}) \tag{7.2}$$

$$M_l=1.2M=1.2\times1.36\times10^4=16.32(\text{kN}\bullet\text{m}) \tag{7.3}$$

5. 桥面无缝连接板的配筋计算

桥面无缝连接板行车方向按照受弯构件配筋计算，横向按照构造配筋。受弯构件使用 BFRP 筋受力筋为 10mm、12mm、14mm 和 16mm，横向构造筋为 8mm 或者 10mm。

按照 BFRP 筋增强 Eco-HDCC 构件的抗弯设计方法，可进行桥面无缝连接板的配筋设计。根据 BFRP 筋增强 Eco-HDCC 构件最大裂缝宽度限制（0.5mm）计算 BFRP 筋受力筋截面面积，采用弯矩承载力计算值 16.32kN•m 计算弯曲应力，参考式（1.1）～式（1.5）得到 BFRP 筋的截面面积，BFRP 筋计算配筋和实际配筋见表 7.1。

其中，Eco-HDCC 的拉伸本构关系采用图 6.18 中的双线性关系，极限延伸率设计为 1.00%。BFRP 筋为线弹性脆性材料，考虑 BFRP 筋的环境影响系数 1.2 和断裂徐变影响系数 2.0，当 BFRP 筋直径为 8mm、10mm、12mm、14mm 和 16mm 时，BFRP 筋抗拉强度设计值分别为 284.8MPa、292.2MPa、298.4MPa、302.6MPa 和 306.0MPa，对应的 BFRP 筋极限拉应变分别为 0.65%、0.66%、0.67%、0.67%和 0.66%。

表 7.1 BFRP 筋增强 Eco-HDCC 配筋率计算（最大裂缝宽度 0.5mm 限制，板宽 1.25m）

直径/ mm	计算配筋面积/ mm^2	实际配筋面积/ mm^2	配筋根数@间距 /（根@mm）	配筋率/ %
10	1062.3	1099.0	14@90	0.98

续表

直径/ mm	计算配筋面积/ mm^2	实际配筋面积/ mm^2	配筋根数@间距 /（根@mm）	配筋率/ %
12	1146.9	1244.1	11@110	1.12
14	1229.2	1231.2	8@150	1.12
16	1304.8	1407.7	7@180	1.29

注：表中配筋间距是指两根相邻 BFRP 筋重心之间的距离。

在计算车辆荷载引起的简支梁梁端转角时，采用的梁跨中最大挠度限制，由于梁端转角引起连接板的负弯矩，近似认为连接板的转角与梁端转角相同，其在连接板引起的向上挠度也符合限制要求。因此在 BFRP 筋增强 Eco-HDCC 正常使用状态下的计算仅考虑最大裂缝宽度限制值。

根据 BFRP 筋增强 Eco-HDCC 受弯构件平衡配筋率限制，计算不同 BFRP 筋直径下的平衡配筋率，并进行 BFRP 筋实际配筋，将连接板设计为超筋连接板，其配筋率计算见表 7.2。

表 7.2 BFRP 筋增强 Eco-HDCC 超筋配筋计算（板宽 1.25m）

直径/ mm	平衡配筋率/ %	实际配筋面积/ mm^2	配筋根数@间距 /（根@mm）	配筋率/ %
10	1.65	1884.0	24@50	1.67
12	1.58	1809.6	16@80	1.63
14	1.55	1692.9	11@110	1.55
16	1.54	1608.8	8@140	1.48

6. 桥面无缝连接板的承载能力极限状态验算

表 7.1 是根据 BFRP 筋增强 Eco-HDCC 正常使用极限状态计算的配筋率，表 7.2 是根据 BFRP 筋增强 Eco-HDCC 的正截面受弯承载力极限状态计算的配筋率，属于超筋配筋。根据 BFRP 筋增强 Eco-HDCC 承载能力极限状态的理论计算公式，可计算 BFRP 筋配筋率对应的弯矩承载力抵抗矩，见表 7.3 和表 7.4。

将表 7.3 中不同压应变下的连接板弯矩抵抗矩（M_l）与连接板所受负弯矩（M_c）进行比较，在 BFRP 筋和 Eco-HDCC 材料设计值范围内，连接板可承担负弯矩，而且在连接板承担最大负弯矩时，Eco-HDCC 最大拉应变和 BFRP 筋的拉应变均很低。因此，根据 BFRP 筋增强 Eco-HDCC 连接板正常使用极限状态（最大裂缝宽度限制）得到的配筋率符合连接板负弯矩要求。

将表 7.4 中按照超筋梁设计的连接板弯矩抵抗矩（M_l）与连接板所受负弯矩（M_c）进行比较，连接板承载能力极限状态下的抵抗矩明显大于连接板的负弯矩，而且安全系数为 3.40～3.68，这在结构设计上过于安全，不经济。同时考虑配筋率大的连接板刚度较大，不利于连接板延性的发挥，因此本书建议在满足最大裂缝宽度要求限制下，进行桥面无缝连接板的配筋设计，无须直接进行超筋配筋。

表 7.3 连接板弯矩抵抗矩（裂缝最大宽度限制）

直径/ mm	ε_c	a/ mm	$h-x_c$ / mm	ε_f / %	ε_t / %	M_c /（kN•m）	M_l /（kN•m）
10	0.00109	92.59	96.84	0.31	0.36	28.85	16.32
10	0.0007	84.35	92.27	0.18	0.23	21.35	16.32
10	**0.0004**	**66.41**	**84.27**	**0.061**	**0.094**	**16.32**	**16.32**
12	0.00109	91.70	96.09	0.30	0.44	29.79	16.32
12	0.0007	83.56	91.66	0.15	0.23	22.24	16.32
12	**0.0004**	**65.82**	**83.88**	**0.060**	**0.093**	**16.51**	**16.32**
14	0.00109	91.68	96.07	0.30	0.44	29.65	16.32
14	0.0007	83.55	91.65	0.15	0.23	22.16	16.32
14	**0.0004**	**65.81**	**83.87**	**0.060**	**0.093**	**16.49**	**16.32**
16	0.00109	90.63	95.18	0.29	0.42	30.74	16.32
16	0.0007	82.61	90.92	0.15	0.22	22.75	16.32
16	**0.0004**	**65.10**	**83.40**	**0.058**	**0.091**	**16.70**	**16.32**

表 7.4 连接板弯矩抵抗矩（超筋配筋）

直径/ mm	a/ mm	（$h-x_c$）/ mm	ε_f / %	ε_t / %	M_c /（kN · m）	M_l /（kN · m）	$\frac{M_c}{M_l}$
10	93.27	95.26	0.66	0.96	59.98	16.32	3.68
12	93.63	95.59	0.66	0.98	58.68	16.32	3.60
14	94.23	96.15	0.67	1.00	56.80	16.32	3.48
16	94.66	96.54	0.67	1.02	55.46	16.32	3.40

7. 桥面无缝连接板的最终配筋计算

由于桥面无缝连接板桥面纵向行车方向主要承担负弯矩和变形，而横向方向受力和变形很小，故连接板横向配筋可参考《混凝土结构设计规范》（GB 50010—2010）[65]进行构造配筋，单位宽度上横向截面配筋不宜小于单位宽度上受力筋的 15%，且配筋率不宜小于 0.15%。考虑连接板厚度较小，尽量采用小直径的横向构造筋，本书建议采用 BFRP 筋直径为 8mm 和 10mm 作为横向构造筋。Eco-HDCC 连接板的纵向配筋和横向构造筋见表 7.5，由于在后续数值模拟中采用的是宽度为 1.25m 的中板梁，因此表 7.5 中列出的纵向 BFRP 筋配筋率的板宽是 1.25m，而横向构造筋配筋率采用单位宽度，即板宽 1.0m。

表 7.5 连接板纵向和横向配筋

纵向受力筋（1.25m 宽度）				横向构造筋（1.0m 宽度）			
直径 / mm	配筋面积 / mm^2	配筋根数@间距 /（根，mm）	配筋率 / %	直径 / mm	配筋面积 / mm^2	配筋根数@间距/（根@mm）	配筋率/ %
10	1099.0	14@90	0.98	8	201.2	4@250	0.22
				10	314.0	4@250	0.35
12	1244.1	11@110	1.12	8	201.2	4@250	0.22
				10	314.0	4@250	0.35
14	1231.2	8@150	1.12	8	201.2	4@250	0.22
				10	314.0	4@250	0.35
16	1407.7	7@180	1.29	8	251.5	5@200	0.28
				10	314.0	4@250	0.35

7.3.2 桥面无缝连接板初步设计方案

根据 BFRP 筋与 Eco-HDCC 黏结性能试验结果以及桥面无缝连接板设计配筋率等，得到桥面无缝连接板的初步设计方案见表 7.6，所有方案中桥面无缝连接板纵向长度设计为 4.0m（过渡区 0.5m+脱粘区 3.0m+过渡区 0.5m），板中纵向 BFRP 筋受力筋放置在板顶，板中横向 BFRP 筋构造筋布置在受力筋下方，BFRP 筋受力筋的保护层厚度为 25mm。

表 7.6 BFRP 筋增强 Eco-HDCC 桥面无缝连接板的初步设计方案

方案	纵向配 BFRP 筋（1.25m 宽度）				横向配 BFRP 筋（4.0m 长度）		
	直径 / mm	根数@间距 /（根，mm）	配筋率 / %	锚固长度 / mm	直径 / mm	根数@间距/（根@mm）	配筋率/ %
方案一	10	14@90	0.98	120	8	16@250	0.22
方案二	10	14@90	0.98	120	10	16@250	0.35
方案三	12	11@110	1.12	190	8	16@250	0.22
方案四	12	11@110	1.12	190	10	16@250	0.35
方案五	14	8@150	1.12	260	8	16@250	0.22
方案六	14	8@150	1.12	260	10	16@250	0.35
方案七	16	7@180	1.29	350	8	20@200	0.28
方案八	16	7@180	1.29	350	10	16@250	0.35

7.4　BFRP 筋增强 Eco-HDCC 桥面无缝连接板结构的设计方案优选

BFRP 筋增强 Eco-HDCC 受弯构件的理论计算方法仅能对桥面无缝连接板进行配筋设计，却无法确定连接板内任意一点的应力状态，Abaqus 有限元法可模拟荷载工况下连接板内任一点的受力情况，对结构进行全面受力分析。以上述桥面无缝连接板中八种初步方案进行配筋，采用 Abaqus 有限元对桥面无缝连接板进行受力分析，考虑车辆荷载、季节温差和 Eco-HDCC 收缩的耦合作用对桥面无缝连接板的应力和应变影响，验证桥面无缝连接板设计方法的合理性，进行 BFRP 筋配筋方案的优选。

马林桥中两跨钢筋混凝土简支梁 19.96m+19.96m，选取中板空心梁作为主梁，中板空心梁宽 1.25m，梁高 0.95m，钢筋混凝土梁铺装层厚度 120mm，采用 C50 混凝土作为铺装层。空心梁中所有钢筋为 HRB335，梁底部钢筋直径 16mm，顶部双层钢筋直径 8mm，架力筋直径 6mm，箍筋直径 8mm，剪力筋直径 12mm，铺装层中纵向筋直径 16mm，横向分布筋直径 10mm。为防止桥面铺装层和桥面无缝连接板剪切破坏，设置剪力筋，桥面铺装层内剪力筋在纵向方向的间距是 0.5m，横向方向的间距是 0.4m；桥面无缝连接板两侧过渡区 0.5m 内剪力筋的间距是 0.2m。

采用两跨钢筋混凝土简支梁+钢筋混凝土桥面铺装层+BFRP 筋增强 Eco-HDCC 桥面无缝连接板进行有限元模拟，各部件结构如图 7.4 和图 7.5 所示。

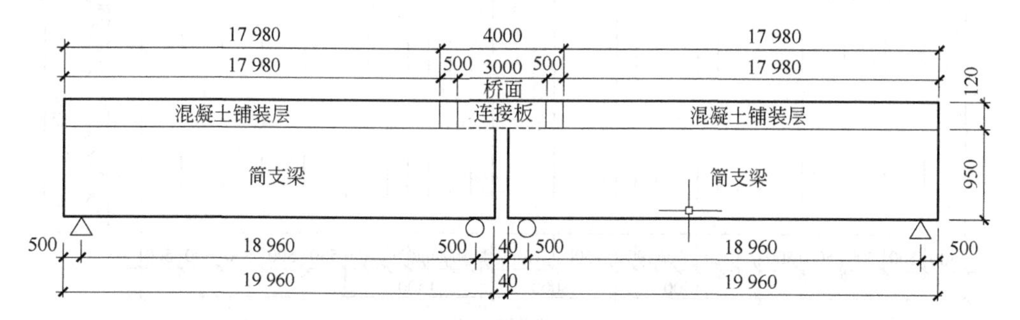

图 7.4　双跨简支梁+混凝土铺装层+桥面无缝连接板示意图（单位：mm）

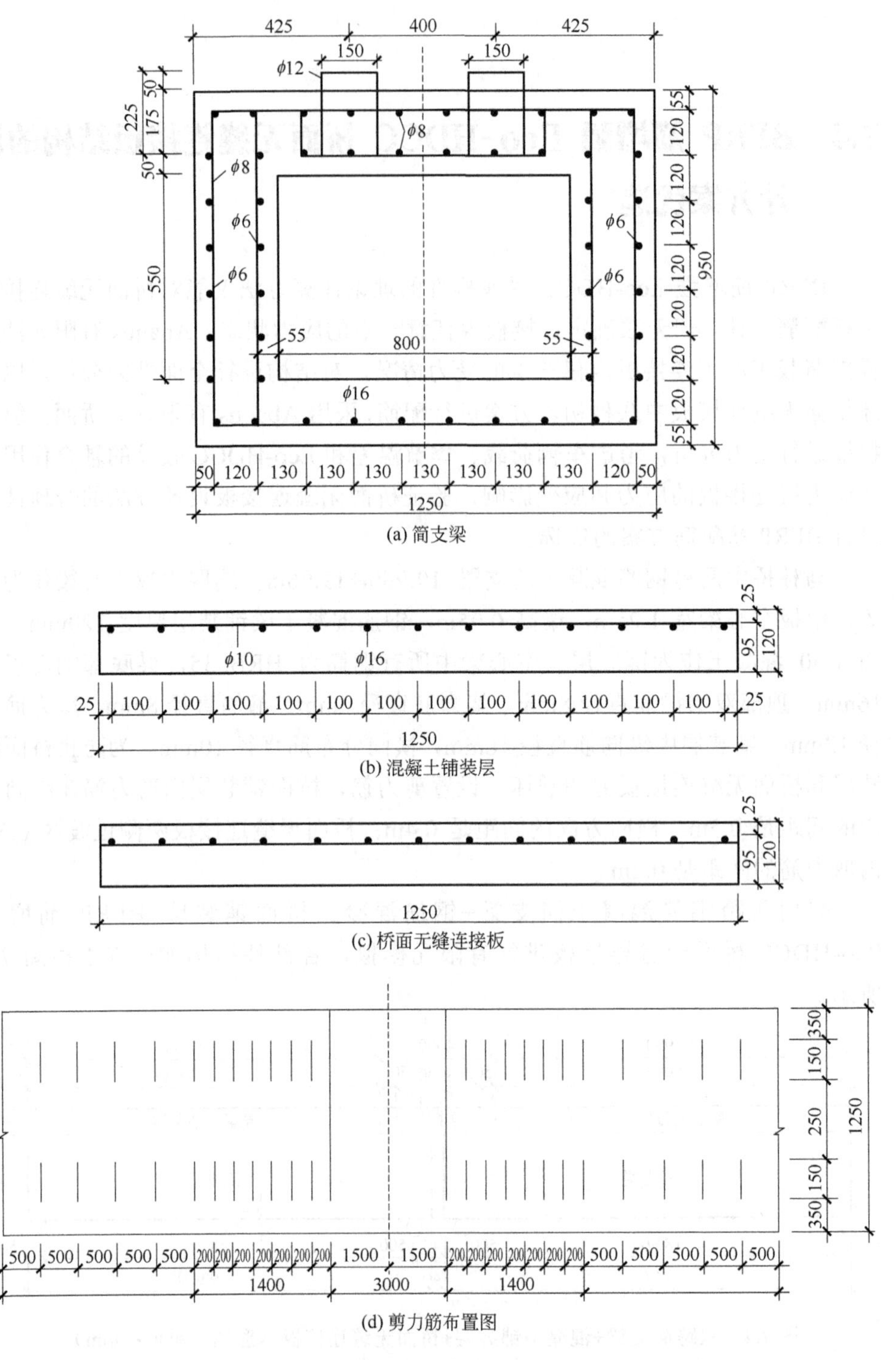

(a) 简支梁

(b) 混凝土铺装层

(c) 桥面无缝连接板

(d) 剪力筋布置图

图 7.5 各部件截面配筋示意图（单位：mm）

7.4.1　数值模拟中模型的建立

1. 材料性能参数

1）Eco-HDCC 和混凝土性能参数

Eco-HDCC 和混凝土的热工性能参数见表 7.7。

由于 Eco-HDCC 中不含粗骨料，但包含很多粉煤灰，水泥水化过程中产生热膨胀系数较高的 $Ca(OH)_2$，$Ca(OH)_2$ 与粉煤灰发生火山灰效应生成 CSH 等热膨胀系数较低的产物，综合作用，Eco-HDCC 的热膨胀系数比混凝土的略低[154-155]，但模拟中考虑安全性，依然采用与混凝土相同的热膨胀系数。

表 7.7 Eco-HDCC 和混凝土的热工参数

材料	密度/（kg/m^3）	线膨胀系数/（$℃^{-1}$）	热导率/［W/（m•℃）］
Eco-HDCC	2010	1.0×10^{-5}	0.54
混凝土[65]	2400	1.0×10^{-5}	1.74

Eco-HDCC 的抗压弹性模量是 22.6GPa，抗拉弹性模量是 11.5GPa，泊松比是 0.26。C50 混凝土的抗压弹性模量是 34.5GPa，泊松比是 0.2。Eco-HDCC 和混凝土的塑性参数采用塑性损伤模型，具体计算方法参考《混凝土结构设计规范》（GB50010—2010）[65]。

2）BFRP 筋和钢筋性能参数

BFRP 筋和钢筋的热工性能参数见表 7.8 所示。

表 7.8　BFRP 筋和钢筋的热工参数

材料	密度/（kg/m^3）	线膨胀系数/（$℃^{-1}$）	热导率/［W/（m•℃）］
BFRP 筋[156-157]	2050	0.9×10^{-5}	1.4
钢筋[65]	7850	1.2×10^{-5}	58.2

BFRP 筋的泊松比是 0.2，BFRP 筋力学性能如 7.3.1 节中所述。钢筋的弹性模量是 200GPa，泊松比是 0.2，力学性能参考《混凝土结构设计规范》（GB 50010—2010）[65]。

2. 加载工况

考虑荷载、温度和收缩因素对桥面无缝连接板的受力影响，采用温度-荷载热力耦合方法进行模拟分析。本书考虑两种温度-荷载热力耦合方法，一种是顺序热力耦合，即先进行温度热分析，再进行荷载受力分析，应力的解依赖于温度场，但温度场不依赖于应力场；另一种是完全热力耦合，即温度与荷载同时作为加载条件，温度与荷载相互影响，进行结构受力分析。

根据《公路桥涵设计通用规范》JTG D60—2015[116]中车辆荷载技术指标，板宽 1.25m，后轴重力标准值为 140kN，考虑安全系数 2.0，数值模拟时设计荷载为 140kN 和 280kN，轮胎尺寸为 0.2m（横）×0.6m（纵），设计荷载对应的压力分别为 1.17MPa 和 2.34MPa。

马林桥所处地区最高气温 39℃，最低温度-2℃，年温差 41℃。利用有限元进行结构分析时，一般将收缩当量成等效温差，可采用收缩值与材料的线膨胀系数的比值作为等效温差，Eco-HDCC 的收缩应变为 1.2×10^{-3}，等效温差为 120℃。

参考文献[158]和文献[159]，考虑铺装层开裂引起的刚度折减（折减系数 0.85）、松弛系数（0.5）、BFRP 筋抑制收缩（0.73）及桥面连接板比例系数（0.10），综合温差取值为：（41+120×0.73×0.10）×0.85×0.5=21.1（℃）。在模拟中，取初始温度场 20℃，结束温度场取-1.1℃，施加方式为均匀降温。

模拟时整个模型的初始温度和结束温度是固定的，不存在模型与外界热传递和热交换过程，通过温度-荷载顺序热力耦合和温度-荷载完全热力耦合两种方法得到的结构内力相同。有限元模拟结果分为 BFRP 筋增强 Eco-HDCC 桥面无缝连接板、钢筋混凝土桥面铺装层和钢筋混凝土主梁进行内力分析，模型分为 7 个部分，分别为 Eco-HDCC、BFRP 筋、混凝土铺装层、铺装层内钢筋网、主梁内钢筋网、主梁内混凝土和支座。Eco-HDCC、混凝土铺装层、主梁内混凝土和支座采用 Solid 单元，BFRP 筋、铺装层内钢筋网和主梁内钢筋网采用 Wire 单元。

为了揭示温度-荷载热力耦合对 BFRP 筋增强 Eco-HDCC 桥面无缝连接板内力的影响，设计温度和荷载单一因素进行连接板内力分析。

为提高计算效率，本书采用二分之一有限元模型，结果分析时观察整体模型的内力分析，二分之一有限元模型如图 7.6 所示。

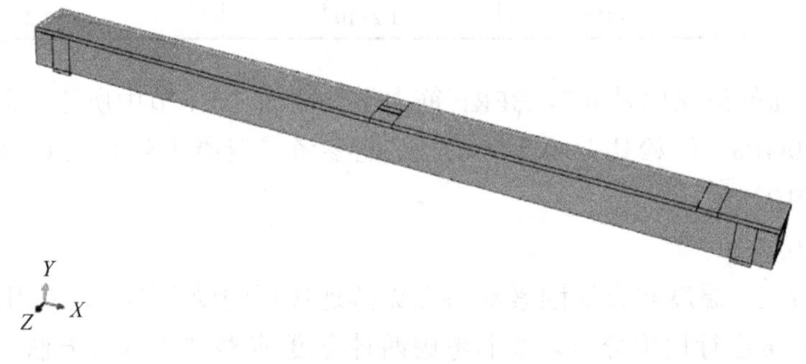

图 7.6 二分之一有限元模型

7.4.2 BFRP 筋增强 Eco-HDCC 桥面无缝连接板的受力分析

1. Eco-HDCC 受力分析

温度-荷载耦合作用下 Eco-HDCC 的受力分析见表 7.9（a）～（b），八种 BFRP 筋配筋方案对 Eco-HDCC 的应力、应变、损伤因子和挠度最大值影响不大；当车辆荷载较大时，Eco-HDCC 的最大拉应力、最大拉应变、最大拉伸损伤因子、剪应力和剪应变较小，Eco-HDCC 内存在压应力，且最大压应变和最大压缩损伤因子较大。由表 7.9 可知，在温度-荷载耦合作用下 Eco-HDCC 所承受的最大拉应变和最大剪应变均在塑性阶段，最大压应变位于弹性阶段，Eco-HDCC 内力分析最大值均在 Eco-HDCC 材料自身性能范围内，而且 Eco-HDCC 连接板的最大挠跨比也符合桥梁最大挠跨比限制要求（1/600）。

表 7.9 温度-荷载耦合作用下 Eco-HDCC 的应力、应变、损伤因子最大值、剪应力、剪应变和跨中挠度最大值

方案	荷载工况（1.17MPa）				荷载工况（2.34MPa）					
	拉应力/MPa	拉应变/%	拉伸损伤因子	压应变/$\times10^{-3}$	拉应力/MPa	拉应变/%	拉伸损伤因子	压应力/MPa	压应变/$\times10^{-3}$	压缩损伤因子
方案一	2.70	0.55	0.817	0.21	2.46	0.33	0.771	10.0	0.43	0.107
方案二	2.74	0.55	0.817	0.21	2.46	0.33	0.771	10.0	0.42	0.107
方案三	2.77	0.55	0.817	0.21	2.43	0.34	0.773	10.1	0.43	0.108
方案四	2.74	0.55	0.816	0.21	2.42	0.34	0.772	10.1	0.43	0.108
方案五	2.78	0.56	0.819	0.21	2.44	0.34	0.774	10.1	0.43	0.108
方案六	2.78	0.56	0.818	0.21	2.43	0.34	0.773	10.1	0.43	0.108
方案七	2.73	0.56	0.818	0.21	2.37	0.34	0.773	10.2	0.45	0.109
方案八	2.72	0.56	0.818	0.21	2.42	0.34	0.773	10.1	0.44	0.109
	—	塑性	—	弹性	—	塑性	—	—	弹性	—

方案	荷载工况（1.17MPa）			荷载工况（2.34MPa）		
	剪应力/MPa	剪应变/$\times10^{-3}$	挠度/mm	剪应力/MPa	剪应变/$\times10^{-3}$	挠度/mm
方案一	0.90	2.21	0.86	0.40	0.80	3.45
方案二	0.81	2.25	0.83	0.40	0.80	3.46
方案三	0.97	2.25	0.86	0.35	0.81	3.47
方案四	1.00	2.25	0.86	0.35	0.81	3.45
方案五	1.34	2.30	0.84	0.50	0.81	3.45

续表

方案	荷载工况（1.17MPa）			荷载工况（2.34MPa）		
	剪应力/ MPa	剪应变/ $\times10^{-3}$	挠度/ mm	剪应力/ MPa	剪应变/ $\times10^{-3}$	挠度/ mm
方案六	1.35	2.28	0.83	0.50	0.81	3.45
方案七	1.26	2.27	0.86	0.49	0.80	3.47
方案八	1.21	2.28	0.86	0.41	0.81	3.45
	—	塑性	—	—	塑性	—

为揭示温度-荷载耦合作用下 Eco-HDCC 连接板内力，表 7.10 列出了温度和荷载单一作用下 Eco-HDCC 的应力、应变和挠度最大值。温度因素对 Eco-HDCC 最大拉应力、拉应变、剪应力和剪应变的影响大于荷载对 Eco-HDCC 内力的影响，在降温过程中 Eco-HDCC 收缩，在连接板内产生拉应力和拉应变，在荷载作用下连接板内产生负弯矩，Eco-HDCC 上表面受拉，下表面受压。温度引起的拉伸变形大于负弯矩引起的拉伸变形，导致温度是影响 Eco-HDCC 最大拉伸应力和应变的主导因素。八种配筋方案下 BFRP 筋配筋率差异很小，BFRP 筋所提供的拉应力和拉应变差异性小，导致 Eco-HDCC 的最大拉应力和拉应变基本相同。

表 7.10　温度和荷载单一作用下 Eco-HDCC 的应力、应变和挠度最大值

作用条件	方案	拉应力 / MPa	拉应变 / %	压应力 / MPa	压应变 / $\times10^{-3}$	剪应力 / MPa	剪应变 / $\times10^{-3}$	挠度 / mm
温度	方案一	3.03	0.68	—	0.20	0.86	2.81	0.55
	方案二	3.01	0.68	—	0.20	0.82	2.75	0.51
	方案三	3.06	0.69	—	0.20	0.98	2.83	0.54
	方案四	3.05	0.69	—	0.20	0.97	2.82	0.60
	方案五	3.12	0.70	—	0.20	1.35	2.94	0.60
	方案六	3.12	0.70	—	0.20	1.36	2.94	0.63
	方案七	3.04	0.71	—	0.20	1.30	2.86	0.60
	方案八	3.04	0.70	--	0.20	1.23	2.87	0.62
		—	塑性	--	弹性	--	塑性	--
荷载工况（1.17MPa）	方案一	1.34	0.0053	3.2	0.13	0.11	0.012	0.59
	方案二	1.34	0.0053	3.2	0.13	0.11	0.012	0.59
	方案三	1.33	0.0053	3.2	0.13	0.11	0.012	0.59
	方案四	1.33	0.0053	3.2	0.13	0.11	0.012	0.59
	方案五	1.33	0.0053	3.2	0.13	0.11	0.012	0.59
	方案六	1.33	0.0053	3.2	0.13	0.11	0.012	0.59

续表

作用条件	方案	拉应力 / MPa	拉应变 / %	压应力 / MPa	压应变 / $\times10^{-3}$	剪应力 / MPa	剪应变 / $\times10^{-3}$	挠度 / mm
荷载工况（1.17MPa）	方案七	1.33	0.0053	3.2	0.13	0.11	0.012	0.59
	方案八	1.33	0.0053	3.2	0.13	0.11	0.012	0.59
		—	弹性	—	弹性	—	弹性	—
荷载工况（2.34MPa）	方案一	2.15	0.0083	13.1	0.55	0.78	0.11	2.10
	方案二	2.15	0.0083	13.1	0.55	0.78	0.11	2.09
	方案三	2.15	0.0083	13.1	0.56	0.78	0.11	2.10
	方案四	2.15	0.0082	13.1	0.55	0.78	0.10	2.10
	方案五	2.15	0.0083	13.1	0.55	0.78	0.10	2.09
	方案六	2.15	0.0084	13.1	0.55	0.78	0.10	2.10
	方案七	2.15	0.0081	13.1	0.55	0.78	0.10	2.09
	方案八	2.15	0.0081	13.1	0.55	0.78	0.10	2.10
		—	弹性	—	弹性	—	弹性	—

Eco-HDCC 的剪切和拉伸性能主要与纤维桥联能力有关，Eco-HDCC 中最大剪应力和剪应变的变化趋势与拉伸性能相同。荷载作用在相邻铺装层跨中，会在连接板内引起负弯矩和向上的挠度，连接板底部产生压应力和压应变，由于车辆荷载相同且配筋率差异性较小，导致八种配筋方案下 Eco-HDCC 内最大压应力、压应变和挠度基本相同。

当荷载较大时，连接板内引起的负弯矩较大，Eco-HDCC 连接板上表面局部区域内拉应力和拉应变较大，上表面其余部位和下表面受压，且最大压应力和最大压应变较大，最大压缩损伤因子也较大。在温度作用下，Eco-HDCC 连接板脱粘区与过渡区界面的拉应力和拉应变最大，在过渡区范围内 Eco-HDCC 产生压应变。因此，在温度-荷载耦合作用下，温度起主要作用，Eco-HDCC 的最大拉应力和拉应变出现在界面过渡区，当荷载较大时，界面处的压应力和压应变较大，耦合作用下 Eco-HDCC 的最大拉应力和最大拉应变较小，最大拉伸损伤因子也较小。剪切性能变化规律与拉伸性能变化规律一致。荷载较大时，在连接板内引起的转角较大，导致连接板中间部位的挠度较大。

分析表 7.9，当车辆荷载较大时，在温度-荷载耦合作用下 Eco-HDCC 内最大拉应变和最大剪应变均较小，可以认为增加车辆荷载对 Eco-HDCC 内力分析是有利的，但车辆荷载增加时 Eco-HDCC 的最大挠度值明显增大，考虑最大挠跨比限制值，车辆荷载尤其是重载车辆应该受到限制，防止在连接板内引起过大的挠度。

在温度-荷载耦合作用下，当荷载工况为1.17MPa时，Eco-HDCC最大拉应力、拉应变和拉伸损伤因子位置为桥面无缝连接板脱粘区与过渡区的界面；Eco-HDCC内部无压应力，过渡区内存在压应变，在连接板与铺装层界面的压应变最大；Eco-HDCC的最大剪应力和剪应变位置为桥面无缝连接板内脱粘区、过渡区与主梁界面；Eco-HDCC挠度最不利位置是桥面无缝连接板跨中，如图7.7所示。

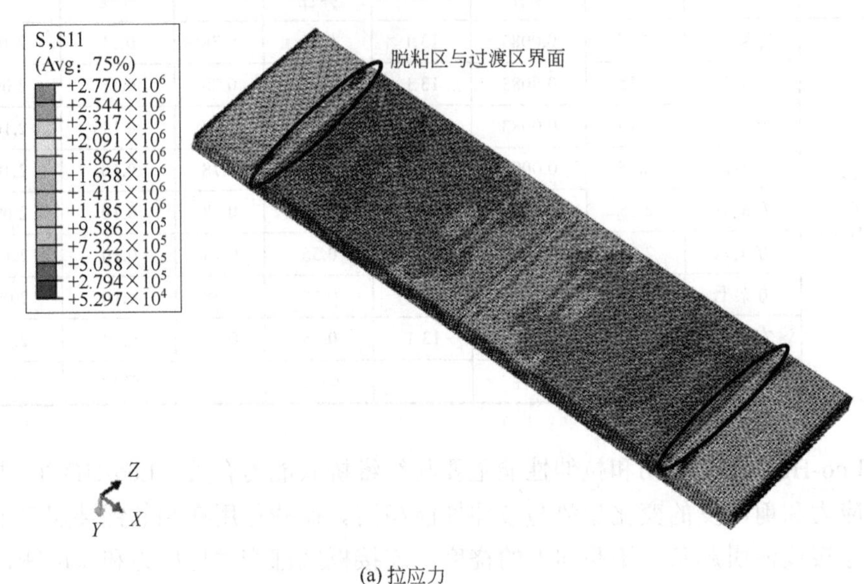

(a) 拉应力

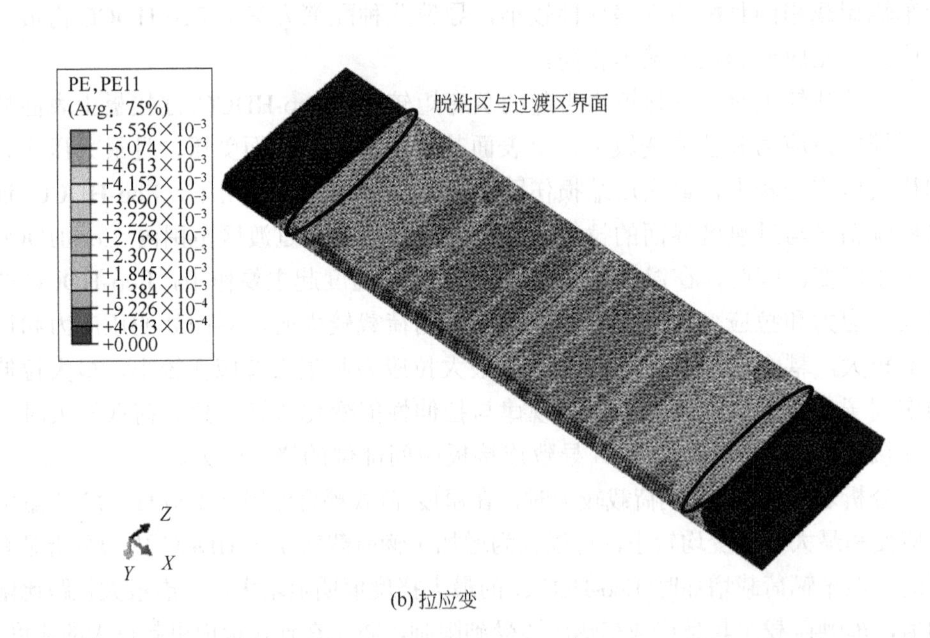

(b) 拉应变

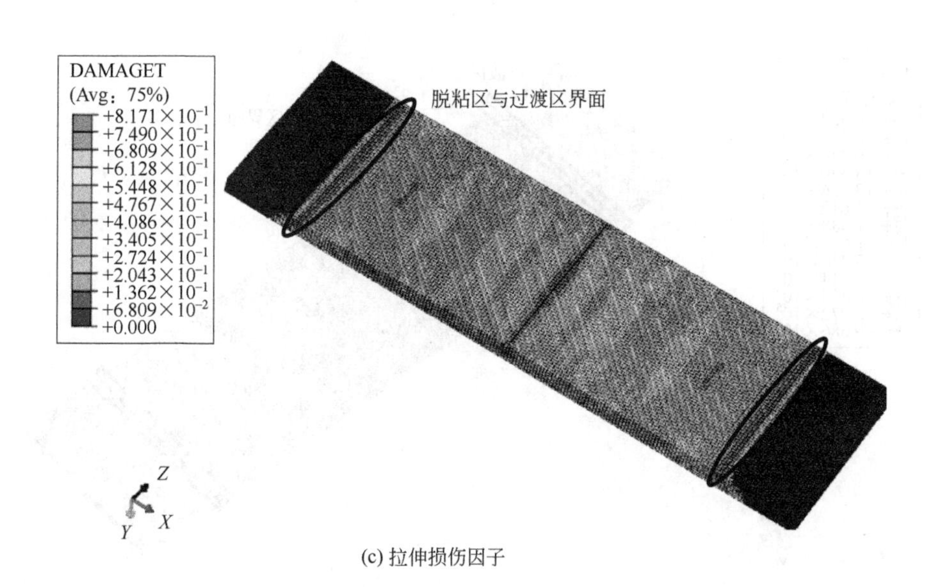

(c) 拉伸损伤因子

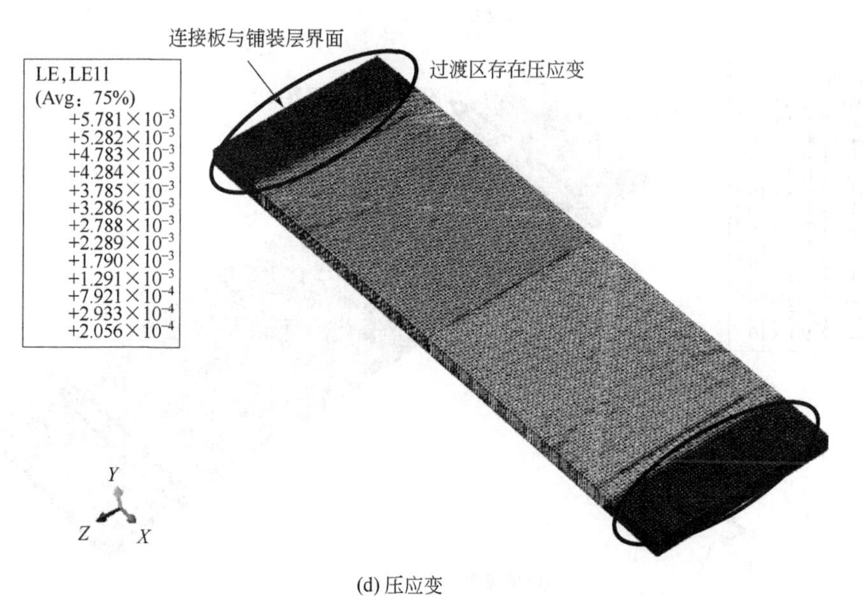

(d) 压应变

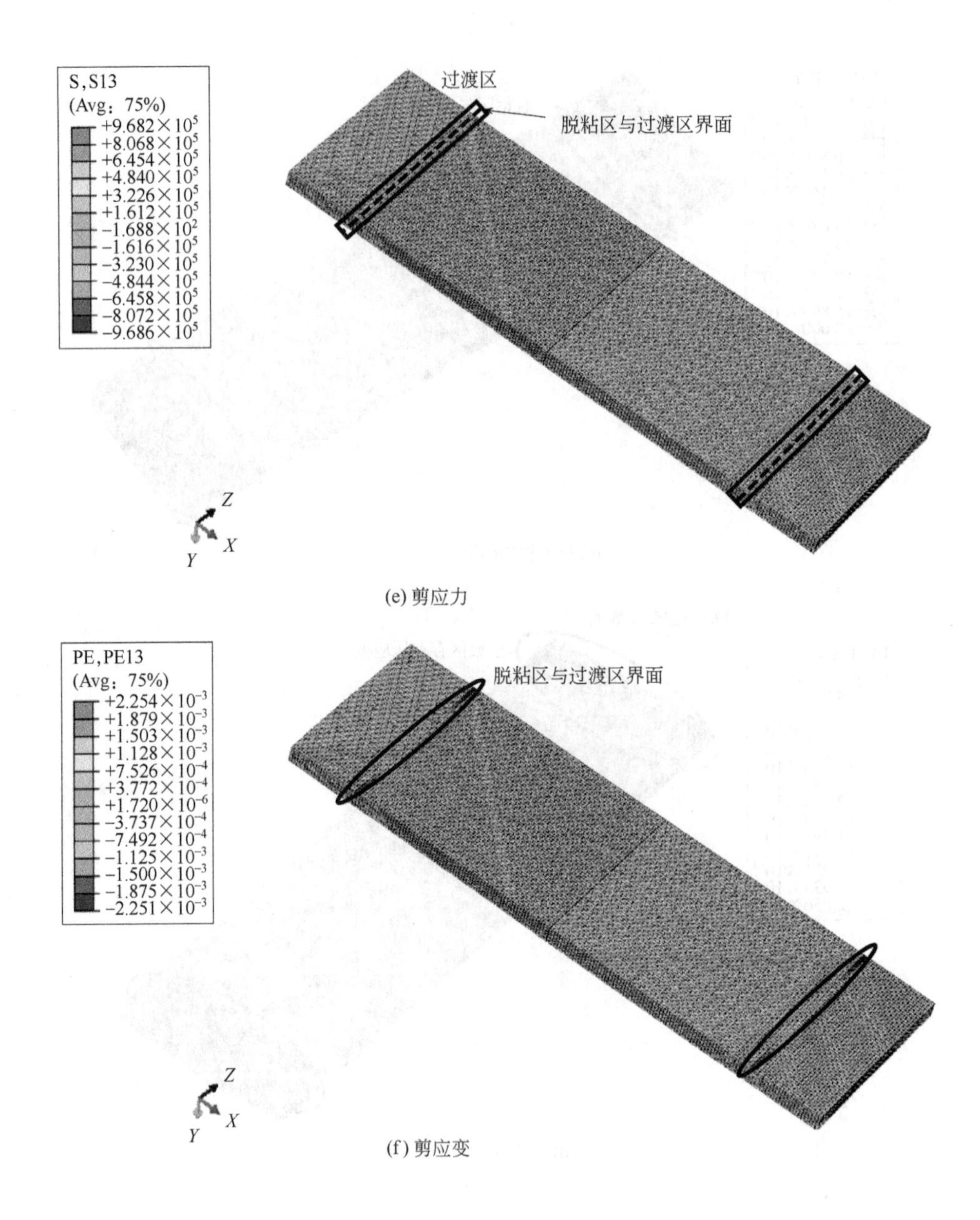
S,S13
(Avg：75%)
+9.682×10^5
+8.068×10^5
+6.454×10^5
+4.840×10^5
+3.226×10^5
+1.612×10^5
−1.688×10^2
−1.616×10^5
−3.230×10^5
−4.844×10^5
−6.458×10^5
−8.072×10^5
−9.686×10^5
过渡区
脱粘区与过渡区界面
Z
X
Y

(e) 剪应力

PE,PE13
(Avg：75%)
+2.254×10^-3
+1.879×10^-3
+1.503×10^-3
+1.128×10^-3
+7.526×10^-4
+3.772×10^-4
+1.720×10^-6
−3.737×10^-4
−7.492×10^-4
−1.125×10^-3
−1.500×10^-3
−1.875×10^-3
−2.251×10^-3
脱粘区与过渡区界面
Z
X
Y

(f) 剪应变

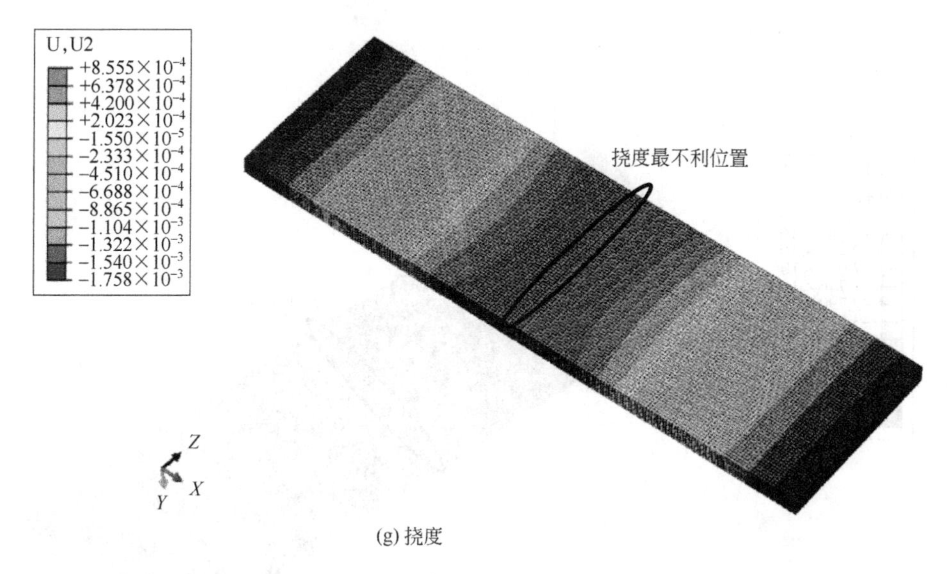

(g) 挠度

图 7.7　Eco-HDCC 桥面无缝连接板的受力云图（方案三，1.17MPa）

当荷载工况为 2.34MPa 时，Eco-HDCC 最大拉应力位置为桥面无缝连接板上表面中间，最大拉应变和最大拉伸损伤因子位置为连接板中脱粘区与过渡区的界面；最大压应力和最大压应变位置为连接板下表面中间，最大压缩损伤因子为连接板脱粘区内且靠近脱粘区与过渡区的界面；Eco-HDCC 的最大剪应力和剪应变位置为桥面无缝连接板内脱粘区、过渡区与主梁界面，Eco-HDCC 挠度最不利位置是连接板跨中，如图 7.8 所示。

桥面无缝连接板分为脱粘区和过渡区，脱粘区内 Eco-HDCC 可自由变形，过渡区内 Eco-HDCC 变形受到约束。连接板内脱粘区、过渡区与主梁界面作为薄弱区，此处的剪应力和剪应变最大。

桥面无缝连接板承受车辆荷载引起的负弯矩和温度作用。负弯矩在 Eco-HDCC 连接板上表面部分区域内产生拉应力和拉应变，在连接板其他部位和下表面受压应力和压应变；当连接板温度由 20℃下降到−1.1℃时，降温过程中连接板会发生收缩，连接板内部产生拉应力和拉应变，在脱粘区与过渡区界面处 Eco-HDCC 的拉应力和拉应变最大，在过渡区范围内 Eco-HDCC 的拉应力较小，此过渡区范围内 Eco-HDCC 存在压应变。在温度-荷载耦合作用下，当荷载工况是 1.17MPa 时，荷载较小，温度是引起结构内力的主要因素，Eco-HDCC 的最大拉应力和拉应变发生在脱粘区与过渡区界面，此界面处拉伸损伤因子也最大，最大压应变发生在连接板与铺装层界面。

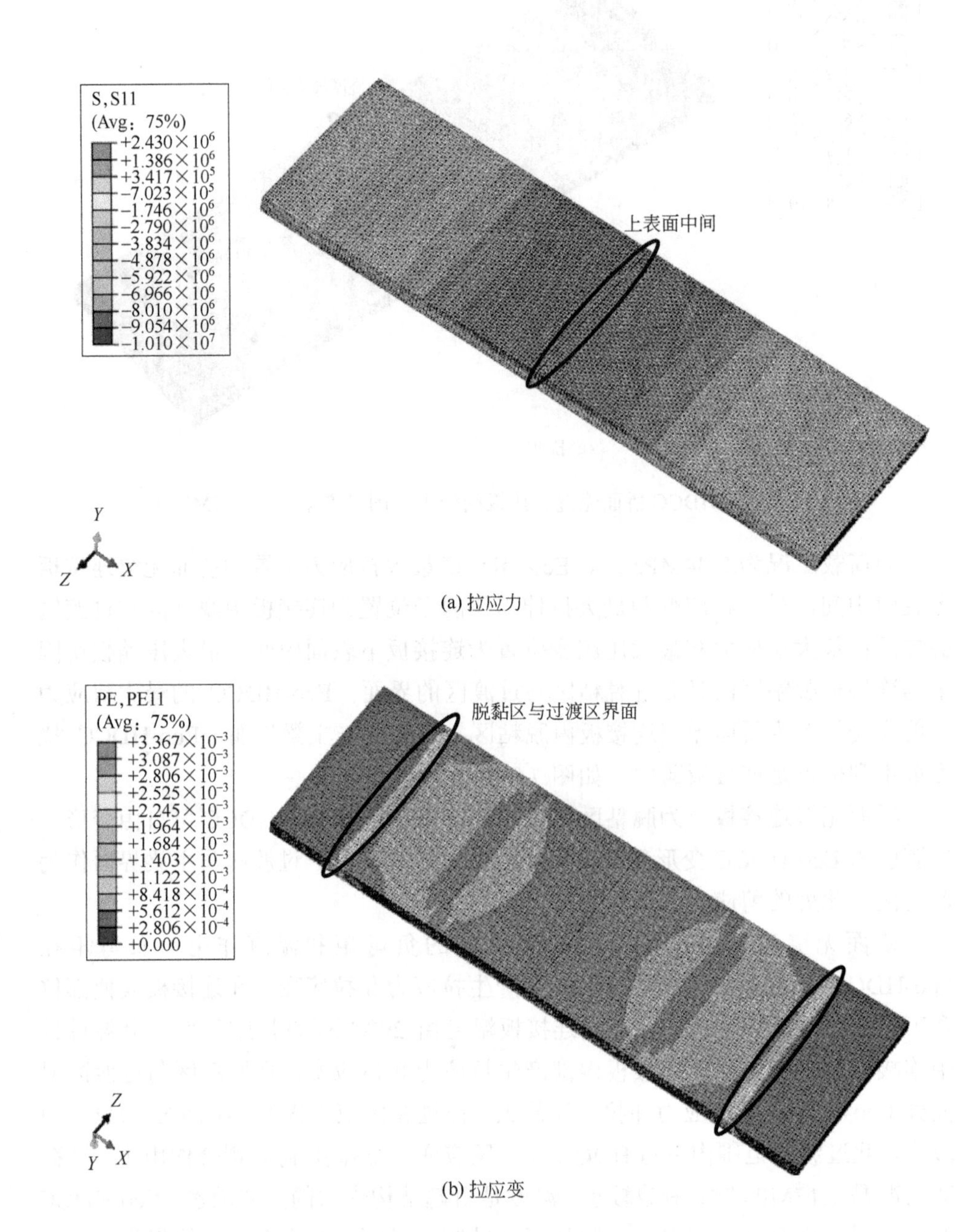
S, S11
(Avg：75%)
+2.430×10⁶
+1.386×10⁶
+3.417×10⁵
−7.023×10⁵
−1.746×10⁶
−2.790×10⁶
−3.834×10⁶
−4.878×10⁶
−5.922×10⁶
−6.966×10⁶
−8.010×10⁶
−9.054×10⁶
−1.010×10⁷
上表面中间
Y
Z
X

(a) 拉应力

PE, PE11
(Avg：75%)
+3.367×10⁻³
+3.087×10⁻³
+2.806×10⁻³
+2.525×10⁻³
+2.245×10⁻³
+1.964×10⁻³
+1.684×10⁻³
+1.403×10⁻³
+1.122×10⁻³
+8.418×10⁻⁴
+5.612×10⁻⁴
+2.806×10⁻⁴
+0.000
脱黏区与过渡区界面
Z
Y
X

(b) 拉应变

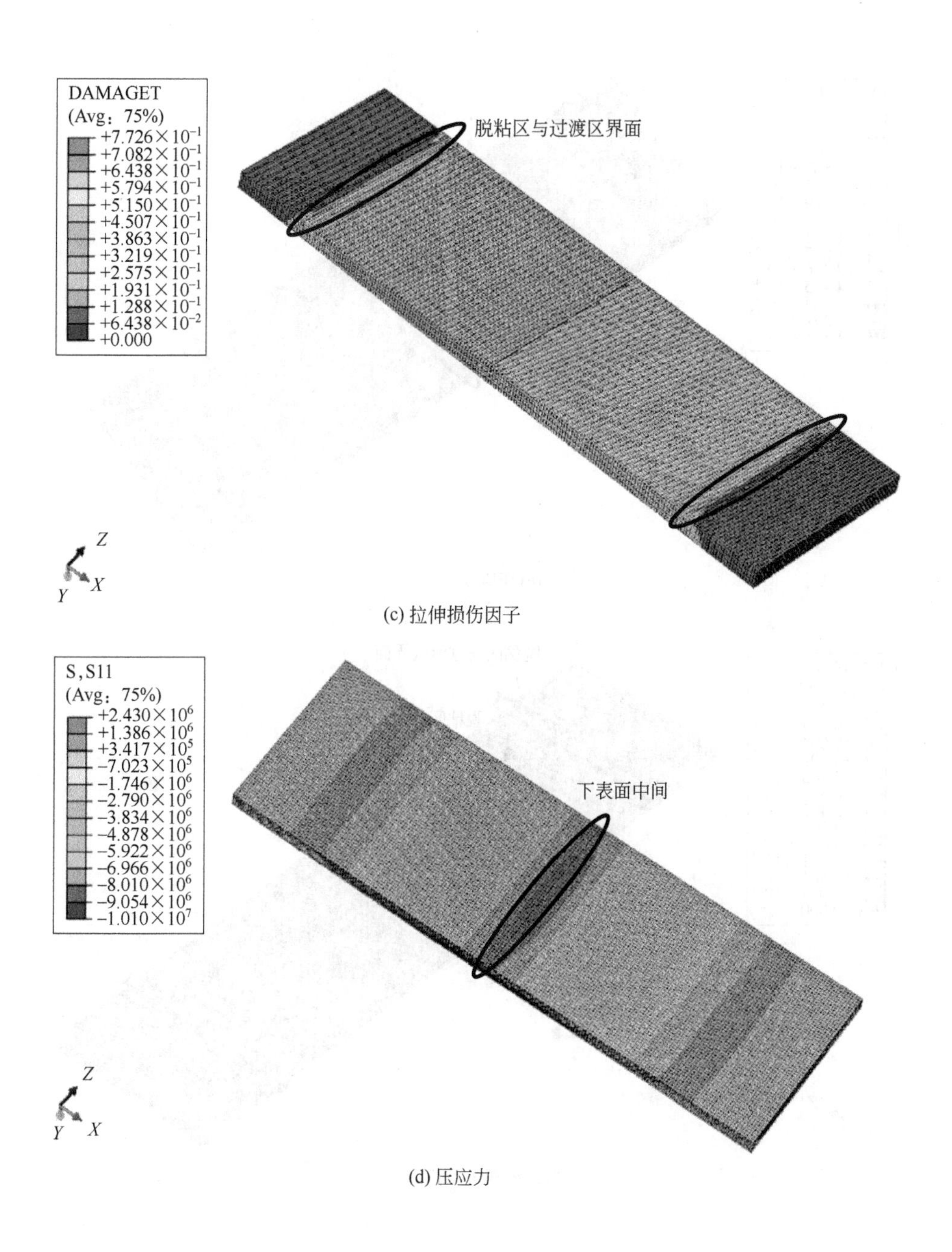

(c) 拉伸损伤因子

(d) 压应力

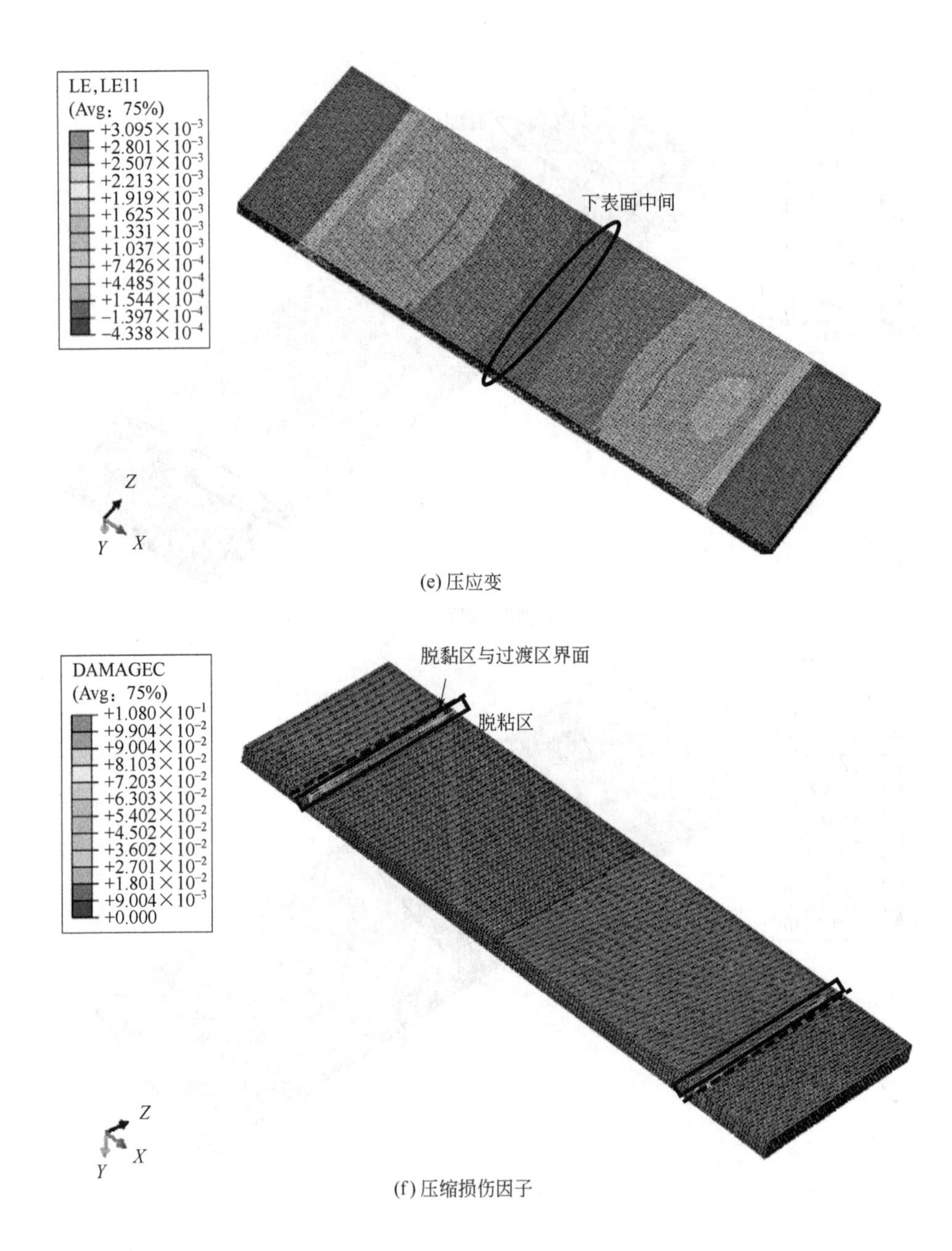

(e) 压应变

(f) 压缩损伤因子

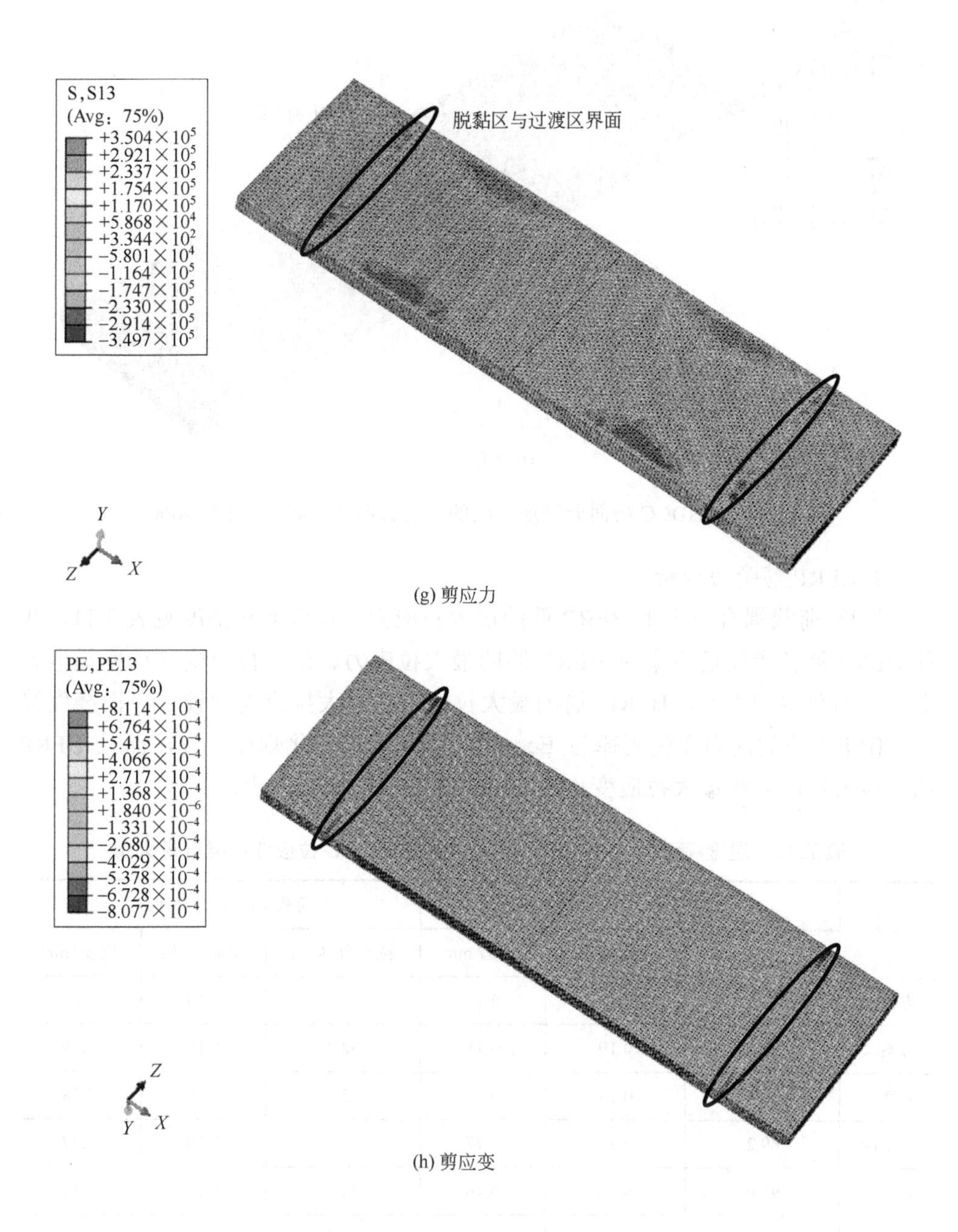
S, S13
(Avg：75%)
+3.504×10^5
+2.921×10^5
+2.337×10^5
+1.754×10^5
+1.170×10^5
+5.868×10^4
+3.344×10^2
−5.801×10^4
−1.164×10^5
−1.747×10^5
−2.330×10^5
−2.914×10^5
−3.497×10^5
脱黏区与过渡区界面
Y
Z
X
PE, PE13
(Avg：75%)
+8.114×10^-4
+6.764×10^-4
+5.415×10^-4
+4.066×10^-4
+2.717×10^-4
+1.368×10^-4
+1.840×10^-6
−1.331×10^-4
−2.680×10^-4
−4.029×10^-4
−5.378×10^-4
−6.728×10^-4
−8.077×10^-4
Z
Y
X

(g) 剪应力

(h) 剪应变

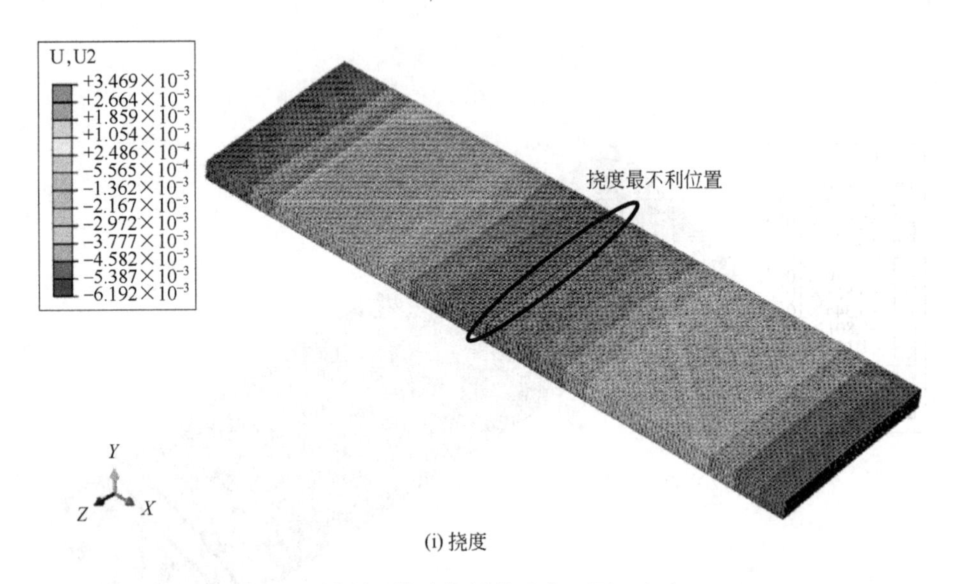

(i) 挠度

图 7.8 Eco-HDCC 桥面无缝连接板的受力云图（方案三，2.34MPa）

2. BFRP 筋受力分析

温度-荷载耦合作用下 BFRP 筋的最大拉应力、拉应变和挠度见表 7.11，八种 BFRP 筋初步配筋方案对 BFRP 筋的最大拉应力、最大拉应变和挠度基本无影响；当荷载较大时，BFRP 筋的最大拉应力和最大拉应变均较小，而挠度较大。BFRP 筋的内力变化规律与 Eco-HDCC 内力的变化规律一致，而且 BFRP 筋的最大拉应力和最大拉应变均在 BFRP 筋自身性能范围内。

表 7.11 温度-荷载耦合作用下 BFRP 筋的拉应力、拉应变和挠度最大值

方案	荷载工况（1.17MPa）			荷载工况（2.34MPa）		
	拉应力/ MPa	拉应变/ %	挠度/ mm	拉应力/ MPa	拉应变/ %	挠度/ mm
方案一	93.7	0.19	0.77	52.6	0.10	3.39
方案二	91.7	0.19	0.75	52.7	0.10	3.39
方案三	90.4	0.18	0.77	53.0	0.10	3.38
方案四	89.2	0.18	0.77	52.4	0.10	3.37
方案五	91.0	0.18	0.76	52.5	0.10	3.34
方案六	90.1	0.18	0.76	52.4	0.10	3.35
方案七	89.4	0.17	0.77	52.5	0.09	3.37
方案八	88.7	0.17	0.77	52.0	0.09	3.36

单一温度和单一荷载作用下 BFRP 筋的内力分析见表 7.12，在温度作用下，BFRP 筋承受拉应力和拉应变，由于八种方案中 BFRP 筋配筋率相差不大，BFRP 筋的最大拉应力和最大拉应变几乎相同。在车辆荷载为 1.17MPa 时，连接板内承受的负弯矩较小，BFRP 筋承担拉应力和拉应变，但数值远小于温度作用引起的拉应力和拉应变；当车辆荷载是 2.34MPa 时，连接板内负弯矩较大，连接板脱粘区转角较大，BFRP 筋限制连接板的转动，承受压应力和压应变但数值很小，BFRP 筋中间最大挠度值较大。单一温度作用下 BFRP 筋所承受的最大拉应力和拉应变均大于单一荷载作用，说明温度是影响连接板中 BFRP 筋拉应力和拉应变的主要因素。

分析温度-荷载耦合作用对 BFRP 筋增强 Eco-HDCC 连接板内力的影响，温度占据主要因素，温度引起 BFRP 筋的最大拉应力和最大拉应变大于车辆荷载引起的内力。因此，在温度-荷载耦合作用下，八种 BFRP 筋配筋方案的最大拉应力和最大拉应变基本相同，而且当车辆荷载较大时，BFRP 筋所承受的最大拉应力和最大拉应变较小，但 BFRP 筋中间部位的挠度较大。

表 7.12　温度和荷载作用下 BFRP 筋的拉应力、拉应变和挠度最大值

方案	温度			荷载工况（1.17MPa）			荷载工况（2.34MPa）		
	拉应力 / MPa	拉应变 / %	挠度 / mm	拉应力 / MPa	拉应变 / %	挠度 / mm	拉应力 / MPa	拉应变 / %	挠度 / mm
方案一	113.5	0.24	0.48	1.1	0.0024	0.59	-0.8	-0.0017	2.08
方案二	108.9	0.23	0.43	1.1	0.0024	0.59	-0.8	-0.0017	2.08
方案三	110.4	0.23	0.46	1.1	0.0024	0.58	-0.8	-0.0017	2.07
方案四	108.9	0.22	0.53	1.1	0.0025	0.58	-0.8	-0.0017	2.06
方案五	110.7	0.23	0.51	1.1	0.0024	0.58	-0.8	-0.0018	2.05
方案六	106.5	0.22	0.54	1.1	0.0024	0.58	-0.8	-0.0018	2.05
方案七	108.3	0.22	0.53	1.1	0.0024	0.58	-0.8	-0.0018	2.06
方案八	104.9	0.21	0.54	1.1	0.0024	0.58	-0.8	-0.0018	2.06

BFRP 筋拉应力、拉应变和挠度的最不利位置均是纵向配筋的中间部位，挠度方向向上，图 7.9 为 BFRP 筋受力云图。由图 7.9 可知，桥面无缝连接板纵向方向 BFRP 筋承担主要的拉应力和拉应变，横向方向 BFRP 筋受压。因此，在连接板设计中，纵向 BFRP 筋放置在横向 BFRP 筋之上，纵向 BFRP 筋承担行车方向的荷载，横向 BFRP 筋按照构造配筋是合理的。

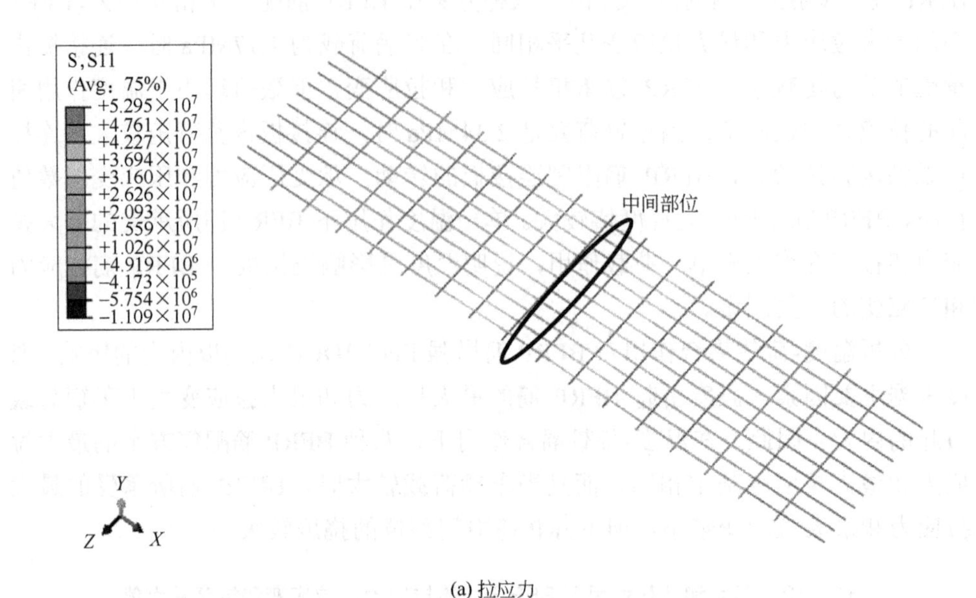
S, S11
(Avg：75%)
+5.295×10^7
+4.761×10^7
+4.227×10^7
+3.694×10^7
+3.160×10^7
+2.626×10^7
+2.093×10^7
+1.559×10^7
+1.026×10^7
+4.919×10^6
−4.173×10^5
−5.754×10^6
−1.109×10^7
中间部位
Y
Z
X

(a) 拉应力

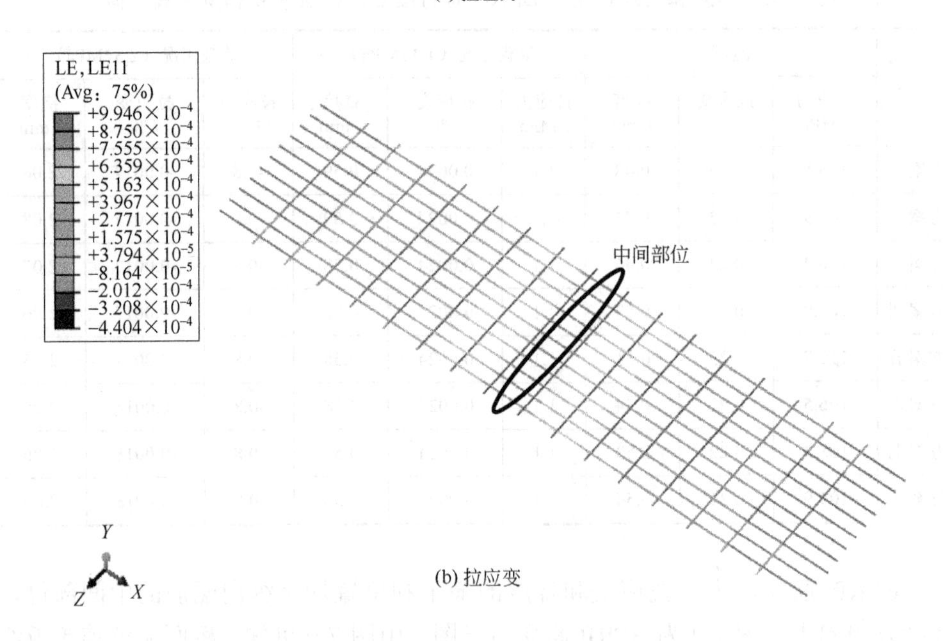
LE, LE11
(Avg：75%)
+9.946×10^-4
+8.750×10^-4
+7.555×10^-4
+6.359×10^-4
+5.163×10^-4
+3.967×10^-4
+2.771×10^-4
+1.575×10^-4
+3.794×10^-5
−8.164×10^-5
−2.012×10^-4
−3.208×10^-4
−4.404×10^-4
中间部位
Y
Z
X

(b) 拉应变

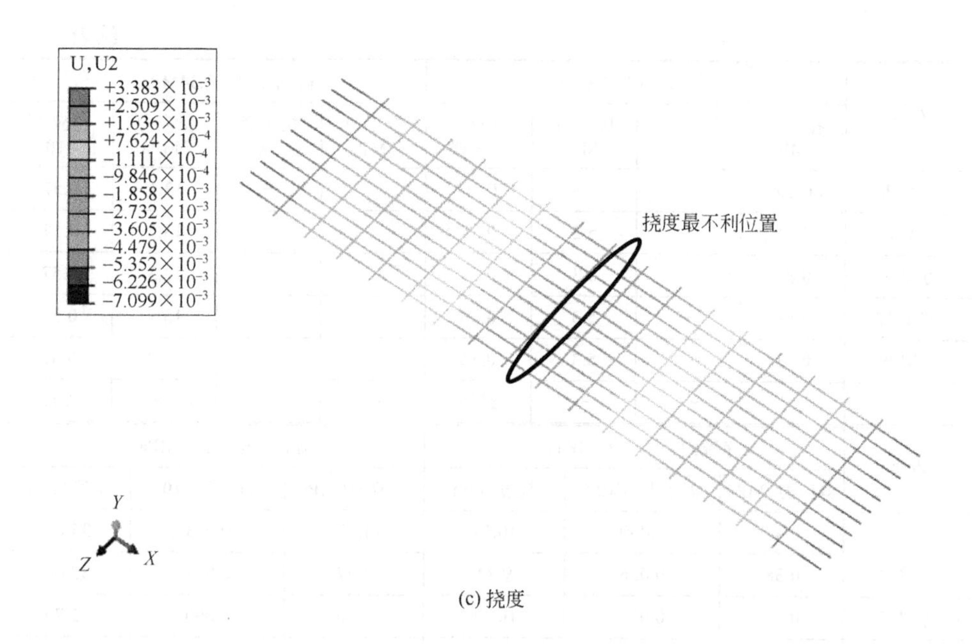

(c) 挠度

图7.9 BFRP筋的受力云图（方案三，2.34MPa）

7.4.3 钢筋混凝土桥面铺装层受力分析

1. 混凝土铺装层受力分析

温度-荷载耦合作用下钢筋混凝土桥面铺装层中混凝土的应力、应变和挠度最大值分析见表7.13。八种BFRP筋配筋方案对混凝土铺装层的力学性能基本无影响；当车辆荷载较大时，混凝土铺装层的最大压应力、最大压应变、最大剪应力、最大剪应变和最大挠度均较大；混凝土铺装层的最大压应变和剪应变均处于弹性状态，在混凝土自身性能范围内。

表7.13 温度-荷载耦合作用下混凝土铺装层的拉应力、拉应变、压应力和压应变最大值，以及剪应力、剪应变和跨中挠度最大值

方案	荷载工况（1.17MPa）				荷载工况（2.34MPa）			
	拉应力 / MPa	拉应变 / %	压应力 / MPa	压应变 / $\times10^{-3}$	拉应力 / MPa	拉应变 / %	压应力 / MPa	压应变 / $\times10^{-3}$
方案一	0.78	—	5.5	0.36	—	—	13.2	0.57
方案二	0.78	—	5.2	0.35	—	—	13.0	0.56
方案三	0.81	—	5.4	0.35	—	—	13.2	0.57

续表

方案	荷载工况（1.17MPa）				荷载工况（2.34MPa）			
	拉应力/MPa	拉应变/%	压应力/MPa	压应变/$\times10^{-3}$	拉应力/MPa	拉应变/%	压应力/MPa	压应变/$\times10^{-3}$
方案四	0.80	—	5.3	0.36	—	—	13.1	0.57
方案五	0.81	—	5.2	0.35	—	—	13.2	0.57
方案六	0.81	—	5.3	0.35	—	—	13.3	0.57
方案七	0.83	—	5.3	0.36	—	—	13.1	0.57
方案八	0.83	—	5.3	0.35	—	—	13.2	0.57
	--	—	—	弹性	—	—	—	弹性

方案	荷载工况（1.17MPa）			荷载工况（2.34MPa）		
	剪应力/MPa	剪应变/$\times10^{-3}$	挠度/mm	剪应力/MPa	剪应变/$\times10^{-3}$	挠度/mm
方案一	0.43	0.030	10.11	1.33	0.093	35.65
方案二	0.38	0.026	9.84	1.27	0.088	35.60
方案三	0.39	0.027	10.11	1.30	0.090	35.70
方案四	0.37	0.026	10.24	1.29	0.090	35.66
方案五	0.37	0.026	10.08	1.28	0.089	35.60
方案六	0.37	0.026	10.09	1.34	0.093	35.68
方案七	0.38	0.026	10.43	1.33	0.092	35.80
方案八	0.40	0.028	10.50	1.36	0.095	35.71
	—	弹性	—	—	弹性	—

温度-荷载耦合作用下，BFRP 筋配筋方案对混凝土铺装层的内力无影响。在单一温度荷载作用下，混凝土铺装层内存在拉应力和压应力，整个铺装层内部承受压应变。在单一车辆荷载作用下，混凝土铺装层与主梁视为整体，混凝土铺装层作为受压区，当车辆荷载较小时，作为受压区的混凝土铺装层中最大压应力和最大压应变较小，当车辆荷载较大时，作为受压区的混凝土铺装层中最大压应力和最大压应变较大。在温度-车辆荷载耦合作用下，当车辆荷载较小时，混凝土铺装层内存在拉应力和压应力，只存在压应变，最大拉应力位置为铺装层与桥面无缝连接板的界面，最大压应力和压应变位置均为车辆荷载加载面；当车辆荷载较大时，荷载占据主要因素，混凝土铺装层内部只存在压应力和压应变，最大压应力和压应变位置均为车辆荷载加载面，而且当车辆荷载较大时，最大压应力和压应变均较大。铺装层内剪应力和剪应变主要是由车辆轮胎作用引起的，车辆轮胎与铺装层接

触面处的剪应力和剪应变最大，当车辆荷载较大时剪应力和剪应变值大于车辆荷载较小时的剪应力和剪应变。

2. 钢筋受力分析

在温度-荷载耦合作用下，行车方向钢筋承受的压应力和压应变最大，最大值位置位于车辆轮胎下的配筋处。在单一温度荷载作用下，行车方向钢筋承受压应变；在单一车辆荷载下，桥面铺装层可以视为受压区，桥面铺装层内中间部位的钢筋主要承担压应力。因此，在温度-荷载耦合作用下，桥面铺装层内行车方向钢筋主要承受压应力和压应变。在结构设计中，钢筋受压不会产生损伤，在桥面无缝连接板配筋方案优选中不考虑钢筋的受力状态。

7.4.4　设计方案的优选

采用 Abaqus 有限元软件分析，八种 BFRP 筋初步配筋方案对 BFRP 筋增强 Eco-HDCC 桥面无缝连接板和钢筋混凝土桥面铺装层的应力和应变基本无影响，可认为八种配筋方案是合理可行的。相比简支梁和铺装层的刚度，BFRP 筋增强 Eco-HDCC 连接板刚度较小，桥面无缝连接板中配筋方案对整体桥梁的受力基本没有影响。

已有研究[48,160]表明当受弯构件配筋率相同时，增加配筋数量并减少筋材直径对减少受弯构件裂缝宽度是有利的；桥面无缝连接板厚度较小，建议采用较小直径的 BFRP 筋；另外，通过分析 BFRP 筋增强 Eco-HDCC 构件的黏结、断裂和抗弯性能，采用 BFRP 筋直径为 10mm～14mm。桥面无缝连接板内纵向方向 BFRP 筋放置在横向方向 BFRP 筋之上，横向 BFRP 筋承担纵向 BFRP 筋和 Eco-HDCC 的重量，BFRP 筋直径为 8mm 时抗拉强度较低，在服役期间，容易发生脆断，横向 BFRP 筋可采用直径为 10mm。综合考虑，八种 BFRP 筋初步配筋方案，建议采用方案二、方案四和方案六进行 BFRP 筋配筋。

7.5　桥面无缝连接板的设计方法流程图

基于 BFRP 筋增强 Eco-HDCC 受弯构件的抗弯设计方法和 Abaqus 数值模拟方法，得到 BFRP 筋增强 Eco-HDCC 桥面无缝连接板的设计方法流程如图 7.10 所示。

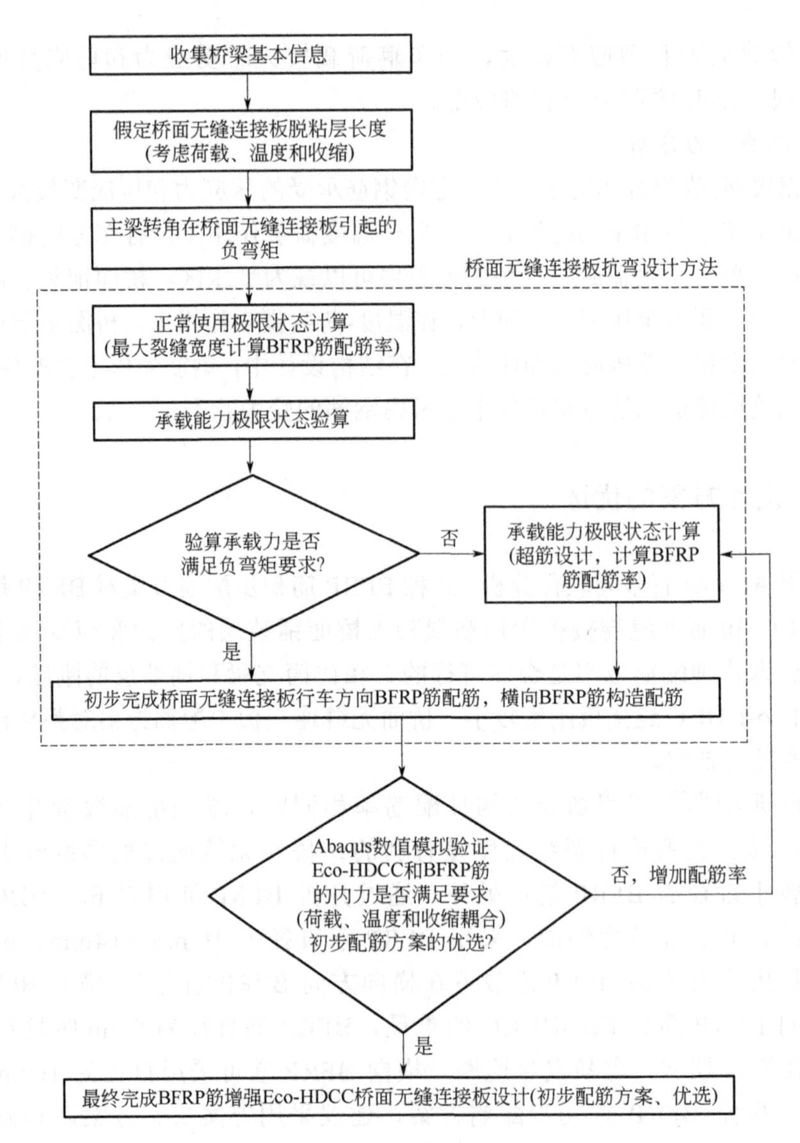

图 7.10 BFRP 筋增强 Eco-HDCC 桥面无缝连接板的设计方法流程

7.6 示范应用

依托马林桥项目，采用 BFRP 筋增强 Eco-HDCC 桥面无缝连接板替换伸缩缝。基于BFRP筋增强Eco-HDCC桥面无缝连接板结构设计方法，优选纵向BFRP

筋直径 14mm，横向 BFRP 筋直径 10mm 进行结构设计。桥面无缝连接板浇筑如图 7.11 所示。监测一年后发现桥面无缝连接板使用效用良好，说明桥面无缝连接板的可行性。

(a) BFRP筋网的搭建

(b) 高延性混凝土的浇筑

(c) 运营一年后桥面无缝连接板服役图

图 7.11 BFRP 筋增强 Eco-HDCC 桥面连接板制备和服役图

7.7 本章小结

本章主要采用受弯构件抗弯性能理论计算和 Abaqus 数值模拟方法进行 BFRP 筋增强 Eco-HDCC 桥面无缝连接板的设计方法分析。首先，基于马林桥工程信息，假定 Eco-HDCC 桥面无缝连接板的脱粘层长度；其次，基于 BFRP 筋增强 Eco-HDCC 受弯构件的抗弯设计方法，计算 BFRP 筋配筋率，得到 BFRP 筋初步配筋方案；然后采用 Abaqus 数值模拟方法，考虑荷载、温度和收缩耦合作用进行桥面无缝连接板 Eco-HDCC 和 BFRP 筋的内力分析，进行 BFRP 筋配筋方案的优选；最后提出 Eco-HDCC 桥面无缝连接板的设计方法流程。

（1）以中小型两跨简支梁工程——马林桥为依托，考虑荷载、温度和收缩因素，假定桥面无缝连接板的脱粘区和过渡区长度，计算主梁转角在连接板内引起的负弯矩；根据 BFRP 筋增强 Eco-HDCC 受弯构件设计方法，计算最大裂缝宽度限制得到 BFRP 筋配筋率，然后验算承载力，承载力满足负弯矩要求；初步确定八种配筋方案，采用保护层厚度 25mm，行车方向 BFRP 筋配筋直径为 10mm、12mm、14mm 和 16mm，横向方向 BFRP 筋配筋按照构造配筋，直径是 8mm 和 10mm。

（2）采用 Abaqus 有限元软件进行温度-荷载耦合作用下桥面无缝连接板中 Eco-HDCC 和 BFRP 筋的受力分析，八种配筋方案对 Eco-HDCC 和 BFRP 筋的内力基本无影响，而且 Eco-HDCC 和 BFRP 筋的最大应力和应变均在材料自身性能范围内。当车辆荷载较大时，Eco-HDCC 的最大拉应力、最大拉应变、最大拉伸损伤因子、剪应力和剪应变较小，连接板内存在压应力，连接板内最大压应变和最大压缩损伤因子较大；BFRP 筋的最大拉应力和拉应变均较小，而挠度较大。

（3）采用 Abaqus 有限元软件进行温度-荷载耦合作用下桥面铺装层中混凝土和钢筋的受力分析，混凝土和钢筋主要承受压应力和压应变，当车辆荷载较大时，混凝土承担的最大压应力和压应变均较大；八种初步配筋方案对混凝土和钢筋内力影响不大，而且混凝土和钢筋的最大压应力均在材料性能范围内。

（4）结合已有文献研究和本书中 BFRP 筋增强 Eco-HDCC 构件性能试验结果，建议使用行车方向 BFRP 筋直径为 10mm、12mm 和 14mm，横向构造 BFRP 筋直径为 10mm。

（5）通过马林桥示范工程服役期间监测，BFRP 筋增强 Eco-HDCC 桥面无缝连接板服役效果良好，说明桥面无缝连接板结构设计的可行性。

第 8 章 结论、创新点与展望

8.1 结论

Eco-HDCC 桥面无缝连接板可以用来替换桥梁结构中的传统伸缩缝，BFRP 筋作为增强筋，可用来提高连接板的抗弯承载力和限制连接板表面裂缝宽度。为了获得 Eco-HDCC 桥面无缝连接板的设计方法，本书从 Eco-HDCC 材料性能层次、BFRP 筋增强 Eco-HDCC 构件层次以及 BFRP 筋增强 Eco-HDCC 桥面无缝连接板结构层次方面进行研究，主要结论如下。

（1）在养护龄期 28d～90d 范围内，随着龄期的增加，Eco-HDCC 的抗压强度、峰值压应变和受压弹性模量增加，极限压应变降低，泊松比几乎无变化；随着龄期的增加，Eco-HDCC 的初裂抗拉强度、极限抗拉强度和抗拉弹性模量均呈增加趋势，极限延伸率降低。Eco-HDCC 中粉煤灰的反应程度和非蒸发水含量随着龄期的增加而增加。考虑龄期对 Eco-HDCC 抗压和拉伸性能的影响，在结构设计中建议采用 28d 后 Eco-HDCC 的抗压应力-应变关系和拉伸应力-应变关系作为结构设计曲线，而且 Eco-HDCC 的极限延伸率按照降低 50%作为设计值。

（2）在冻融-碳化交互或单一碳化次数 1 次～15 次范围内，随着交互或碳化次数的增加，Eco-HDCC 的碳化前沿逐渐增加。加载方式对 Eco-HDCC 的拉伸性能曲线和特征点基本无影响。在交互 0 次～15 次范围内，随着交互次数的增加，Eco-HDCC 的极限抗拉强度呈现先增加后降低的趋势，极限延伸率和拉伸应变能逐渐降低；预加载水平超过弹性范围后，随着预加载水平的增加，Eco-HDCC 的极限抗拉强度、极限延伸率和拉伸应变能降低。在单一碳化次数 0 次～15 次范围内，随着碳化次数的增加，Eco-HDCC 的极限抗拉强度逐渐增加，而极限延伸率和拉伸应变能逐渐降低。交互次数对 Eco-HDCC 的剪切强度和峰值剪切应变基本无影响。与单一碳化次数相比，冻融-碳化交互次数后 Eco-HDCC 的极限抗拉强度和极限延伸率降低程度更低。因此，在结构设计中，可采用交互 15 次后 Eco-HDCC 的拉伸性能曲线，建议极限延伸率采用 1.00%。

（3）在梁式拉拔法和直接拉拔法试验中，当 BFRP 筋直径为 8mm～16mm，BFRP 筋锚固长度为 3*D*～10*D*（*D* 为 BFRP 筋直径）时，随着 BFRP 筋直径或者锚固长度的增加，峰值拉拔力和峰值滑移增加，峰值黏结应力降低；当 BFRP 筋保护层厚度为 15mm～45mm 时，随着保护层厚度的增加，峰值拉拔力、峰值黏结应力和峰值滑移均呈现增加趋势。采用梁式拉拔法测得峰值拉拔力、峰值黏结应力和峰值自由端滑移量均大于直接拉拔法测得的结果。BFRP 筋与 Eco-HDCC 的黏结应力-滑移关系曲线上升段采用 CMR 模型[68]进行拟合，下降段关系曲线的拟合可采用 GB50010—2010[65]中建议的公式，残余段关系曲线采用郝庆多[70]提出的公式。最后，根据锚固长度的相关文献，计算得到 BFRP 筋在 Eco-HDCC 中的锚固长度设计值。

（4）在 BFRP 筋直径为 8mm～14mm 范围内，随着 BFRP 筋直径的增加，BFRP 筋增强 Eco-HDCC 试件的裂缝偏转角度逐渐减小，BFRP 筋直径是 10mm、12mm 和 14mm 时，裂缝偏转角度降低幅度基本一致；在 BFRP 筋保护层厚度为 15mm～25mm 范围内，保护层厚度较大时，构件的裂缝偏转角度较大。随着 BFRP 筋直径的增加，试件的起裂断裂荷载、峰值荷载、峰值 CMOD、峰值挠度和断裂能逐渐增加；当保护层厚度较大时，构件的起裂断裂荷载、峰值荷载、峰值 CMOD 和断裂能较小。基于断裂性能试验结果，在桥面无缝连接板设计中，建议采用受力 BFRP 筋直径为 10mm、12mm 和 14mm，保护层厚度为 25mm。

（5）在 BFRP 筋保护层厚度为 25mm～35mm 范围内，随着 BFRP 筋保护层厚度的增加，试验梁 BFRP 筋重心水平处构件侧表面上的最大裂缝宽度和平均裂缝间距增加；在 BFRP 筋直径为 8mm～16mm 范围内，随着直径的增加，梁 BFRP 筋重心水平处构件侧表面最大裂缝宽度降低，但平均裂缝宽度和平均裂缝间距无明显规律。加载方式对试验梁的裂缝分布有影响，重复加载方式下试验梁 BFRP 筋重心水平处构件侧表面上的最大裂缝宽度和平均裂缝间距小于单调加载方式下的试验结果。BFRP 筋直径、保护层厚度和加载方式对梁的初裂荷载并无明显影响；随着 BFRP 筋直径的增加，梁的峰值荷载随之增加，但挠度先增加后降低；保护层厚度较大时，梁的峰值荷载和挠度均较小；加载方式对梁的峰值荷载和峰值挠度无明显影响规律。超筋梁破坏时，受压区 Eco-HDCC 压应变基本无变化；随 BFRP 筋直径的增加，BFRP 筋重心水平处构件侧表面拉伸变形先增加后降低，保护层厚度增加时，梁侧表面拉伸变形较小；梁截面应变沿高度基本呈现线性变化，梁中 BFRP 筋应变与同截面高度处 Eco-HDCC 变形具有协调性。

（6）考虑 Eco-HDCC 的抗拉性能，提出了 BFRP 筋增强 Eco-HDCC 少筋梁、平衡配筋梁和超筋梁的正截面受弯承载力理论计算公式。参考国内外规范中最大裂缝宽度公式，提出了适用于 BFRP 筋增强 Eco-HDCC 梁的侧表面最大裂缝宽度理论计算公式；建议 BFRP 筋增强 Eco-HDCC 桥面无缝连接板峰值挠度可由简支梁挠跨比限制，无需考虑连接板的峰值挠度限制。提出 BFRP 筋增强 Eco-HDCC 桥面无缝连接板的抗弯设计方法，先根据最大裂缝宽度限制进行 BFRP 筋配筋，再进行承载能力极限状态验算；如果承载能力极限状态验算符合要求，则按照最大裂缝宽度限制的 BFRP 筋配筋率进行结构配筋设计；如果承载能力极限状态的验算不满足要求，应该按照正截面承载能力极限状态进行超筋配筋设计。

（7）以福建山区中小型桥梁——马林桥工程为例，结合桥面无缝连接板配筋理论计算方法和数值模拟方法，确定了 BFRP 筋增强 Eco-HDCC 桥面无缝连接板的设计方法。首先根据 BFRP 筋增强 Eco-HDCC 受弯构件设计方法，计算最大裂缝宽度限制得到 BFRP 筋配筋率，然后验算承载力，承载力满足主梁转动引起的负弯矩要求，根据 BFRP 筋直径不同，初步确定八种配筋方案。然后采用 Abaqus 有限元软件进行温度-荷载耦合作用下桥面无缝连接板中 Eco-HDCC 和 BFRP 筋的受力分析，八种配筋方案对 Eco-HDCC 和 BFRP 筋的内力基本无影响，而且 Eco-HDCC 和 BFRP 筋的最大应力和应变均在材料自身性能范围内。采用小直径 BFRP 筋且增加配筋数量，有利于减少裂缝宽度，综合考虑试验结果，桥面无缝连接板行车方向 BFRP 筋配筋建议采用直径为 10mm、12mm 和 14mm，横向方向 BFRP 筋构造配筋直径选用 10mm。通过马林桥示范工程服役期间监测，BFRP 筋增强 Eco-HDCC 桥面无缝连接板服役效果良好，说明桥面无缝连接板结构设计的可行性。

8.2 创新点

（1）设计了冻融-碳化交互试验制度，明晰了该交互制度下 Eco-HDCC 材料的拉伸和剪切性能，为桥面无缝连接板设计提供参数依据。

（2）设计了梁式拉拔试验方法，计算了 BFRP 筋在 Eco-HDCC 中的黏结锚固长度，提出 BFRP 筋的锚固长度设计建议值。

（3）提出了考虑 Eco-HDCC 的抗拉性能的 BFRP 筋增强 Eco-HDCC 构件的抗弯设计方法，揭示了荷载、温度和收缩作用下 BFRP 筋增强 Eco-HDCC 桥面无缝连接板的受力特征，提出桥面无缝连接板在车辆荷载和自然环境条件耦合作用下的设计方法。

8.3 展望

Eco-HDCC 桥面无缝连接板是一种新型结构，在替换传统伸缩缝方面具有很大的应用前景，可以减少伸缩缝带来的损害，提高桥梁的使用寿命。本书采用试验研究和数值模拟方法研究了 Eco-HDCC 桥面无缝连接板设计理论和关键性能，但仍有一些问题有待研究。

（1）本书中 Eco-HDCC 配合比选用了路桥工程的常用配比，若工程结构对于 Eco-HDCC 材料性能有不同要求，则本书研究结果可为多种配合比 Eco-HDCC 在桥面无缝连接板中的设计与应用提供理论指导，根据工程设计需要，需进行多组配合比性能研究。

（2）BFRP 筋增强 Eco-HDCC 构件层次的性能研究并未考虑耐久性，应该在本书建议的 BFRP 筋直径和保护层厚度基础上，结合我国环境特点，当量实验室加速条件，设计冻融-碳化交互制度进行构件层次的研究。

（3）本书中 BFRP 筋增强 Eco-HDCC 桥面无缝连接板结构层次的研究仅采用 Abaqus 数值模拟方法，应该设计钢筋混凝土简支梁+钢筋混凝土桥面铺装层+BFRP 筋增强 Eco-HDCC 桥面无缝连接板构件进行静态和动态试验研究。

参考文献

[1] 阳初. 桥梁伸缩装置损伤分析和选型应用 [D]. 广州：华南理工大学，2014.

[2] 杨洋. 桥梁伸缩缝过渡区混凝土修补材料性能研究 [D]. 重庆：重庆交通大学，2017.

[3] 赵怡彬. 适用于大中型桥梁的单伸缩缝桥梁结构性能研究 [D]. 长沙：湖南大学，2016.

[4] HASSIOTIS S，ROMAN E K. A survey of current issues on the use of integral abutment bridges [J]. Journal of Bridge Structures，2005，1（2）：81-101.

[5] LI V C，LEPECH M，LI M. Final report on field demonstration of durable link slabs for jointless bridge decks based on strain-hardening cementitious composites [R]. Michigan：Michigan Department of Transportation，2008.

[6] NAJIB R H. Integral abutment bridges with skew angle [D]. Maryland: the University of Maryland, 2002.

[7] CONBOY D W，STOOTHOFF E J. Integral abutment design and construction：The New England experience [C]. The Federal Highway Administration Conference，Baltimore，2005，50-60.

[8] MORGENTHAL G，OLNEY P. Concrete hinges and integral bridge piers [J]. Journal of Bridge Engineering，2015，21（1）：06015005.

[9] ERHAN S，DICLELI M. Live load distribution equations for integral bridge substructures [J]. Engineering Structures，2009，31（5）：1250-1264.

[10] WHITE H，PÉTURSSON H，COLLIN P. Integral abutment bridges: the European way [J]. Practice Periodical on Structural Design and Construction，2010，15（3）：201-208.

[11] KEROKOSKI O. Soil-structure interaction of long jointless bridges with integral abutments [D]. Tampere：Tampere University of Technology，2006.

[12] LOVELL M D. Long term behavior of integral abutment bridges [D]. Terre Haute：Rose-Hulman Institute of Technology，2011.

[13] FROSCH R J，WENNING M，CHOVICHIEN V. The in-service behavior of integral abutment bridges：abutment-pile response [C]. Baltimore：The Federal Highway Administration

Conference，2005，30-40.

[14] 张亮．设置小边跨的无缝连续梁桥设计 [J]．公路工程，1998（2）：18-20.

[15] 洪锦祥，彭大文．永春县上坂大桥的设计——无伸缩缝桥梁的应用实践 [J]．福建建筑，2004（5）：50-52.

[16] HORVATH J．Integral-abutment bridges：a complex soil-structure interaction challenge [J] // Geotechnical Engineering for Transportation Project．Washington，2004，1（126）：460-469.

[17] 邵旭东．半整体式无缝桥梁新体系 [M]．北京：人民交通出版社，2014.

[18] 金晓勤．新型全无缝桥梁体系设计与试验研究 [D]．长沙：湖南大学，2007.

[19] 占雪芳．半整体式全无缝桥合理结构体系研究 [D]．长沙：湖南大学，2011.

[20] 杜永超．半整体式全无缝桥梁的适应性及在弯桥上的研究与应用 [D]．长沙：湖南大学，2011.

[21] 张涛．新型聚氨酯弹性混凝土伸缩缝的性能研究 [D]．重庆：重庆交通大学，2017.

[22] 陈小乐．高强抗裂性弹性混凝土复合材料在公路桥梁桥面连续结构中的应用技术研究 [D]．哈尔滨：哈尔滨工业大学，2017.

[23] LI V C，LEUNG C K Y．Steady-state and multiple cracking of short random fiber composites [J]．Journal of Engineering Mechanics，1992，118（11）：2246-2264.

[24] Japan Society of Civil Engineers（JSCE）．Recommendations for design and construction of high performance fiber reinforced cement composites with multiple fine cracks [S]．Tokyo，Japan，2008.

[25] 中国中材国际工程股份有限公司．JC/T 2461—2018 高延性纤维增强水泥基复合材料力学性能试验方法 [S]．北京：中国建材工业出版社，2018.

[26] LEPECH M D，LI V C．Application of ECC for bridge deck link slabs [J]．Materials and Structures，2009，42（9）：1185-1195.

[27] 郭丽萍，朱春东，范永根，等．桥面连接板修补用高延性水泥基复合材料的设计与应用 [J]．混凝土与水泥制品，2016（12）：36-39.

[28] 崔磊涛．PVA 纤维增强水泥基复合材料桥面连接板的应用与研究 [D]．天津：河北工业大学，2012.

[29] YUN Y K，LI V C．Fatigue response of bridge deck link slabs designed with ductile engineered cementitious composite（ECC）[J]．Soviet Journal of Atomic Energy，2004，5（6）：1615-1616.

[30] 秦秋红．ECC 柔性桥面连接板设计与应用研究 [D]．郑州：郑州大学，2011．

[31] 丰元飞．SHCC 材料在桥面无缝连续化中的应用研究 [D]．福州：福州大学，2013．

[32] 林雄．简支梁桥 ECC 桥面连接板研究 [D]．南京：东南大学，2017．

[33]张黎飞．纤维复合材料增强水泥基桥面连接板工作性能研究[D]．广州：华南理工大学，2017．

[34] 吴镇铎．FRP 筋增强 ECC 桥面连接板工作机理及受力特性研究 [D]．广州：华南理工大学，2019．

[35] CAI J M，PAN J L，ZHOU X M．Flexural behavior of basalt FRP reinforced ECC and concrete beams [J]．Construction and Building Materials，2017，142：423-430．

[36] 上海市城市建设设计研究总院．CJJ/T 280—2018 纤维增强复合材料筋混凝土桥梁技术标准 [S]．北京：中国建筑工业出版社，2018．

[37] Canadian network of centers of excellence on intelligent sensing for innovative structures．ISIS-M03-07 Reinforcing concrete structures with fibre reinforced polymers [S]．Manltoba：University of Winnipeg，2007．

[38] American concrete institute．ACI 440．1R-06 Guide for the design and construction of structural concrete reinforced with FRP bars [S]．Farmington Hills，MI，2006．

[39] Canadian standards association standard．CSA S806-12 Design and construction of building structures with fibre-reinforced polymers [S]．Mississauga，Ontario，Canada，2012．

[40]American concrete institute．ACI 440．1R-15 Guide for the design and construction of structural concrete reinforced with fiber-reinforced polymer（FRP）bars [S]．Farmington Hills，MI，2015．

[41] 周玲珠．BFRP 筋增强自密实纤维混凝土桥面板带受弯性能研究 [D]．广州：华南理工大学，2018．

[42] 韩飞．BFRP 筋-钢纤维再生混凝土梁受弯性能研究 [D]．锦州：辽宁工业大学，2019．

[43] 鲍成成．BFRP 筋再生混凝土梁抗弯性能研究 [D]．锦州：辽宁工业大学，2017．

[44] 董志强．FRP 筋增强混凝土结构耐久性能及其设计方法研究 [D]．南京：东南大学，2018．

[45] ADAM M A，SAID M，MAHMOUD A A，et al．Analytical and experimental flexural behavior of concrete beams reinforced with glass fiber reinforced polymers bars [J]．Construction and Building Materials，2015，84：354-366．

[46] JU M，PARK Y，PARK C．Cracking control comparison in the specifications of serviceability in

cracking for FRP reinforced concrete beams [J]. Composite Structures，2017，182：674-684.

[47] MARANAN G B，MANALO A C，BENMOKRANE B，et al. Evaluation of the flexural strength and serviceability of geopolymber concrete beams reinforced with glass-fibre-reinforced polymer（GFRP）bars [J]. Engineering Structures，2015，101：529-541.

[48] BARRIS C，TORRES L，VILANOVA I，et al. Experimental study on crack width and crack spacing for Glass-FRP reinforced concrete beams [J]. Engineering Structures，2017，131：231-242.

[49] FAN X C，ZHANG M Z. Experimental study on flexural behavior of inorganic polymer concrete beams reinforced with basalt rebar [J]. Composites Part B，2016，93：174-183.

[50] ZHU H T，CHENG S Z，GAO D Y，et al. Flexural behavior of partially fiber-reinforced high-strength concrete beams reinforced with FRP bars [J]. Construction and Building Materials，2018，161：587-597.

[51] 中国建筑科学研究院. GB 50152-92 混凝土结构试验方法标准 [S]. 北京：中国建筑工业出版社，1992.

[52] RILEM. Technical recommendations for the testing and use of construction materials：RC6，bond test for reinforcing steel：2. Pull-out test，materials and structures [S]. E&FN SPON，London，1973.

[53] 过镇海. 钢筋混凝土原理和分析 [M]. 北京：清华大学出版社，2003.

[54] RILEM. Technical recommendations for the testing and use of construction materials：RC6，bond test for reinforcing steel：1. Beam test，materials and structures [S]. E&FN SPON，London，1973.

[55] 米渊. FRP 筋与 ECC 黏结性能试验和理论研究 [D]. 南京：东南大学，2015.

[56] WANG H，SUN X，PENG G，et al. Experimental study on bond behaviour between BFRP bar and engineered cementitious composite [J]. Construction and Building Materials，2015，95（1）：448-456.

[57] 胡凤丽. 冻融循环后玻化微珠保温混凝土黏结性能的试验研究 [D]. 太原：太原理工大学，2017.

[58] 许家文. 再生保温混凝土黏结锚固性能试验研究 [D]. 太原：太原理工大学，2015.

[59] 杨嫚嫚. 保护层厚度及钢筋位置对锈蚀钢筋与混凝土黏结性能影响的试验研究 [D]. 大连：

大连理工大学，2016.

[60] Comite Euro-International du Beton code（CEB-FIB）. Model Code 2010，Design Code [S]. Lausanne，Switzerland，2010.

[61] 李明利. 涂层钢筋与混凝土黏结性能的梁式试验研究 [D]. 烟台：烟台大学，2018.

[62]ZHAO J，CAI G C，YANG J M. Bond-slip behavior and embedment length of reinforcement in high volume fly ash concrete [J]. Materials and Structures，2016，49（6）：1-18.

[63] HARAJLI M，HAMAD B，KARAM K. Bond-slip response of reinforcing bars embedded in plain and fiber concrete [J]. Journal of Materials in Civil Engineering，2002，14（14）：503-511.

[64] JIANG T，ZHANG X，WU Z M，et al. Bond-slip response of plain bars embedded in self-compacting lightweight aggregate concrete under lateral tensions [J]. Journal of Materials in Civil Engineering，2017，29（9）：04017084.

[65] 中国建筑科学研究院. GB50010—2010 混凝土结构设计规范 [S]. 北京：中国建筑工业出版社，2010.

[66] EHSANI M R，SAADATMANESH H，TAO S. Design recommendations for bond of GFRP rebars to concrete [J]. Journal of Structural Engineering，1996，122（3）：47-254.

[67] 中国冶金建设协会. GB50608—2010 纤维增强复合材料建设工程应用技术规范 [S]. 北京：中国计划出版社，2010.

[68] COSENZA E，MANFREDI G，REALFONZO R. Analytical modelling of bond between FRP reinforcing bars and concrete [C]. Proceedings of second international RILEM symposium（FRPRCS-2），London，1995，164-171.

[69] 高丹盈，朱海堂，谢晶晶. 纤维增强塑料筋混凝土黏结滑移本构模型 [J]. 工业建筑，2003，33（7）：41-43+82.

[70] 郝庆多. GFRP/钢绞线复合筋混凝土梁力学性能及设计方法 [D]. 哈尔滨：哈尔滨工业大学，2009.

[71] 朱榆. 混凝土断裂及阻裂理论的研究 [D]. 大连：大连理工大学，2009.

[72] 胡少伟，米正祥. 标准钢筋混凝土三点弯曲梁双 K 断裂特性试验研究 [J]. 建筑结构学报，2013，34（3）：152-157.

[73] 米正祥，胡少伟. 钢筋位置对混凝土断裂参数的影响 [J]. 水利学报，2012，43（S1）：46-51.

[74] LI V C，WANG S X，WU C. Tensile strain-hardening behavior of polyvinyl alcohol engineered cementitious composites（PVA-ECC）[J]. ACI Materials Journal，2001，98（6）：483-492.

[75] YU J，LEUNG C K Y. Strength improvement of strain-hardening cementitious composites with ultrahigh-volume fly ash[J]. Journal of Materials in Civil Engineering，2017，29（9）：05017003.

[76]ISMAIL M K，SHERIR M，SIAD H，et al. Properties of self-consolidating engineered cementitious composite modified with rubber [J]. Journal of Materials in Civil Engineering，2018，30（4）：04018031. 1-04018031. 9.

[77] JIN W B，PRABHU G G，YONG I J，et al. Development of ecoefficient engineered cementitious composites using supplementary cementitious materials as a binder and bottom ash aggregate as fine aggregate [J]. International Journal of Ploymer Science，2015（7）：1-12.

[78] 刘问. 超高韧性水泥基复合材料动态力学性能的试验研究 [D]. 大连：大连理工大学，2012.

[79] 蔡向荣. 超高韧性水泥基复合材料基本力学性能和应变硬化过程理论分析 [D]. 大连：大连理工大学，2010.

[80]居贤春. 高韧性低收缩纤维增强水泥基复合材料设计与应用基础[D]. 北京：清华大学，2012.

[81] MA H，QIAN S Z，ZHANG Z G，et al. Tailoring engineered cementitious composites with local ingredients [J]. Construction and Building Materials，2015，101：584-595.

[82] 张丽辉. 生态型高延性水泥基复合材料制备、关键性能及机理研究 [D]. 南京：东南大学，2014.

[83]谌正凯. 国产化绿色高延性水泥基复合材料优化设计与关键性能[D]. 南京：东南大学，2015.

[84] 杨亚男. 变温条件下生态型高延性水泥基复合材料多尺度本构关系与设计理论 [D]. 南京：东南大学，2017.

[85]徐燕慧. 高延性水泥基复合材料自愈合特性及其对氯离子传输与钢筋锈蚀性能的影响[D]. 南京：东南大学，2019.

[86] LI V C，LEUNG C K Y. Steady-state and multiple cracking of short random fiber composites [J]. Journal of Engineering Mechanics，1992，118（11）：2246-2264.

[87] CHO Y K，JUNG S H，CHOI Y C. Effects of chemical composition of fly ash on compressive strength of fly ash cement mortar[J]. Construction and Building Materials，2019，204：255-264.

[88] ZHU Y，ZHANG Z C，YAO Y，et al. Effect of water-curing time on the mechanical properties

of engineered cementitious composites [J]. Journal of Materials in Civil Engineering，2016，28（11）：04016123.

[89] YANG E H，YANG Y Z，LI V C. Use of high volumes of fly ash to improve ECC mechanical properties and material greenness [J]. ACI Materials Journal，2007，104（6）：620-628.

[90] KAN L L，SHI R X，ZHU J. Effect of fineness and calcium content of fly ash on the mechanical properties of Engineered Cementitious Composites（ECC）[J]. Construction and Building Materials，2019，209：476-484.

[91] ZHANG Z G，ZHANG Q. Self-healing ability of engineered cementitious composites（ECC）under different exposure environments [J]. Construction and Building Materials，2017，156：142-151.

[92] ZHANG J，GONG C X，GUO Z L，et al. Mechanical performance of low shrinkage engineered cementitious composite in tension and compression [J]. Journal of Composite Materials，2009，43（22）：2571-2585.

[93] ZHOU J J，PAN J L，LEUNG C K Y. Mechanical behavior of fiber-reinforced engineered cementitious composites in uniaxial compression [J]. Journal of Materials in Civil Engineering，2015，27（1）：04014111.

[94] 周晓明. PVA纤维增强水泥基复合材料耐久性研究 [D]. 哈尔滨：哈尔滨工业大学，2011.

[95] 蔡新华. 超高韧性水泥基复合材料耐久性能试验研究 [D]. 大连：大连理工大学，2010.

[96] 周伟. 大掺量粉煤灰ECC耐久性试验研究 [D]. 哈尔滨：哈尔滨工业大学，2010.

[97] WU H L，ZHANG D，ELLIS R B，et al. Development of reactive MgO-based engineered cementitious composites（ECC）through accelerated carbonation curing [J]. Construction and Building Materials，2018，191：23-31.

[98] ZHANG W，YIN C L，MA F Q，et al. Mechanical properties and carbonation durability of engineered cementitious composites reinforced by polypropylene and hydrophilic polyvinyl alcohol fibers [J]. Materials，2018，11：1147.

[99] 中国建筑科学研究院. GB/T 50082—2009 普通混凝土长期性能和耐久性能试验方法标准 [S]. 北京：中国建筑工业出版社，2009.

[100] 王泽坤. 冻融-干湿循环耦合损伤下粉煤灰混凝土碳化性能研究 [D]. 保定：河北农业大学，

2018.

[101] 张雷雷. 冻融环境下混凝土构件碳化深度预测模型即试验研究 [D]. 西安：长安大学，2018.

[102] 张航. 碳化、冻融、氯离子耦合作用下钢筋混凝土梁承载力衰减研究 [D]. 西安：长安大学，2018.

[103] 王凯. 酸雨与碳化、冻融耦合作用下的混凝土耐久性研究 [D]. 武汉：武汉理工大学，2017.

[104] 王振强. 粉煤灰混凝土碳化与冻融耦合作用研究 [D]. 保定：河北农业大学，2015.

[105] 肖前慧. 冻融环境多因素耦合作用混凝土结构耐久性研究 [D]. 西安：西安建筑科技大学，2010.

[106] ŞAHMARAN M，LACHEMI M，LI V C. Assessing the durability of engineered cementitious composites under freezing and thawing cycles [J]. Journal of ASTM International，2009，6（7）：1-13.

[107] ŞAHMARAN M，ÖZBAY E，YÜCEl H E，et al. Frost resistance and microstructure of engineered cementitious composites：Influence of fly ash and micro poly-vinyl-alcohol fiber[J]. Cement and Concrete Composites，2012，34（2）：156-165.

[108] NAM J，KIM G，LEE B，et al. Frost resistance of polyvinyl alcohol fiber and polypropylene fiber reinforced cementitious composites under freeze thaw cycling [J]. Composites Part B Engineering，2016，90（242）：241-250.

[109] YUN H D. Effect of accelerated freeze-thaw cycling on mechanical properties of hybrid PVA and PE fiber-reinforced strain-hardening cement-based composites（SHCCs）[J]. Composites Part B Engineering，2013，52（4）：11-20.

[110] JANG S J，ROKUGO K，PARK W S，et al. Influence of rapid freeze-thaw cycling on the mechanical properties of sustainable strain-hardening cement composite（2SHCC）[J]. Materials，2014，7（2）：1422.

[111] XU S L，CAI X H. Mechanics behavior of ultra-high toughness cementitious composites after freezing and thawing [J]. Journal of Wuhan University of Technology（Materials Science Edition），2010，25（3）：509-514.

[112] GE W J，CAI C，JI X，et al. Experimental study of mechanical properties of PVA-ECC under freeze-thaw cycles [J]. Journal of Testing and Evaluation，2018，46（6）：2330-2338.

[113] KANG S B, TAN K H, ZHOU X H, et al. Experimental investigation on shear strength of engineered cementitious composites [J]. Engineering Structures, 2017, 143: 141-151.

[114] GIDEON P A G, VAN Z. Improved mechanical performance: Shear behaviour of strain-hardening cement-based composites(SHCC)[J]. Cement and Concrete Research, 2007, 37(8): 1241-1247.

[115] XU S L, HOU L J, ZHANG X F. Shear behavior of reinforced ultrahigh toughness cementitious composite beams without transverse reinforcement [J]. Journal of Materials in Civil Engineering, 2012, 24 (10): 1283-1294.

[116] 中交公路规划设计院有限公司. JTG D60—2015 公路桥涵设计通用规范 [S]. 北京：人民交通出版社，2015.

[117] 中国建筑材料科学研究总院中国建筑材料检验认证中心. GB/T 12960—2007 水泥组分的定量测定 [S]. 北京：中国标准出版社，2007.

[118] 张庆欢. 粉煤灰在复合胶凝材料水化过程中的作用机理 [D]. 北京：清华大学，2006.

[119] 贾艳涛. 矿渣和粉煤灰水泥基材料的水化机理研究 [D]. 南京：东南大学，2005.

[120] CHANG C F, CHEN J W. The experimental investigation of concrete carbonation depth [J]. Cement and Concrete Research, 2006, 36 (9): 1760-1767.

[121] 西安建筑科技大学. CECS 220: 2007 混凝土结构耐久性评定标准 [S]. 北京：中国建筑工业出版社，2007.

[122] 李浩宇. 实验室与自然条件下水工结构混凝土冻融关系研究 [D]. 长春：长春工学院，2015.

[123] 武海荣. 混凝土结构耐久性环境区划与耐久性设计方法 [D]. 杭州：浙江大学，2012.

[124] 马瑞，郭丽萍，谌正凯，等. 超高性能钢纤维水泥基复合材料-高延性水泥基材料复合梁的制备及弯曲性能 [J]. 东南大学学报（自然科学版），2017，47（2）：377-383.

[125] 郭丽萍，柴丽娟，曹圆章，等. 一种用于评价水泥基复合材料碳化前沿的方法：108362719 [P]. 2018-08-03.

[126] NGO T T, KIM D J. Synergy in shear response of ultra-high-performance hybrid-fiber-reinforced concrete at high strain rates [J]. Composite Structures, 2018, 195: 276-287.

[127] GHADBAN A A, WEHBE N I, UNDERBERG M. Effect of fiber type and dosage on flexural performance of fiber-reinforced concrete for highway bridges [J]. ACI Materials Journal, 2018, 115: 413-424.

[128] 大连理工大学. CECS 13：2009 纤维混凝土试验方法标准 [S]. 北京：中国计划出版社，2010.

[129] SHEN A Q，LIN S L，GUO Y C，et al. Relationship between flexural strength and pore structure of pavement concrete under fatigue loads and freeze-thaw interaction in seasonal frozen regions [J]. Construction and Building Materials，2018，174：684-692.

[130] 郭丽萍，柴丽娟，曹园章，等. 基于梁式拉拔试验的筋材增强水泥基复合材料试件的制备方法：110281381 [P]. 2019-09-27.

[131] 郭丽萍，柴丽娟，费香鹏，等. 带肋筋材增强水泥基复合材料结构保护层厚度的确定方法：ZL 201811478907.3 [P]. 2019-04-26.

[132] 郭丽萍，柴丽娟，汤永健，等. 基于拉拔模具的带肋筋材增强水泥基复合材料试件制备方法：109612793 [P]. 2019-04-12.

[133] 王洪昌. 超高韧性水泥基复合材料与钢筋黏结性能的试验研究 [D]. 大连：大连理工大学，2007.

[134] 谢康宇. 玄武岩纤维筋—混凝土黏结性能优化分析及其长期性能研究 [D]. 南京：东南大学，2016.

[135] 郭丽萍，柴丽娟，徐燕慧，等. 一种测量钢筋与水泥基复合材料黏结锚固性能的方法：ZL 201710413343 [P]. 2019-07-30.

[136] DONG Z，WU G，XU B，et al. Bond durability of BFRP bars embedded in concrete under seawater conditions and the long-term bond strength prediction[J]. Materials Design，2016，92：552-562.

[137] KANG S B，TAN K H. Bond-slip behaviour of deformed reinforcing bars embedded in well-confined concrete [J]. Magazine of Concrete Research，2015，68（10）：1-15.

[138] WANG H，SUN X，PENG G，et al. Experimental study on bond behaviour between BFRP bar and engineered cementitious composite [J]. Construction and Building Materials，2015，95（1）：448-456.

[139] 杨守奇，杨念旭，张哲. 基于梁式与拉拔试验方法得钢筋与轻骨料混凝土黏结性能比较[J]. 河南城建学院学报，2017，26（04）：48-53.

[140] 河海大学. DL/T 5332—2005 水工混凝土断裂试验规程 [S]. 北京：中国电力出版社，2005.

[141] VANTADORI S，CARPINTERI A，GUO L P，et al. Synergy assessment of hybrid reinforcements

in concrete [J]. Composites Part B: Engineering, 2018, 147: 197-206.

[142] CARPINTERI A, FORTESE G, RONCHEI C, et al. Mode I fracture toughness of fibre reinforced concrete [J]. Theoretical and Applied Fracture Mechanics, 2017, 91: 66-75.

[143] VANTADORI S, CARPINTERI A, ZANICHELLI A. Lightweight construction materials: Mortar reinforced with date-palm mesh fibres [J]. Theoretical and Applied Fracture Mechanics, 2019, 100: 39-45.

[144] CARPINTERI A, BERTO F, FORTESE G, et al. Modified two-parameter fracture model for bone [J]. Engineering Fracture Mechanics, 2017, 174: 44-53.

[145] DING C, GUO L P, CHEN B, et al. Micromechanics theory guidelines and method exploration for surface treatment of PVA fibers used in high-ductility cementitious composites [J]. Construction and Building Materials, 2019, 196: 154-165.

[146] LEI D Y, GUO L P, CHEN B, et al. The connection between microscopic and macroscopic properties of ultra-high strength and ultra-high ductility cementitious composites (UHS-UHDCC) [J]. Composites Part B: Engineering, 2018, 164: 144-157.

[147] LYU Z H, GUO Y H, CHEN Z H, et al. Research on shrinkage development and fracture properties of internal curing pavement concrete based on humidity compensation [J]. Construction and Building Materials, 2019, 203: 417-431.

[148] CHRISTIAN C, MATTIA S, GIULIA B. Influence of the width of the specimen on the fracture response of concrete notched beams [J]. Engineering Fracture Mechanics, 2019, 216: 106465.

[149] SUN X J, GAO Z, CAO P, et al. Fracture performance and numerical simulation of basalt fiber concrete using three-point bending test on notched beam [J]. Construction and Building Materials, 2019, 225: 788-800.

[150] MAALEJ M, LI V C. Flexural/tensile-strength ratio in engineered cementitious composites [J]. Journal of Materials in Civil Engineering, 1994, 6 (4): 513-528.

[151] 周双. 纤维增强水泥基复合材料试验研究及其在桥梁无缝化中的应用展望 [D]. 成都: 西南交通大学, 2017.

[152] 丰元飞. SHCC 材料在桥面无缝连续化中的应用研究 [D]. 福州: 福州大学, 2013.

[153] 中交公路规划设计院. JTG 3362—2018 公路钢筋混凝土及预应力混凝土桥涵设计规范

[S]. 北京：人民交通出版社，2018.

[154] 王巍. 超高韧性水泥基复合材料热膨胀性能及导热性能的研究 [D]. 大连：大连理工大学，2009.

[155] 李红兵. 超高韧性水泥基复合材料高温性能试验研究 [D]. 南京：东南大学，2016.

[156] 吴敬宇. 玄武岩纤维复合筋高温性能研究 [D]. 哈尔滨：中国地震局工程力学研究所，2011.

[157] 全国交通工程设施（公路）标准化技术委员会. JT/T 776.4—2010 公路工程 玄武岩纤维及其制品 第4部分：玄武岩纤维复合筋 [S]. 北京：人民交通出版社，2010.

[158] 胡世强. 超长混凝土框架结构在温度和竖向荷载共同作用下的受力分析 [D]. 兰州：兰州理工大学，2017.

[159] 刘一凡. 温度与荷载作用下沥青路面受力特性研究 [D]. 长沙：长沙理工大学，2011.

[160] KHORASANI A M M, ESFAHANI M R, SABZI J. The effect of transverse and flexural reinforcement on deflection and cracking of GFRP bar reinforced concrete beams [J]. Composites Part B, 2019, 161: 530-546.